旧工业建筑再生利用项目建设指南

李慧民　李文龙　李　勤　裴兴旺　编著

中国建筑工业出版社

图书在版编目（CIP）数据

旧工业建筑再生利用项目建设指南 / 李慧民等编著 . —北京：中国建筑工业出版社，2019.4

ISBN 978-7-112-23273-4

Ⅰ.①旧… Ⅱ.①李… Ⅲ.①旧建筑物—工业建筑—废物综合利用—指南 Ⅳ.①X799.1-62

中国版本图书馆CIP数据核字（2019）第025062号

本书全面系统地论述了旧工业建筑再生利用项目建设全过程所涉及的工作内容、工作程序、成果表达等。全书共分 7 章，包括再生利用项目区域调研、再生利用项目实测、再生利用项目检测评定、再生利用项目规划与建筑设计、再生利用项目施工图设计、再生利用项目建造与管理、再生利用项目运营与维护等。全书内容丰富，逻辑清晰，由浅入深，紧密结合工程实际，便于操作，具有较强的实用性。

本书可作为高等院校土木工程、工程管理等专业的教科书，也可供建设单位、施工单位及建设行业主管部门等从事旧工业建筑再生利用相关领域的工程技术人员参考。

责任编辑：武晓涛
责任校对：党　蕾

旧工业建筑再生利用项目建设指南
李慧民　李文龙　李　勤　裴兴旺　编著
*
中国建筑工业出版社出版、发行（北京海淀三里河路9号）
各地新华书店、建筑书店经销
北京点击世代文化传媒有限公司制版
北京富生印刷厂印刷
*
开本：787×1092毫米　1/16　印张：14½　字数：307千字
2019年4月第一版　2019年4月第一次印刷
定价：48.00元
ISBN 978-7-112-23273-4
（33573）

《旧工业建筑再生利用项目建设指南》

编写（调研）组

组　　长：李慧民

副 组 长：李文龙　李　勤　裴兴旺

成　　员：孟　海　陈　旭　樊胜军　武　乾　赵向东

刚家斌　周崇刚　贾丽欣　田　卫　张　扬

董美美　田梦堃　段品生　熊　登　熊　雄

孟　江　钟兴举　尹思琪　刘怡君　李温馨

盛金喜　张广敏　郭海东　杨晓飞　肖琛亮

郭　平　柴　庆　丁艺杰　谢玉宇　唐　杰

黄培荣　张文佳　刘　青　赵　地　李家骏

张小龙　徐晨曦　王孙梦　蒋红妍　钟兴润

黄　莺　张　勇　李宪民　赵明洲　陈曦虎

杨战军　张　健　刘慧军　华　珊　陈　博

高明哲　闫瑞琦　齐艳利　李林洁　万婷婷

前 言

本书围绕旧工业建筑再生利用的基本理论和方法进行编著，在现行标准规范的基础上，以“旧工业建筑再生利用”为对象，全面系统地阐述了旧工业建筑再生利用项目建设全过程各个阶段的主要工作内容、工作流程、工作思路与方法及成果表达。全书共分7章，分别从再生利用项目区域调研、再生利用项目实测、再生利用项目检测评定、再生利用项目规划与建筑设计、再生利用项目施工图设计、再生利用项目建造与管理、再生利用项目运营与维护等进行探讨，并在各章均有实际再生利用工程项目进行应用。

本书由李慧民、李文龙、李勤、裴兴旺编著。其中各章分工为：第1章由李慧民、李勤、董美美、刘怡君编写；第2章由孟海、李文龙、李慧民、熊登编写；第3章由孟海、裴兴旺、熊雄、李文龙编写；第4章由李勤、段品生、肖琛亮、尹思琪编写；第5章由李勤、裴兴旺、钟兴润、孟江编写；第6章由赵向东、周崇刚、李文龙、钟兴举编写；第7章由李慧民、刚家斌、陈旭、田梦堃编写。

本书的编著得到了国家自然科学基金项目“基于博弈论的旧工业区再生利用利益机制研究”（批准号：51478384）、“绿色节能导向的旧工业建筑功能转型机理研究”（批准号：51678479）及“生态安全约束下旧工业区绿色再生机理、测度与评价研究”（批准号：51808424），住房和城乡建设部课题“基于绿色理念的旧工业区协同再生机理研究”（批准号：2018-R1-009）、“生态宜居理念导向下城市老城区人居环境整治及历史文化传承研究”（批准号：2018-KZ-004），北京市社会科学基金项目“宜居理念导向下北京老城区历史文化传承与文化空间重构研究”（批准号：18YTC020），陕西省自然科学基金项目“陕西省旧工业建筑文化研究与保护”（批准号：2018JM5129），北京建筑大学未来城市设计高精尖创新中心资助项目“创新驱动下的未来城乡空间形态及其城乡规划理论和方法研究”（批准号：udc2018010921）的支持。此外，在编著过程中还得到了西安建筑科技大学、中冶建筑研究总院有限公司、北京建筑大学、中天西北建设投资集团有限公司、昆明871文化投资有限公司、中国核工业中原建设有限公司、西安市住房保障和房屋管理局、西安华清科教产业（集团）有限公司、案例项目所属单位等的大力支持与帮助。同时在编著过程中还参考了许多专家和学者的有关研究成果及文献资料，在此一并向他们表示衷心的感谢！

由于作者水平有限，书中不足之处，敬请广大读者批评指正。

作者
2018年10月

目　录

第 1 章　再生利用项目区域调研

1.1　基础知识

1.1.1　调研主要内涵

（1）相关概念

调研是指通过各种调查方式，例如现场访问、电话调查、拦截访问、网上调查、邮寄问卷等形式得到调研对象的相关信息和第一手资料，并进行统计分析，研究对象的总体特征，为后续决策做好准备。

旧工业建筑再生利用调研是个宏观概念，是为旧工业建筑再生利用项目的顺利展开和推进打下基础，对影响再生利用项目的各个方面进行调研与分析，一方面要掌握项目自身的基本情况及优劣所在，了解周边环境可能对项目产生的影响；另一方面要对全国类似旧工业建筑再生利用项目进行全面、系统的了解，以取长补短，确保项目顺利实施。

（2）主要分类

一般来说，调研的分类有很多，常见的有以下几种：

1）按服务对象分，可分为需求调研（即对消费者进行调研）、供应调研（即对生产者进行调研）。

2）按调研范围分，可分为区域性调研、全国性调研、国际性调研。

3）按调研频率分，可分为经常性调研、定期性调研、临时性调研。

4）按调研对象分，可分为商品调研、房地产调研、金融调研等。

（3）主要内容

旧工业建筑再生利用项目区域调研内容较多，主要包括以下几个部分：

1）项目现状调研

项目现状调研是指对项目自身的基本情况进行了解，主要包括项目背景、场地现状、文化价值等方面，以明确项目自身是否具有再生利用的可能和价值。

2）项目环境调研

项目环境调研是指对项目周边区域的基本情况进行了解，主要包括项目自然环境、社会环境以及人文环境等方面，通过对周边环境的调研，为项目的功能定位和模式选择提供参考。

3）再生利用项目调研

再生利用项目调研指针对同类别的其他地区的旧工业建筑再生利用项目进行参观调研，了解先进的再生技术，学习先进的再生理念，以期为项目的再生利用注入新的活力和新的思路。

1.1.2 调研工作流程

再生利用项目区域调研的工作流程，是基于项目自身特点及全国旧工业建筑再生利用项目现状而制定的，如图 1.1 所示。

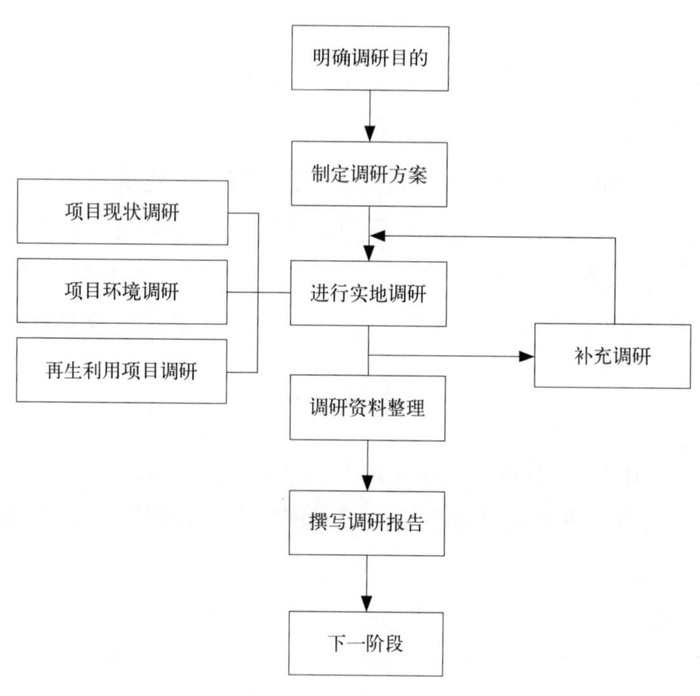

图 1.1 调研工作流程

（1）明确调研目的

明确调研目的是进行调研的前提，旨在于初步了解项目现状以及地理位置、人口特征、生活方式、交通环境、客流情况、消费者需求等信息，以评判再生利用价值以及为再生模式做准备。

（2）制定调研方案

首先是要在已明确调研目的基础上，对调研对象进行整体理解和把握，从而确定调研实施方法。调研方法确定后，便可明确资料的搜集范围，从而防止陷入调研资料越多越好的误区。调研目的、方法确定后便可拟定调研方案，准备实地调研。

首先是要在已明确调研目的基础上，对调研对象进行整体理解和把握，从而确定调研方案。调研方案应包括调研提纲、调研城市及计划项目、调研方式、调研问卷。

(3) 进行实地调研

在进行旧工业建筑实地调研的过程中，除了项目自身情况外，还要对区域周边环境、人文及经济特征等因素进行全方面调研，从而获得最准确的数据资料。旧工业建筑再生利用项目区域调研包括项目现状调研，项目环境调研及再生利用项目调研。

(4) 调研资料整理

在进行实地调研之后，应对调研数据资料进行消化分析、去伪存真，并验证与调研目的贴合程度。这个过程的关键是分析结果要符合实际、持之有据、论之有理，否则就要重新检验材料甚至做补充调研。

(5) 撰写调研报告

调研报告的优劣取决于在调研过程中是否搜集到了翔实的资料，是否对调研结论形成了一致的观点，以及是否有贯穿始终的逻辑思考。调研报告一般情况下按照现状调查→问题提出→对策响应的步骤来写，应具有清晰的条理。

1.1.3　调研成果表达

调研的目的是确定影响再生利用项目开展的各类因素，并以调研报告的形式展示。调研报告主要包括两部分内容：调查与研究。调查应该实事求是，准确反映客观实际，不可凭主观想象，应追求事物的本源。研究是在掌握客观事实的基础上，认真分析现状，找出解决办法。

调研报告是整个调研工作，包括计划、实施、收集、整理等一系列过程的总结，是调查研究人员劳动与智慧的结晶，也是业主最需要的书面调查结果之一。它将通过沟通、交流的方式得到的结果以及战略性的建议传递给决策人员。

调研报告主要包括以下内容：

(1) 调研背景及意义；

(2) 调研目的及方向；

(3) 调研方法，如现场调研、网络调研等；

(4) 项目概况；

(5) 主要内容；

(6) 结果及分析；

(7) 小结；

(8) 参与人员名单；

(9) 报告完成日期。

1.2 项目现状调研

旧工业建筑是社会发展进程和城市变迁过程中遗留的历史痕迹，是工业改革发展的缩影，也是一个城市工业文化沉淀的魅力所在。旧工业建筑的保护性开发对于保护地域文化与创造城市美学个性具有决定性作用。

1.2.1 项目背景分析

许多城市都有旧工业建筑，它们中的一部分已面临被拆除的命运。然而旧工业建筑一般都是带有特殊使命建造的，更是在特定的背景下筹划出来的。例如：陕西老钢厂、昆明重工就是成立于国家第二个五年计划开始之初，大力提高工业产值之时，它们承载着振兴国家工业的目的，如图 1.2、图 1.3 所示。因此，对其进行再生利用有着极为重要的意义。

图 1.2 西安老钢厂创意产业园实景图

图 1.3 昆明 871 创意工场园区实景图

由于旧工业建筑都带有人类文明的发展印记，故对比于现代的城市化改造，我们应该重视重新定义其原有价值，让旧工业建筑成为满足现代生活需要的艺术、经济场所。我国不同时期的工业历史有着不同的侧重，从重工业到轻工业，一路走来，最直接的见证者便是旧工业建筑群，我们必须尊重工业历史的传承者，这也是对我们的未来负责。因此，旧工业建筑再生利用项目调研，应重视厂区建立时的时代特征、历程、意义、发生事迹、体量大小等方面的资料收集，从而为项目改造模式的选择提供依据。针对旧工业建筑厂区背景分析，我们不仅仅要调研旧工业建筑在工业时期的发展状况，更应该结合国家及当地相关政策，给予旧工业建筑厂区未来发展的合理预测，并对旧工业建筑再生利用是否有价值及价值大小做出评判。

1.2.2　场地现状调查

场地对建筑的影响一方面表现为建筑体量的限定，另一方面也表现为建筑完整度的考核。因此不同于新建建筑的场地选择，旧工业建筑周边区域的场地因其固有性质也使场地特色有所不同，所以在再生利用之前首先要调查场地的区位条件等要素。在对现有场地调查研究后，按照优劣条件提出整理改进措施，并有针对性地提出绿色化再生可采取的技术手段。

（1）建筑体量的影响

中国城市发展初期，对于旧工业建筑去留问题一般采用大拆大建的方式，在部分城市内部只剩下零散的旧工业建筑单体。另一方面，中小型城市工业相对较为薄弱，不可能形成大规模工业片区，旧工业建筑群体规模较小，一般只能进行单体改造。一些大城市，特别是一些以工业为主的大城市，内部工业建筑密集，具有规模大、类型多等特点，在进行改造设计时灵活性较大，可以改造成旧工业创意产业园区，如图 1.4 所示。

图 1.4　某重型机械厂体量展现图

（2）建筑完整度的影响

旧工业建筑状况包括建筑完整度、建筑规模、建筑结构甚至建筑内部保存的设备。了解并掌握建筑现状对旧工业建筑改造方向的确定起到关键作用，也是旧工业建筑改造的基本方法。如果说从城市角度出发对旧工业建筑改造目标定位起到引导作用，那么建筑自身条件则是决定旧工业建筑改造方向的先决因素和物质基础。旧工业建筑之所以具有重新利用价值，很大原因在于工业建筑的多样性，可以成为不同功能的建筑载体。

对于一些具有独特建筑形象的旧工业建筑，适合改造成艺术工作室、设计室、酒吧等娱乐性场所。作为娱乐性场所，其独特的建筑形象和沧桑的建筑肌理可以吸引顾客好奇心理。作为艺术工作室其灵活、可分隔的内部空间，厚重的历史氛围可以带给艺术家灵感。并且改造前对建筑结构的使用年限、结构类型、结构损坏情况等也应进行调研。

（3）项目区位分析

项目区位分析一般分为：旧工业建筑厂区宏观、中观、微观区位分析。

1）宏观区位分析指的是厂区所在地，需要具体到所在省与省、省与市、市与市甚至市与镇等区位地理特点。

2）中观区位分析指的是厂区具体所在地，此时只需详细分析旧工业建筑厂区所在的市（县、镇）的区位情况。

3）微观区位分析指的是厂区周边区域情况。

（4）厂区综合系统分析

了解到厂区地理位置的详细特点，接下来我们需要调查下厂区道路系统、景观系统、绿化植被系统以及生态破坏情况。具体需要了解道路路面平整度、材质、宽度情况；工业景观风貌（有无轴线、制高点、地标建筑、特色构筑物、特色景观小品等）是否保存完好；绿色植被情况（是否丰盈、有无退化）是否良好；生态环境（水资源、土资源等）有无污染状况。

1.2.3 文化价值研究

旧工业建筑是城市文化不可割裂的一部分，建设城市生态文明就必须梳理好旧工业建筑的文化内涵与城市文明间的关系。旧工业区往往会给人以强烈的时代感、金属感和沉重感。这些感受的来源是旧工业建筑那些根据当时的生产需要所产生的建筑以及设备构件经过时间的打磨后所留给人们的精神感受，隐喻了旧工业建筑的历史和文化内涵，是旧工业建筑的精神所在。

旧工业建筑的文化内涵之于城市文化就如同生物个体之于生态圈的关系一样，缺失了任何一个环节都会破坏生态圈的稳定和完整，对整体造成不可估量的影响，旧工业建筑是人类文化生态圈中对工业进步最直接的反映，它们的改造和利用意义深远，其留下的物质财富经过主观创作成为地域精神的代表和人文脉络的重要载体，记录了工业发展中不断进步的技术手段和珍贵的历史信息，重现了城市昔日工业的繁荣。

在全球化、信息化的年代，城市生态逐渐变得规范化，人们沉浸在城市环境大变样的欣喜中时，那些遗传下来的记忆，正慢慢地在旧风景中隐藏。一旦它们被完全抹去，一座城市便失去了历史的痕迹，人类将会由此迷茫。

因此旧工业建筑厂区遗存，在大工业城市的建筑结构中占有重要地位。20 世纪 90 年代后期，随着城市经济建设及产业结构的调整，城市的生产、服务空间格局发生了重大的变化。一方面旅游、服务产业的兴起和电子高新技术的引进与开发，使相对落后的工业陷入了发展困境，很多企业、工厂面临破产或并购；另一方面城市旧工业建筑厂区不是文物。因此，旧工业建筑厂区的改造应该借助其历史文化资源来与新产业结合。对于旧工业建筑厂区的保护和更新所要做的就是与环境相协调，让传统文化的印记原味地保留下来，并且使文化得到传播，从而实现文化价值的延续。我们针对旧工业建筑厂区文化价值的研究，主要体现在厂区著名人物、厂区精神以及操作工艺方面，如图 1.5 所示。

(a) 江西华安针织总厂历史陈列馆

(b) 江西华安针织总厂发展历程

(c) 江西华安针织总厂缝纫机展示

(d) 江西华安针织总厂所获荣誉展

图 1.5　江西 699 文化创意园前身（江西华安针织总厂）文化展

如今旧工业建筑再生利用正如火如荼地开展，我国前期的改造基本上是对过去彻底的否定推翻，在老建筑的尸体上建立新的城市，虽然城市面貌焕然一新，交通变得更加便捷，但是却加速了城市中旧建筑的消亡，这对于城市文脉的留存是不利的，城市中的旧工业建筑是城市民众精神上的依托，贮存了公众的记忆，伴随一代代人的成长，大量旧工业建筑的消失也带走了远离家乡游子的乡愁。因此，旧工业建筑再生利用的文化价值内涵就更加显而易见了，一方面最大限度地弥补了工业时期对城市文化多样性造成的伤害，另一方面为公众提供一个贮存回忆的场所，留住城市文脉和乡愁。

总的来说，旧工业建筑厂区的改造应该借助其历史文化资源来与新产业结合。对于旧工业建筑厂区而言，时代不再，很多原来的文化元素早就消失了，或在市场的作用下正在慢慢消失，只是建筑、小巷这些框架、环境等还保留着城市印记。我们最终要做的就是要将旧工业建筑厂区的历史文化挖掘出来，让传统文化的印记原味地保留下来。

1.3 项目环境调研

对旧工业建筑厂区进行区域调研要具有针对性，要在既有改造案例或相同类型厂区的改造案例的基础上进行区域调研，主要包括项目自然环境、社会环境以及人文环境三个方面。

1.3.1 自然环境调研

自然环境就是指人类生存和发展所依赖的各种自然条件的总和。自然环境不等于自然界，只是自然界的一个特殊部分，是指那些直接和间接影响人类社会的那些自然条件的总和。随着生产力的发展和科学技术的进步，会有越来越多的自然条件对社会发生作用，自然环境的范围会逐渐扩大。然而，由于人类是生活在一个有限的空间中，人类社会赖以存在的自然环境是不可能膨胀到整个自然界的。自然环境包括人类生活的一定的生态环境、生物环境和地下资源环境。

经过历史岁月的沉淀，旧工业建筑保留了很多有特色的环境和场所。因此，在进行改造设计时，每一个建筑师都应尽可能地保存并合理地运用这些历史保留下来的元素。保留和尊重这些无名设计师的设计，既是对历史文脉与记忆的传承，同时也是塑造场所个性的重要手段。

提及工业建筑和工业厂区，人们的第一印象大多是杂乱无章和藏污纳垢。旧工业建筑的环境差是普遍存在的。由于生产需要，工业建筑的分布和建设通常非常紧凑，景观和绿化空间往往严重不足只能见缝插针式的存在。其次在工业生产过程中，免不了要进行废烟、废气和废水的排放，原料和废料的堆放、运输等，这些生产过程必定会造成环境的破坏和污染。同时，出于生产安全和避免干扰的考虑，工业区的边缘通常会建有围墙，使厂区与城市空间隔离形成较为封闭的空间领域。这种封闭模式与现代公共建筑对大客流量的需求形成较大矛盾。这些旧工业建筑的环境特点问题给其改造和再利用增加了难度，同时也是在改造和再利用的过程中应该得到设计师足够重视的地方。

城市化发展使不少既有工业建筑厂区周边环境发生了重大变化，部分旧工业建筑混杂在居民区甚至学校校园内。因此我们需要对旧工业建筑厂区所处的外环境，以及厂区内的生态环境有无破坏进行调研。同时也需要注重地域性气候、地貌、生物资源、水文及能源条件对建筑的影响。

1.3.2　社会环境调研

社会环境在自然环境的基础上，人类通过长期有意识的社会劳动，加工和改造的自然物质，创造的物质生产体系、积累的物质文化等所形成的环境体系，是与自然环境相对的概念。社会环境一方面是人类精神文明和物质文明发展的标志，另一方面又随着人类文明的演进而不断地丰富和发展。

旧工业建筑的社会环境是一定历史时期人类特定生产方式的物质体现，是人们生活经历的一部分，拥有特定的历史价值和社会价值。在制造、工程和建筑业方面，它拥有技术上和科学上的价值。对部分规划、设计精良的旧工业建筑生存过或者生存中的社会环境进行研究，还可拥有相当的审美价值与区域记忆，如图 1.6 所示。重要旧工业建筑的再生利用，还能够对保证社区居民的心理稳定产生重要的影响。总之，旧工业建筑及其社会环境对生活在现代城市的人们来说，不仅具有物质方面的价值，还具有一定的精神价值。

图 1.6　北京首钢冬奥会冬训馆鸟瞰图

随着经济的发展，城市的占地面积也发生了巨大的变化，原旧工业建筑厂区已不再是一座座孤零零的大厂房，其周边必然出现了许多新兴的产业以及建筑，这就不得不考虑旧工业建筑再生利用后的使用人群。通过以往调研得出，旧工业建筑改造后若没有足够的人流量的支持，便将成为失败的案例。所以在项目区域调研时，务必需要对改造后的使用人群及人流分析，做出足够且准确的预测。

项目使用人群及人流分析的任务包括，调研得出旧工业建筑厂区周围的常住人口为多少，有多少不同的消费群体，消费群体的消费需求可分为哪几种以及经济基础如何等。

1.3.3 人文环境调研

“人文环境”可以定义为一定社会系统内外文化变量的函数，文化变量包括共同体的态度、观念、信仰系统、认知环境等。对于旧工业建筑厂区而言，如果说经济环境主要针对生产，那么人文环境主要就是为生产服务；如果园区中的建筑是物质环境，那么建筑之间的关系，以及建筑与人之间的关系就是人文环境。

所谓“诗意地栖居”，这其中的韵味，绝不仅仅是温饱或小康所能囊括的。除了物质的需求，人们还需要精神层面的满足感。城市的进步，也不能仅以经济增长的尺度来衡量，而应该以城市的成长，以其质量与和谐程度来考量。

实践已经证明，大城市，尤其是特大城市，不适合以单个中心为基点向外“摊大饼”的发展模式，而应该是基于多个副中心的网络状发展模式。园区的建设发展，作为城市网络中的一环，同样不应该是单一功能的研发城，而要更多地考虑其综合的城市功能，将工作于此的人们留住。旧工业建筑厂区就是需要这种人文环境的存在，才能称得上具有完备的再生价值。对旧工业建筑进行再利用可以保存对一定生活方式的记忆。在城市中，特别是像一座建筑、一条胡同或是街道转角这样的空间，都可能蕴含了多种丰富的活动在内，也或许曾经是城市中最生动或令人印象深刻的地点，更何况整部历史的书写也不全是精彩高潮的章节或是处处辞藻华丽的形容词。作为“背景建筑”或者“地标建筑”的旧工业建筑往往才是真切的事实存在。它们才是表达城市日常生活、群体形象的重要史料。其次，对旧工业建筑的再生利用有利于保存现有社会生活方式的多样性。旧建筑由于年代久远、设施落后、周边环境不佳、地租低廉，有一部分成为传统手工艺者、艺术家等一些城市边缘人群聚居的场所。如北京的 798 工厂，如图 1.7 所示。对其进行彻底的置换更新，带来的结果经常是损坏原有的居住生态使得它和城市的新兴区域统一化。对旧工业建筑进行恰当的改造与再利用，使之在改善环境恢复活力的同时维持原有的文化特色，保护现有的社会生活方式的多样性。

1.4 再生利用项目调研

通过对我国 30 个城市中 150 个典型旧工业建筑再生利用项目的调研考察，总结出我国旧工业建筑再生利用项目城市分布、结构类型分布、外部处理方式、结构处理方式、再生模式等方面的现状特征。

1.4.1 历史发展沿革

我国对旧工业建筑的再生利用探索是从 20 世纪 80 年代才逐步开始，至此国内旧工业建筑发展历程基本分为三个阶段，如图 1.8 所示。

(a) 798 艺术区景观图（一）

(b) 798 艺术区景观图（二）

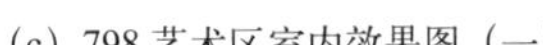

(c) 798 艺术区室内效果图（一）

(d) 798 艺术区室内效果图（二）

图 1.7　798 艺术区环境展示

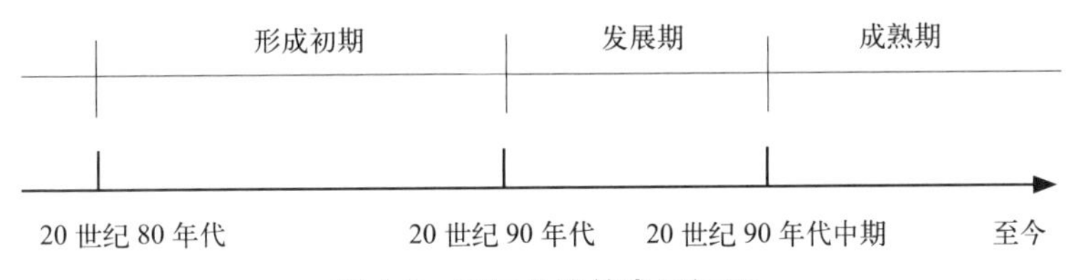

图 1.8　旧工业建筑发展经历

第一阶段（形成初期）：

国内旧工业建筑的再生利用始于 20 世纪 80 年代。这个时期的旧工业建筑再生利用项目多以简单的、自发的、低水平的改造形式出现，甚至在改造过程中，部分旧工业建筑受到一定程度的毁损。

第二阶段（发展期）：

20 世纪 90 年代初到 90 年代中期。这一阶段表现出来的再生利用显得较为盲目和随意，但较之第一阶段，表现出来的活力和创造性更具多样性。如北京市手表二厂改建为双安商场，上海面粉公司的废弃车间改造为莫干山大饭店等。

第三阶段（成熟期）：

20 世纪 90 年代中期至今。尽管在城市土地价值不断上涨的背景下，一些企业和开发商对于旧工业建筑仍然会采取以新换旧的态度，但是大多数人们仍对旧工业建筑再生利用给予了持续性关注，这种持续性关注促使各种旧工业建筑再生项目得以实现。至此，推倒重建不再是闲置工业建筑处理的最佳选择。

1.4.2 城市分布特征

对旧工业建筑进行的处理，分为改变功能后重新利用（简称“利用”）、对原建筑进行保护修复（简称“保护”）、拆除放弃在原土地上重新进行建设（简称“拆弃”）三种方式，见表 1.1。

旧工业建筑再生利用处理方式　　表 1.1

发展特点		典型城市	原因剖析
重利用型	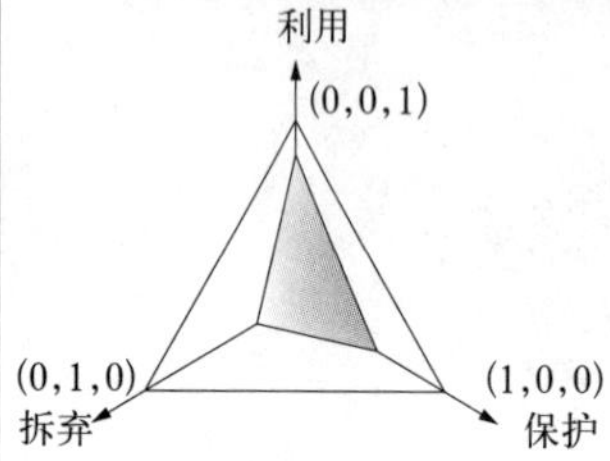 利用 (0,0,1) (0,1,0) 拆弃 (1,0,0) 保护	北京 上海	“重利用”型城市以一线城市为主。这类城市经济水平较高，对生活精神层次需求亦相对提高。单纯出于经济考虑的推倒重建的开发模式已退出主角地位，取而代之的是再生为创意园、孵化基地等为多模式的利用处理，实现文化与经济价值的共赢
重保护型	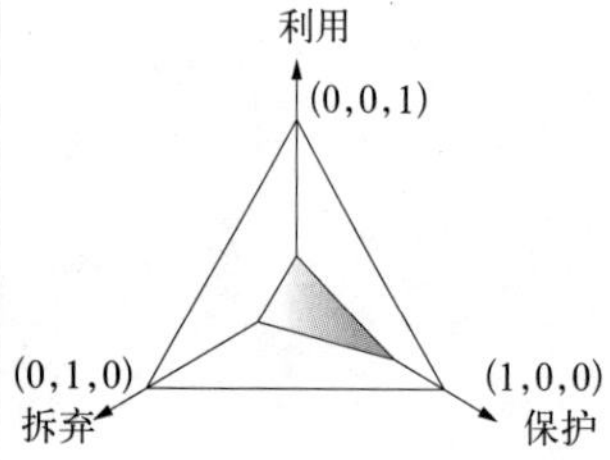 利用 (0,0,1) (0,1,0) 拆弃 (1,0,0) 保护	苏州 杭州	“重保护”型城市以历史名城为主。这类城市立足于工业遗产的保护，将这些由老厂房遗址改造而成的博物馆、产业园与工业旅游相结合，产生新的生命和发展可能
重拆弃型	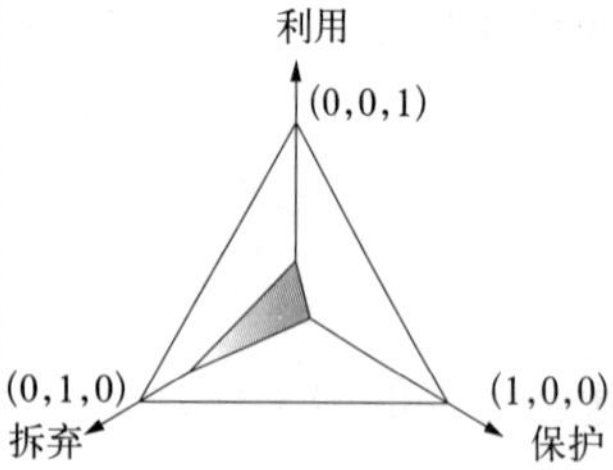 利用 (0,0,1) (0,1,0) 拆弃 (1,0,0) 保护	沈阳 大连	“重拆弃”型城市以老工业城市为主。这类城市在更新过程中，经济主导型的城市建设意识仍占上风，很多具有重要价值的旧工业建筑在城市开发中已被拆除，相对于丰富的工业建筑基数，旧工业建筑整体保存下来的极少
均衡型	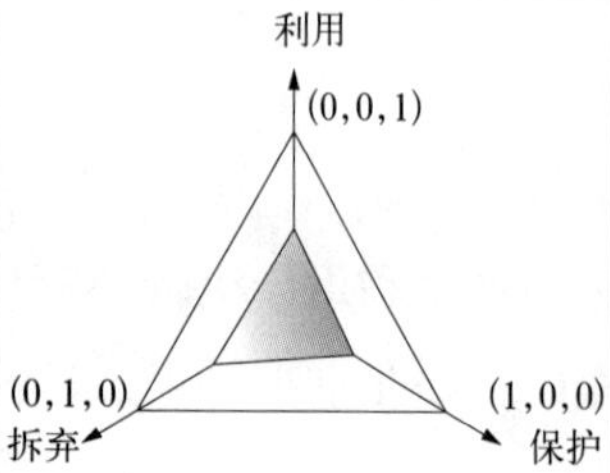 利用 (0,0,1) (0,1,0) 拆弃 (1,0,0) 保护	西安 温州	“均衡”型城市以二三线城市为主。随着城市发展进程加速、工业结构调整，在城市内出现大量工业建筑的闲置。同时吸收其他城市旧工业建筑再生利用的相关经验，合理规划，得到了不错的发展

从表 1.1 不难看出，不同城市的发展方向是不同的，那么我们在对不同城市的旧工业建筑进行改造的同时就要考虑到不同城市各个特点，将改造后的旧工业建筑与城市完美结合起来，让其发挥更大的效益，一般情况下，要遵循以下几点建议：

（1）新建与改造相结合，营造有效的共享空间

进行城市旧工业建筑的改造与运用，主要是对已经存在的建筑结构与即将建设的建筑进行有效的改进，在这一领域当中，不仅仅要对想要扩建的部分功能以及后期的使用要求进行考虑，同时还需要更有效地处理新与旧之间的过渡与联系，进而促使其融为一体，形成一个完整的空间体系。例如：在既有建筑庭院进行改造时，需要对旧建筑的进深程度以及自然通风、采光等问题进行设计。在现代化的技术水平之下，运用机械通风以及照明形式，利用庭院的空间，进而促使其在改造之后成为一个共享的活动中心。

（2）对新、旧建筑之间的共存因素进行协调

通过对已经存在的传统旧建筑当中的一些具有代表性的元素进行提炼并有效变形，恰当地运用到相关的设计当中，进而促使整个建筑之间产生有效的对话以及良好的关系。促使在新、旧建筑当中维持一种具有历史性的文化延续。例如，在进行立面设计的时候，对立面构图当中所表现出来的因素以及扩建部分进行考虑，比如檐口的高度、立面存在的比例、整体的尺度特征以及材料的质感等方面，进而延续旧建筑原有的形态特点，寻求各方面之间的协调与呼应；在内部空间进行设计的时候，要以构建进而转移并建立新旧建筑之间的呼应关系，将原有的旧建筑当中富有特色的局部构建逐渐扩建到新的建筑当中，促使新旧建筑之间能够形成良好的协调与呼应等。

（3）保持旧建筑当中的特色，维护城市的形象

有一些旧厂房建筑所表现的特征则是其他建筑表现所没有的，在对这一部分的建筑进行改造的过程当中，运用恢复以及保护旧厂房原有风貌为基础，适当增加一些新的设施；在恢复和保存原建筑外部空间形态的时候，运用现代化的材料以及现代的空间处理方式，创造出能够满足现代使用要求的全新的外部空间形态，进而有效地对原有建筑的历史性以及文化特点进行延续。

1.4.3 建筑单体特征

旧工业建筑再生利用的处理方式有很多，既可以是简单的外立面修缮，也可进行较复杂的内部增层处理。通过全国性的调研，可以总结出我国旧工业建筑再生利用项目单体年代与结构类型分布、外部处理方式、结构处理方式等方面的现状特征。

（1）结构类型分布

旧工业建筑的结构类型分布见表 1.2。

结构类型分布 表 1.2

结构类型	比例
砖混结构	12%
框架结构	24%
排架结构	42%
门式钢架结构	8%
框排架结构	6%
砖木结构	3%
其他结构	5%

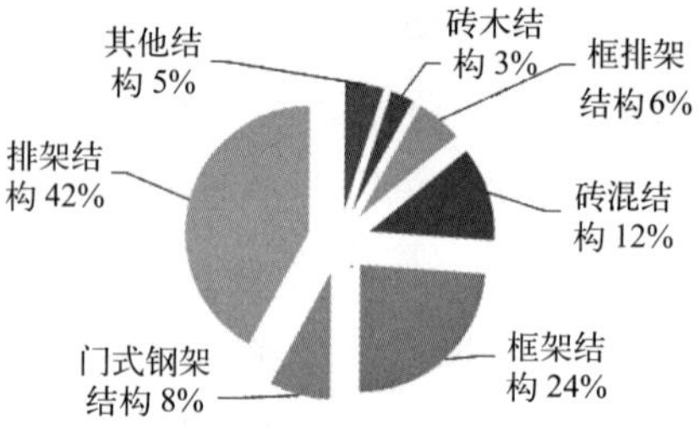

（2）外部处理方式

常见的外部处理方式见表 1.3。

常见外部处理方式 表 1.3

外部处理方式	比例	代表案例
维护建筑原貌	28.40%	无锡北仓门生活艺术中心；纸业公所
新老建筑共生	50.00%	上海 8 号桥时尚创意中心
全面更新	21.60%	上海无线电八厂

（3）结构处理方式

常见的结构处理方式见表 1.4。

常见结构处理方式 表 1.4

结构处理方式	比例	代表案例
加固处理	39.58%	无锡市纸业公所；西安老钢厂创意园
加层处理	16.67%	苏州桃花坞创意园；西安建筑科技大学华清学院
增减承重构件	12.50%	宁波市创意 1956；杭州 LOFT49
未改造	31.25%	沈阳西区工人村生活馆；上海四行仓库

通过对全国百余个旧工业建筑再生利用项目调研分析，主要呈现以下特点：

（1）保持一种“尊重”的原则

尊重的原则通常指的是，对于旧工业建筑进行再次改造与运用的过程当中，必须要尊重在原有的城市建筑当中所具有的历史特点以及空间的逻辑性。对于那些意境具有一定的艺术价值以及历史内涵的旧工厂进行改造的时候，尊重的原则主要体现在：首先，维持原有厂房所独有的空间秩序、风格特征以及文化气息；其次，尊重建筑本身的空间、表现肌理以及结构构件；最后，尊重建筑的空间特点以及技术设施、体量关系等。

（2）找寻一种“匹配”的原则

匹配是整个城市旧工业建筑改造当中的重要条件，要真正在设计当中做到结构上设计的合理性，经济获取上的可行性，维护、管理上的方便性等方面，才能进而促使新的使用功能以及旧工业建筑所用的空间能够形成良好的匹配性原则。因此，在对每一个不同的建筑进行改造的时候，需要首先对功能性与形式之间了解和研究，探寻现有厂房存在的空间布局规律，挖掘空间当中的潜在用途，了解整个建筑面积以及后期的需求，进而确定改造的方案，尽可能地满足新建筑的功能性与形式性之间的有效匹配。

（3）探寻新与旧之间所存在的“共生”原则

对城市当中的废旧工业建筑进行的改造，是运用全新的元素与已经存在的旧建筑有效整合之后进而形成的整体，这时候新与旧之间的重组以及相互之间的弥合性便是构建建筑“共生”与发展的重要因素所在，也是为旧事物融入可能性与创新性的活力所在。而这同样是对旧厂房区域进行改造和创新的重要前提所在，也是城市设计当中融合新旧建筑关系处理的主要内容所在。不管是旧建筑的内部还是新建筑与旧建筑之间的外部环境，都应当遵循这一原则，才能够更好地进行创建和实施。

1.5　工程案例分析

1.5.1　项目概况

（1）区位分析

1）宏观区位分析

大同市位于山西省北部，地处晋、冀、蒙交界处，黄土高原东北边缘，东经 112° 34′ ～ 114° 33′，北纬 39° 03′ ～ 40° 44′ 之间，是中部地区重要的区域性中心城市与综合交通枢纽城市。大同北以外长城为界，与内蒙古自治区相邻，西、南与本省朔州市、忻州地区相连，东与河北省相接。交通方面，也已形成铁路、公路、航空相互配套的立体交通体系：铁道线路纵横交错，沟通华北、西北、东北和三晋腹地的联系；京大、大运和得大高速公路等 10 多条干线四通八达，飞机可直达北京、上海、广州等城市，交通条件十分便利，如图 1.9 所示。

2）中观区位分析

大同煤气厂位于大同市南郊区开源街南侧，北距大同老城区 5.5km，西邻十里河生态廊道，西北距云冈石窟 14km。现状东侧有城市主干道新建南路经过，西南有省道大塘公路过境，现状场地交通便利。在《大同市城市空间发展战略规划（2008—2030）》中场地规划建设的城南片区，即未来主副城交界带，位于整个城市的几何中心，区位条件良好。未来规划城市主干道与远景轨道三号线交汇于此，场地交通将更为便捷，如图 1.10 所示。

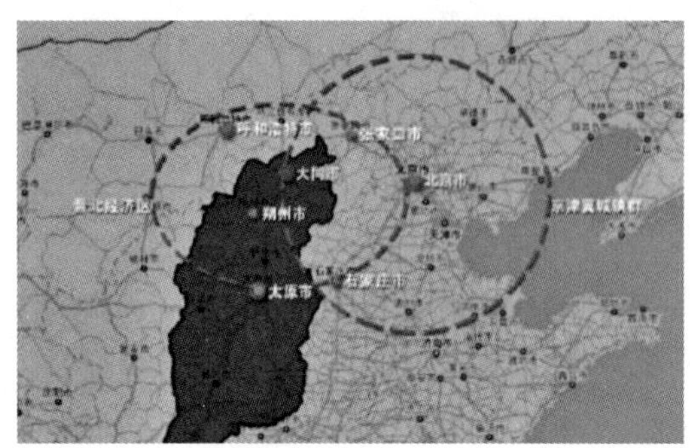

图 1.9　宏观区位图

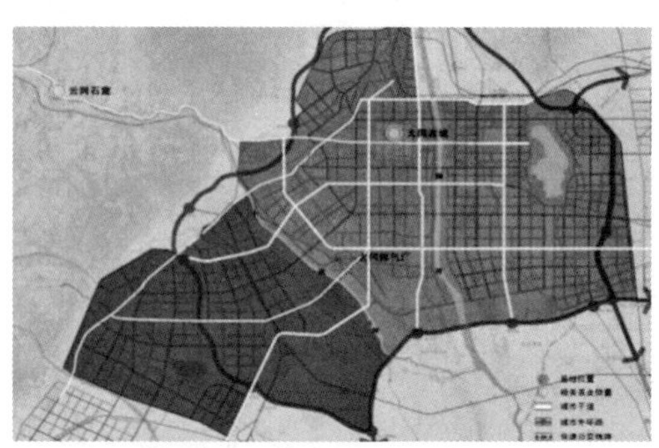

图 1.10　中观区位图

3）微观区位分析

大同煤气厂占地面积 28.1 公顷，北临规划城市主干路开源街，南接规划城市次干路青年路，东侧为城市现状主干路新建南路，场地南侧临煤气厂专用运输铁路，交通条件便利。场地周边北侧为工人新村，南侧为规划新建的大型农贸批发市场，西侧建有西郊污水处理厂，东南侧为大同市二电厂。农贸批发市场的建设将对场地产生环境嘈杂、卫生条件差等不利影响，同时二电厂的工业污染将对场地产生气体污染、粉尘污染，场地环境受周边影响较大，如图 1.11 所示。

图 1.11　微观区位图

（2）自然条件

1）气候

大同市属大陆性季风气候，四季分明，冬季漫长且寒冷干燥，夏季短暂且温热多雨，春秋凉爽，温差较大。年均气温 5.5℃，极端最高气温 37.7℃，极端最低气温 –29.1℃；年平均降雨量在 400mm；无霜期 100 ～ 156d。大同市绿化覆盖面积 2131km^2，绿化覆盖率 15.1%。城市人均公共绿地面积达 4.6m^2，全年二级以上良好天气达到 220d。

2）地质地貌

大同市平均海拔 700 ～ 1400m 之间，市区海拔 1000m。境内地貌类型复杂多样，山地、丘陵、盆地、平川兼备。土石山区、丘陵区占总面积的 79%。西北部山脉属阴山山脉和吕梁山脉，主要有双山、云门山、采凉山等；东南部山脉属太行山脉，主要有恒山、六棱山等。

3）生物资源

大同市野生动植物资源丰富，野生植物有 1000 多种，其中药用植物近百种，有饮誉全国的北岳黄芪等；野生陆栖脊椎动物有 200 多种，属于保护的兽类动物 4 种、鸟类动物近百种，大多数动植物资源未被开发利用。

4）水文

大同市河流主要有御河、十里河、淤泥河、口泉河、桑干河、南洋河等，它们分属海河流域永定河水系和大清河水系。御河为桑干河的一级支流，也是大同市的最大河流，御河干流长 155km，流域面积 2947.5km^2。十里河为御河的一级支流，十里河干流长 89.3km，流域面积 1311.4km^2。

5）矿产及能源

大同市矿藏资源丰富，是我国著名的“煤都”，煤炭储量大、质量好、热值高，是我国重要的优质动力煤生产基地。境内地下矿藏还有铁、铜、铝、锌、磷以及石灰石、云母、石墨、大理石、花岗石等。电力资源丰富，现有火力发电资源 280 万 kW 以上可供开发。

（3）社会经济发展

1）历史沿革

大同自古为军事重镇和战略重地，是兵家必争之地，素有“三代京华，两朝重镇”之称。战国时期属赵国，北魏初中期建都于此，遂即成为当时我国北方政治、经济、军事、文化、佛教的中心。唐朝为云州，辽金两代均设西京大同府，为陪都，元代改为大同路（陪都）。明朝改路为府，为十三重镇之一，清朝为大同府治。新中国成立后划归察哈尔省，并由大同城区设立大同市。1953 年察哈尔省撤销，大同重新划归山西省。1993 年 7 月雁北行署撤销，原有县中的 7 县划归大同市。

大同煤矿集团煤气厂兴建于 1987 年，是同煤集团下属分公司性质的二级生产厂。职工总数 5028 人，主要生产煤气、焦炭、煤焦油、活性炭等系列产品，远销美国、韩国、日本等国家。由于产业转型要求，于 2008 年 10 月停产。

2）行政区划

大同市是山西省第二大城市，素有“煤都”和“凤凰城”之称。辖四区七县，分别为城区、矿区、南郊区、新荣区，以及阳高县、天镇县、广灵县、灵丘县、浑源县、左云县、大同县。城市总面积 14176km^2，其中市区 2080km，建成区 89km^2。至 2000 年，全市总人口 318 万人，其中市区人口 158.4 万人。

3）产业经济

大同市工业基础雄厚、门类齐全，是我国著名的煤炭、电力工业基地。经过新中国成立后 70 年的开发建设，积累和建立了一定的经济技术基础。特别是改革开放 40 多年来，大同市发生了巨大的变化，基础设施建设不断加快，投资环境日益改善，各类社会事业全面发展，初步形成了煤炭、电力、冶金、医药化工、机械制造、建材等多元支柱产业格局，煤化工、装备制造业、新型材料、旅游业以及特色农业等新兴产业也初具规模。2006 年全市国内生产总值达 405.96 亿元。

1.5.2 现状分析

（1）现状功能分区及工艺流程分析

煤气厂现状功能分区分为办公生活区、工艺流程区、生产辅助区三个部分，如图 1.12 所示。其中办公生活区包括办公、变电、食堂、澡堂等功能设施；工艺流程区包括备煤运输、制气工段、通风冷凝工段、硫胺工段、粗苯工段、脱硫工段、储气工段等生产流程；生产辅助区内设有汽车队、机修、汽修、仪表维修车间、胺芬污水处理、锅炉房、耐火材料仓库等生产辅助部门。

煤气厂工艺流程的主要流线包括备煤系统、炼焦系统、净化系统和储配系统，如图 1.13 所示。原煤由备煤系统进入炼焦系统进行炼制，炼制生成的焦炭进入储配系统进行储存，荒煤气进入净化体系，经冷凝鼓风工段、硫胺工段、粗苯工段、脱硫工段后产生煤气和焦油两种主要产品，分别进入各自储配系统。此外，整体工艺流程还包括废物处理系统、辅助设施体系两大生产辅助流程。

图 1.12 现状功能分区图

图 1.13 现状工艺流程分析图

（2）现状道路系统分析

煤气厂内现状道路呈宽 7m、4m 两级道路体系，7m 道路包括净化体系南北两侧两条东西向道路，厂区内其余道路主要为 4m 宽。道路路面为水泥浇筑，路面情况较为良好，路旁绿色植被非常茂盛，主要以灌木为主，如图 1.14 所示。

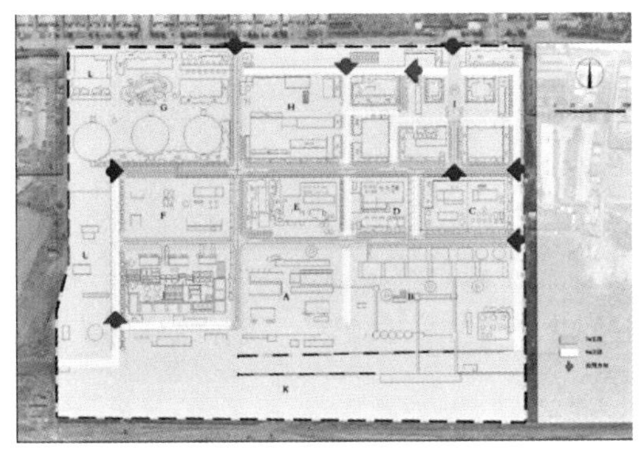

图 1.14　现状道路系统分析图

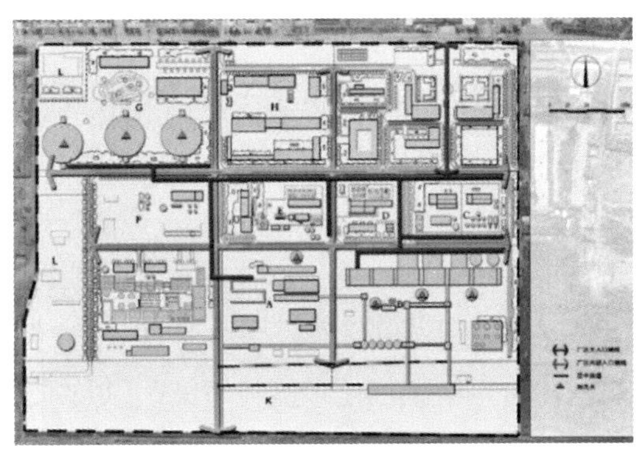

图 1.15　现状景观系统分析图

（3）现状景观系统分析

煤气厂内部原有工业设施保存完好，具有较好的工业景观风貌。可分为轴线、制高点、地标建筑、特色构筑物、特色机械景观五个层次，如图 1.15 所示。

轴线——沿主要生产流程两侧道路沿线形成四条生产区景观轴线，沿办公生活区主入口道路两侧形成辅助区景观轴线，分别体现煤气厂不同功能部分的工业景观风貌。

制高点——直立炉南侧三个烟囱和辅助系统内的锅炉房烟囱是厂区内的景观制高点。

地标建筑——制气车间和储配系统的储气罐以其独特外观风貌成为最能代表煤气厂工业景观特色的地标建筑。

特色构筑物——煤气厂内的特色构筑物由架空管道系统、胶带运输网、铁路线路三部分组成。架空管道系统呈网络状贯穿各个生产区域，未来可改造为空中交通廊道。胶带运输网和铁路线路是备煤系统与炼焦系统的重要组成部分，未来可开发特色游览观光项目。

特色机械景观——直立炉内保留完好的生产机械设备具有突出的机械美感，可改造为标志性工业机械背景景观。

（4）现状绿化植被分析

厂区内现状绿化植被整体状况较为良好，由于不同生产工段的环境特点，呈现自南向北植被覆盖由丰盈向贫瘠转化的趋势。具体可分为植被丰盈区、植被退化区、植被贫瘠区、厂区绿轴四个层次。

植被丰盈区——包括储配系统区域、机修备件区、生活办公区三部分，位于场地最北侧，土壤环境受工业污染相对较少，植被覆盖丰盈，植物种类较多。

植被退化区——主要包括净化系统区域，这一区域是煤气生产的主要工段场地，场地土壤受工业废料污染较多，植物种类较丰盈区明显减少，覆盖面积也大为降低。

植被贫瘠区——包括废物处理系统、炼焦系统、备煤系统区和生产辅助区的场地空间，这一范围内场地土壤受工业废水、废料、煤渣粉尘污染严重，仅有少量植被分布，植被覆盖较为贫瘠。

厂区绿轴——沿植被丰盈区、植被退化区内道路两侧或有高大乔木沿路而植，或有葱郁灌木贯穿两侧，以此形成厂区线形植被轴线。

（5）现状污染状况分析

现状场地内土壤、水体的污染主要源自煤渣、化学废料等，污染状况严重，生态修复成为场地开发的首要任务。根据污染类型将场地分为生活污染区、残存气体污染区、煤渣粉尘污染区、化学废料污染区以及工业废水污染区。

生活污染区——包括机修备件区和生活办公区，此区域内的污染源主要来自生活办公产生的污染，污染程度较轻。

残存气体污染区——此区域空气受到残存气体的污染，储气罐内的煤气外渗是其主要污染源，开发建设中应对此区域进行气体污染治理。

化学废料污染区——包括净化系统区域、直立炉周边区域，由于生产工艺的特点周边土地受化学废料污染较为严重，亟须土地治理恢复。

（6）现状建构筑物评价

煤气厂场地内现状建筑整体保存较为良好，工业建筑特征明显，具有较好的恢复与再利用价值，如图 1.16 所示。丰富的构筑物形成了独特的厂区景观，具有工业美感的造型可引进特色项目，形成地标性标识。在未来的建设中，对于厂区内建构筑物的改造利用将成为开发的重点。

（a）观测台与废弃高炉

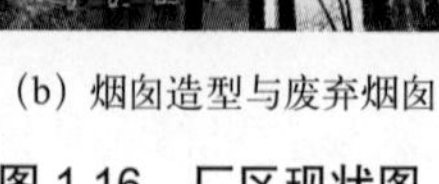

（b）烟囱造型与废弃烟囱

（c）反应罐造型

图 1.16　厂区现状图

因此，首先分别对其进行评价，以确定再生利用方式。分别从功能价值、构造美学空间价值、场地价值、历史关联价值四个方面对其进行打分，各项满分为 5 分。经综合评分，分值在 15 分以上的，评价意见是完全保留；分值在 10 分到 15 分之间的建议部分保留、部分拆除，通过对其改造更新以适应新的功能要求；分值在 10 分以下的，评价意见是完全拆除。具体评分见表 1.5。

现状建构筑物评价表　　表 1.5

区域	功能	综合评价打分	建议
办公后勤	办公楼	12	改造
	澡堂	8	拆除
	中央变电	13	改造
	食堂	12	改造
	维修厂房	13	改造
	车库	7	拆除
生产流程	储气罐	12	改造
	储气厂房	8	拆除
	储焦	13	改造
	储煤	11	改造
	直立炉	14	改造
	锅炉房	13	改造
	主流程办公	13	改造
	通风冷却厂房	9	拆除
	硫胺厂房	12	改造
	粗苯厂房	11	改造
	脱硫厂房	12	改造
	脱硫塔	14	改造
	胺芬污水处理办公	12	改造
	焦油处理	8	拆除
新建	景观小品		新建
	商售		新建
	室外演绎厂		新建

1.5.3　再生定位

综合对大同煤气厂宏观、中观、微观区位的概述分析，我们得出大同煤气厂场地交通条件便捷，占地规模较小，因而使得开发规模受限，同时具有较高的操作灵活性。由于距离城区较远，周围城市气息不足，因此在开发模式的选择上，不宜进行单一的商业开发和文化艺术产业开发。

大同煤气厂现状场地内保存有良好的工业景观风貌，应予以保留并进行有效地开发利用，如图 1.17 ~图 1.20 所示；同时其受工业污染较为严重，亟须生态治理与恢复。鉴于以上场地特点，建议其开发模式可采用景观主题产业，充分发挥场地优势资源，解决场地现存问题，实现工业遗产保护与生态治理恢复的良好结合。

图 1.17　巨型储气罐的内部仰视图

图 1.18　局部全景图

目前国际上已有很多工业遗址改造成功案例，根据改造开发的模式分类，大致可归纳为城市公园、城市创意产业聚集区、主题博物馆、工业博览与商务旅游开发、综合开发等类型。大同市目前面临城市产业转型和绿色旅游发展的前景契机，单一的开发模式不足以满足大同煤气厂的开发建设要求，因此适宜采取综合开发的建设发展模式。但鉴于现有综合开发模式被广为运用、特色不足的劣势，煤气厂的开发要注重其独特性、差异性，保证其具有良好的可实施性、可操作性、可持续性。

图 1.19　原创艺术车间

图 1.20　门楼和甬道

第 2 章　再生利用项目实测

2.1　基础知识

2.1.1　实测主要内涵

(1) 相关概念

实测是指对自然地理要素或者地表人工设施的形状、大小、空间位置及其属性等进行实际的测量、采集并绘制成图的过程。如果将从设计、施工到竣工，最终建成成品的实体建筑的全过程称为建筑的正向建造过程。那么建筑实测则是建筑正向建造过程的逆向推导，是对已建成建筑的资料性逆向反求的过程，是从已建成的建筑实物反向获取建筑设计图及原始建造过程的工作。

旧工业建筑再生利用实测是通过对旧工业厂区内部的建构筑物、道路交通、景观花园、管网管线等实体的大小、位置、布局等项目进行测量，再将测量获得的数据绘制成图，为旧工业建筑再生利用的后续工作提供图纸依据，以方便后期使用。

(2) 主要分类

旧工业建筑再生利用项目的实测，是在旧工业厂区现状的基础上进行的实测，有以下几种分类：

1) 按照实测的工作任务来分，再生利用项目实测包括前期外业作业和后期内业作业。

① 前期外业作业

前期外业作业工作包括三个方面的内容：一是测量建筑相关数据，绘制建筑实测草图；二是拍摄建筑影像资料，包括建筑外景、楼名、建造年代等资料照片，档案资料照片，相关人物照片，以及实测场地的工作照等；三是调查建筑相关资料与考证相关历史史料，包括建筑的人文背景资料、建筑类型、建造年代、建造过程、设计和施工单位、业主和投资渠道等资料。

② 后期内业作业

后期内业作业工作为考证调查资料的适用性，检查实测草图的准确性；依据建筑实测草图绘制全套建筑实测图；整理建筑影像资料；撰写建筑考察报告。最终形成完整的建筑实测成果。

2) 按照实测的工作内容来分，再生利用项目实测包括厂区现状实测、建（构）筑物实测、地下管线实测。

① 厂区现状的实测

厂区现状的实测是对厂区范围内的各种建筑物、围墙、构筑物、道路、绿化等项目进行测量定位，注明与相邻建筑物、构筑物的位置关系并绘制成图的过程，是对厂区整体平面布置的详细定位与描述。

② 建（构）筑物实测

建（构）筑物实测是对单体建筑实际情况的全面反映，对建筑实体内外进行详细测量并绘制成图，包括建（构）筑物的平面、立面和剖面图，以及某些关键部位的大样图等，作为后期建筑设计的基本资料。

③ 地下管线实测

地下管线的实测是通过现代化的探测技术，探查原有地下管网管线的分布、各专业管线的类型及现状，根据探测到的数据及绘制的各专业管线的草图进行地下管线数字化实测图的绘制和建档，为建立科学、完整、准确的地下管线信息管理系统和后期旧工业建筑管网的检测、改造再利用和维护管理提供可靠的基础资料。

3）按照实测的工作深度来分，再生利用项目实测包括全面实测、典型实测、简略实测。

① 全面实测

从工作深度和范围而言，这是最高级别的实测，要求对建筑进行整体控制测量，并测量所有不同类别构件及其空间位置关系，要进行全面详细的勘查和测量，同时按类别和数量分别予以编号和制表，并一一填写清楚。实施旧工业建筑再生利用项目时，为了便于进行后期改造过程，需进行全面实测。因此全面实测也是旧工业建筑再生利用中最常使用的实测等级。

② 典型实测

与全面实测的要求基本相同，但测量范围并不覆盖到所有构件或部位。对重复的构件或部位，只需覆盖所有类别的构件或部位即可，不必逐个测量，从而只选测其中一个或几个“典型构件（部位）”。所谓典型构件（部位），是指那些最能反映建筑结构的形式、构造、工艺特征等的原始构件。典型实测的测量范围较全面实测要小，但是关键的控制性尺寸和典型构件在测量时与全面实测的要求完全一致。一般情况下，建立文物保护单位记录档案、实施简单的修缮工程或出于研究目的进行实测，都应至少达到这一级实测的要求。

③ 简略实测

测量工作深度如未能达到典型实测的标准，都应属于简略实测。有时进行旧工业建筑调查时，限于时间和人力、物力条件不足，可临时采用这一等级的实测。但这种实测成果不能作为正式的实测记录档案，一旦条件具备应立刻进行更高级别的实测工作。因此，原则上不应对具有较高级别实测要求和使用目的的旧工业建筑采用这一级别实测。

(3) 常用实测项目及方法

1) 距离的实测

距离一般是指两点间的水平距离，即地面上两点沿铅垂线方向投影在水平面上的直线距离。如果实测结果是两点间的倾斜距离，通常要换算成水平距离。

2) 高程的实测

高程是确定地面点位置的一个基本要素，所以高程测量是基本测量工作之一。高程测量根据所使用的仪器和测量方法的不同，可以分为水准测量、三角高程测量和气压高程测量等。由于水准测量的精度较高，所以是高程测量中最主要的方法。

3) 悬高实测

对于有些棱镜不能到达的被测点，如高压电线、高耸构筑物等，可先直接瞄准其下方的基准点上的棱镜，测量平距。然后瞄准悬高点，测出高差。如图 2.1 所示，目标高为：

$$H_t = h_1 + h_2$$
$$h_2 = S\sin\theta_{z1}\cot\theta_{z2} - S\cos\theta_{z1}$$

将棱镜置于被测目标的正上方或者正下方的基点，用小钢尺测读棱镜高。在测量模式下输入仪器高。照准棱镜开始测量距离 S。进入悬高测量模式，输入基点的点名、棱镜高，照准目标点（也就是悬高点），显示结果。

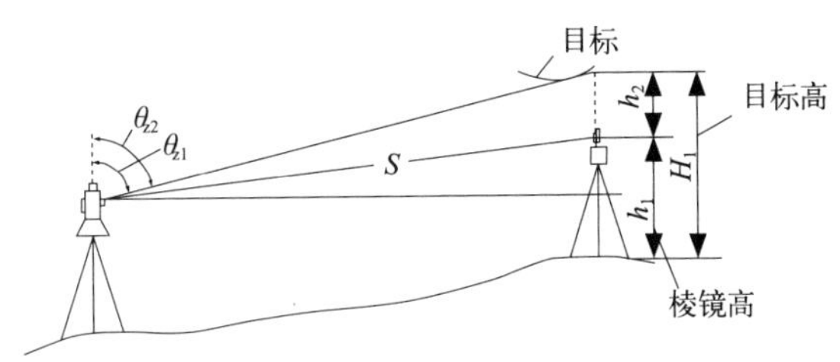

图 2.1　全站仪悬高测量

(4) 常用实测工具

为方便和快速地掌握现场实测项目的各类信息，现场实测过程中常常用到一些便携的实测工具和仪器。实测工具可分为两大类：实测工具与绘图工具，具体见表 2.1。

2.1.2　实测工作流程

再生利用项目实测的一般流程依据实测学的相关理论及旧工业建筑再生利用项目的需要制定，如图 2.2 所示。

常用实测的工具和仪器　　表 2.1

大类	小类	工具名称	工具用途	备注
测量工具	测量距离的工具	钢卷尺	测量建筑整体或者局部的长度数据	可配备多种长度的钢卷尺
		测距仪	测量建筑整体或者局部的长度数据	使用时须确保仪器的电量是否充足
		大小钢角尺	1. 现场画线；2. 测量建筑局部长度数据；3. 确定垂直线的辅助工具；4. 二者配合可测量圆柱直径	
		卡尺	测量小尺寸构件数据	
	测量方位的工具	指北针 / 带指南针功能的手机	测量建筑方位	使用时需确认现场没有铁制物体或磁场干扰
	摄影工具	照相机 / 带拍摄功能的手机	拍摄建筑现状照片	用数码相机拍摄照片更加清晰
	保障人身安全的工具	保险带，劳保手套等	1. 保险带用于保障高空作业或高处作业时工作人员的人身安全；2. 劳保手套用于保障手工操作室工作人员的人身安全	安全第一，确保人身安全
	辅助测量工具	梯子、绳子、胶带纸、小刀、便携式照明灯具等	1. 测量高处的实测者不能直接操作的建筑部位或构件数据的辅助工具；2. 测量光线较暗的建筑部位或构件数据的辅助工具；3. 其他用途的辅助工具	梯子、绳子等可就地借用
绘图工具	现场绘制草图及标注测量数据的工具	便携式绘图板	现场绘制实测草图及标注测量数据	一般使用 A4 便携式绘图板。规模较大的建筑可分绘两张或更多张实测草图拼合成图，或改用大号便携式绘图板
		坐标纸	现场绘制实测草图及标注测量数据	浅黄色坐标纸最佳。坐标纸可替代比例尺、直尺和三角板的功能，有利于现场准确快速绘制实测草图
		草图纸	现场绘制实测草图及标注测量数据	用于绘制与已完成的实测草图多处重复的实测草图。快速准确。节省时间
		各种黑色和彩色绘图笔：铅笔、绘图笔、签字笔、圆珠笔、马克笔等	现场绘制实测草图及标注测量数据	使用时应统一规定各类、各种颜色绘图笔的用途

（1）现场踏勘

现场踏勘主要有两方面的内容，第一，是对建筑本体及其周边环境进行初步的观察与判断；第二，是对现场情况进行勘察，并与相关工作、管理人员接洽，确认必要的工作条件。现场踏勘并不需要所有实测人员的参与，但却要足够周全细致。其目的是让实测人员了解所测对象以及现场的工作情况，以便提前做好准备，确保实测工作可以安全、高效的进行。

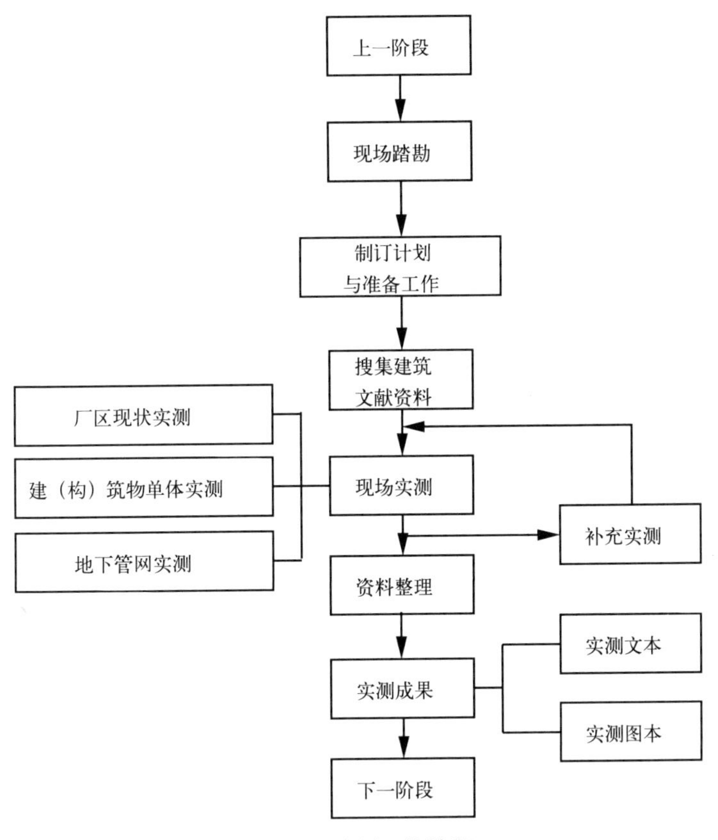

图 2.2　实测工作流程

对于一般的旧工业建筑的现场踏勘主要包括以下几方面内容：① 确认实测的工作范围，如总图测量范围、需实测的建筑、设备等；② 了解建筑的复杂程度以及可能存在的特殊情况，例如是否有之前了解到的资料中未发现的不同构件；③ 初步确认所需的测量位置，以及人员仪器是否可以到达，是否有足够的工作平面架设仪器；④ 探查现场的安全状况，了解可能存在的安全隐患并填写安全评估表；⑤与管理方及当地工作人员协商实测日程安排及现场作息时间；⑥确认到达现场的方式与路径，如需长时间作业，还应了解周边可能的食宿情况等等。

（2）制订计划与准备工作

在经过对建筑的背景调研及现场踏勘之后，应当及时对资料进行汇总和整理，并制定详细的实测计划。制定计划的第一步是需要确定具体的实测方式。根据实测的深度要求以及建筑、建筑组群的复杂程度的差异选择不同的实测方式进行实测。在确定具体的实测方式之后，则开始进行详细的工作计划制定。这主要包括具体的人员分工、进度安排、仪器调配以及后勤保障四个方面。在制定计划时，要注意简明清晰、管理分层有序，尽量保证将每一项必行工作落实于相关人员，并确保在现场有临时工作或问题产生时能及时有人力供以调配。完成工作计划的制定之后，应与先前调研、踏勘工作中的重点及注意事项相结合，以明确每人的工作内容和相关责任。

实测计划完成后，开始实测准备工作。这主要包括工作人员知识技能、思想心理方面的准备以及实测设备、仪器的准备。对于工作人员而言，除了要对实测对象的建筑知识、历史背景、相应实测方式以及旧工业建筑的特殊性有充分的了解之外，还要有绝对的安全意识以及克服困难的决心，以保证实测工作在开始之后能够安全高效的进行。另外，关于实测的设备、仪器的准备工作应当交由相关的管理人员统筹安排，不仅要心中有数，更要落实为文件统计资料。在实测工作开始后，仪器的调配、互用现象不可避免，对于仪器而言，应避免丢失、损坏的现象发生。

（3）搜集建筑文献资料

实测前应对所测建筑的历史沿革进行详细查阅，包括建筑始建年代、修缮记录，历代使用情况，建筑所处地理位置等，通过文字档案的查询可对所测建筑有一定的初步了解，同时也可对文字记录不全或不准确的部分在实测过程中查漏补缺或加以注意强化。旧工业建筑再生利用的成效也正是建立在对信息搜集工作能够保质保量的进行之上的。表 2.2 为搜集文献资料工作的内容及要求。

搜集文献资料工作的内容及要求 **表 2.2**

信息采集工作	内容及要求
搜集文献资料形成报告（实测前）	建筑位置
	建筑场地形态
	建筑创建年代
	建筑类型
	建筑用途
	建筑主要材料
	历史沿革
	修缮变迁

（4）现场实测工作

现场实测工作针对实测对象的不同，其工作流程和实测方法上也会有所不同，但对旧工业建筑实测工作来说，主要是分为测量阶段和绘图阶段的工作。测量阶段主要遵循“由整体到局部”、“先控制后碎部”的原则，以减少测量误差的传递和积累，从而确保测量工作的精准程度，为后续的绘图工作打下一个良好的基础；绘图阶段包括现场草图绘制和内业数字化图形的绘制，现场草图绘制的要点包括：① 结构交代清楚；② 外管形态基本准确；③ 比例关系正确，图面安排合理；④ 线条清晰合理；⑤绘图编号及名称准确。草图是内业绘图的基础，在此基础上可以采用 AutoCAD 绘图软件进行数字化绘图，采用 CAD 绘图是一种现代化的绘图工作模式，其绘图功能众多，操作便捷，成图后便于保存，

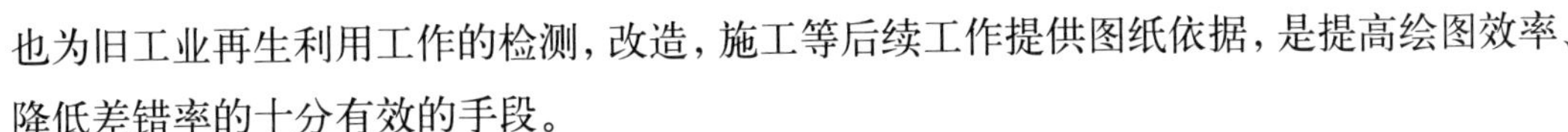

也为旧工业再生利用工作的检测，改造，施工等后续工作提供图纸依据，是提高绘图效率、降低差错率的十分有效的手段。

2.1.3　实测成果表达

从旧工业建筑再生利用项目实测含义出发，其工程目的实质就是真实客观地反映旧工业建筑的原貌，按照需要测制不同比例尺的平面图、立面图及剖面图等，为旧工业建筑再生利用后续的工作提供详尽、系统的资料，并作为技术档案保存，是保护、发掘、整理和利用旧工业建筑的基础环节。

实测成果，是指通过实测形成的数据、信息、图件以及相关的技术资料。旧工业建筑再生利用实测成果应由图本和文本两部分组成，图本部分包括建筑实测图与建筑影像资料，文本部分即实测报告。

2.2　厂区现状实测

2.2.1　厂区现状实测内容

厂区现状实测是对厂区范围内的各种建筑物、围墙、构筑物、道路、绿化等进行测量定位，注明与相邻建筑物、构筑物的位置关系。厂区现状实测是通过旧工业建筑厂区总平面图进行体现，主要表示整个厂区的总体布局，表达各建（构）筑物的位置、朝向以及周围环境（原有建筑、交通道路、绿化、地形）基本情况的图样，如图 2.3 所示。

（1）主要内容

厂区现状实测的主要内容包括以下几个方面：

1）工业厂房

包括房角坐标、各种管线进出口的位置和高程，并附房屋编号、结构层数、面积等资料。

2）特种构筑物

特种构筑物包括沉淀池、烟囱、煤气罐等及其附属建筑物的外形和四角坐标，圆形构筑物的中心坐标，基础面标高，烟囱高度和沉淀池深度等。

3）管线管网

窨井、转折点的坐标，井盖、井底、沟槽和管顶的高程，并附注管道及窨井的编号名称、管径、管材、间距、坡度和流向。

4）道路交通

包括起终点、转折点、交叉点的坐标，曲线元素，桥涵、路面、人行道等构筑物的位置和高程。

（2）基本要求

总平面图主要表现厂区范围内所建筑物、构筑物、地形地貌的相对关系、标高、指

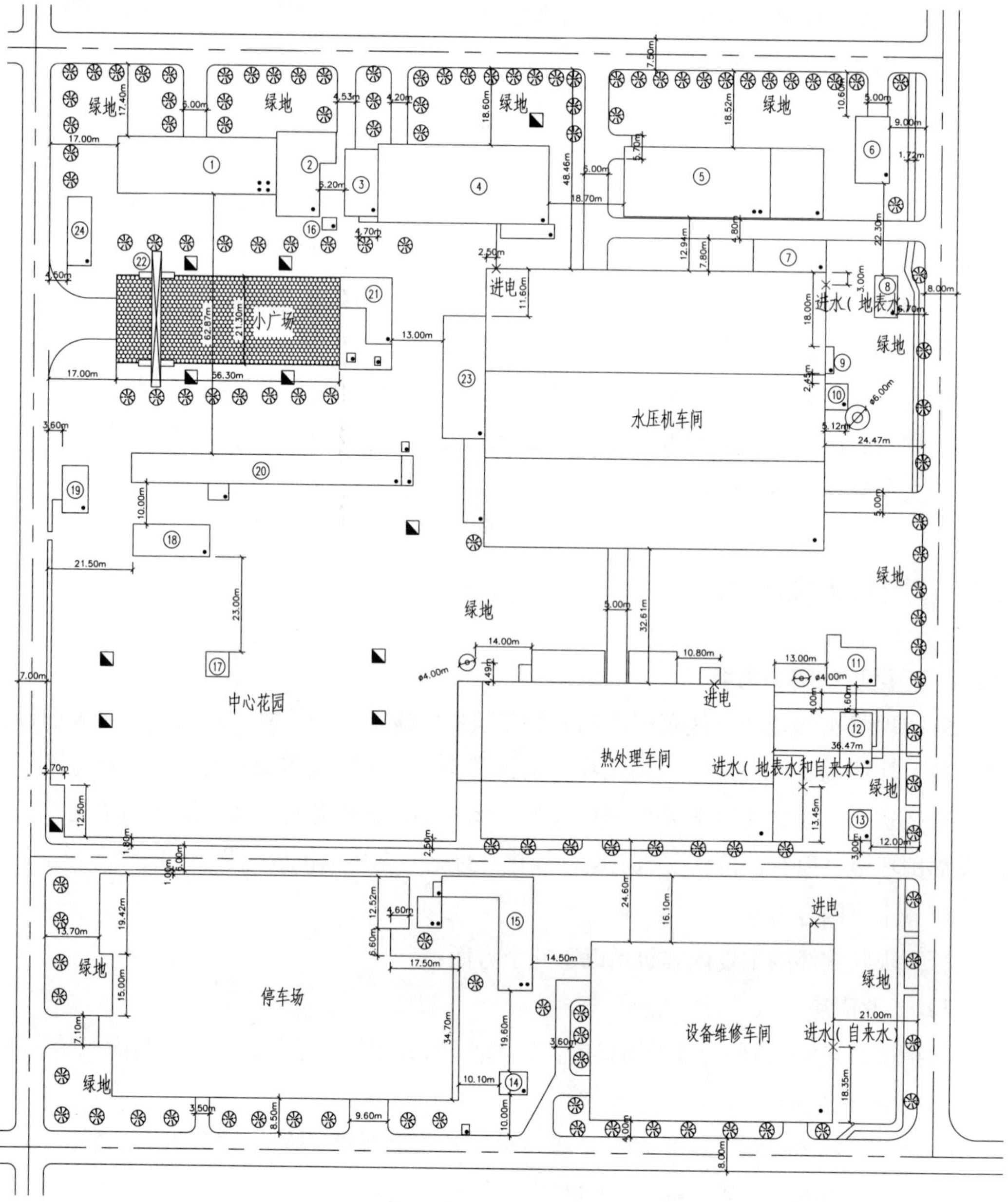

图 2.3　某厂区的总平面图

北针等内容。总平面图中也应标明各建筑物、构筑物的名称或编号，以便与单体图相对应。具体要求如下：

1）表明厂区的总体布局：用地范围、各建筑物及构筑物的位置（原有建筑、拆除建筑、新建建筑、拟建建筑）、道路、交通等的总体布局。

2）确定建筑物的平面位置：

① 根据原有建筑和道路定位，若园区有新建建筑，新建建筑定位是以新建建筑的外

墙到既有建筑的外墙或到道路中心线的距离。

② 在规模较大的工厂或地形较复杂的区域，可用坐标定位。

3）建筑物首层室内地面、室外整平地面的绝对标高：要标注室内地面的绝对标高和相对标高的相互关系，如：±0.000m=8.25m，室外整平地面的标高符号为涂黑的实心三角形，标高注写到小数点后两位，可注写在符号上方、右侧或右上角。若建筑基地的规模大，且地形有较大的起伏时，总平面图除了标注必要的标高外，还要绘出建设区内的等高线。

4）指北针和风玫瑰图：根据图中所绘制的指北针可知新建建筑物的朝向，风玫瑰图可了解新建房屋地区常年的盛行风向（主导风向）以及夏季风主导风方向。有的总平面图中绘出风玫瑰图后可以不绘指北针。

5）水、暖、电等管线及绿化布置情况：给水管、排水管、供电线路尤其是高压线路，采暖管道等管线在建筑基地的平面布置。

2.2.2　厂区现状实测步骤

（1）踏勘现场，确定初步方案

踏勘现场，确定实测方案到达实测现场之后，要先踏勘现场的地形和环境条件，分析实测工作的难易程度，确定初步的实测方案。选定合适的基准点和基准线，确定实测顺序，按照“从整体到局部，先控制后碎部”的原则逐点进行测量。

（2）布设控制点

选择需测量的点与基准点之间的点称为控制点，基准点与基准点之间的连线称为基准线，控制点与基准点、控制点与控制点之间的连线称为导线。控制点的布设应和总平面图草图绘制同时进行，在草图上标明控制点的位置和需要测量的地物和地貌特征点，并且将选定的基准控制点标注出来，一般以下部位宜选为控制点：

1）建筑单体的轮廓边界线的交点，即建筑的平面角点。

2）单体建筑与建筑之间的交接处，必要时可作局部放大图。

3）道路位置和不同类型铺地范围的分界线。

4）围墙转角处，注意围墙需测量其墙厚，在勾画草图时用双线表示。

5）测量范围内的其他重要地物的位置点。

需要注意的是，选定的测量控制点需要同时在草图和实际地形中标注出来，实际测量控制点可直接画在地面。地面控制点和草图中的控制点必须一一对应，并且需要进行编号和标注说明。遇到地形有明显高差时，控制点除了要标注位置坐标以外，还需在整个测量工作中选定统一的相对标高系统，通常选择其中一间室内地面为 ±0.000m，其他房间和室外的所有点都以该地面为准标注相对高度。

（3）准备仪器开始测量

根据实测任务准备相应的测量仪器和工具，在实测前需要对仪器进行检验、校正，查看仪器是否有破损，以确保实测设备的正常使用。开始实测前对初步方案细化并制订实测方案，包括确定实测方法、实测顺序、精度要求、人员组织、工作分配等。

1）测距：在总平面中的距离测量一般用钢尺或者皮尺，有的地方也可使用激光测距仪。根据选定的控制点逐点丈量各连线长度，往返各一次。

2）要求：各条边的相对误差不应过大；导线两端的高差较小时直接采用平量法，高差较大时采用斜量法，然后根据测量的两点之间高差，得出两点之间的水平距离；导线长度过长时，需要在其间增加控制点分段定点进行测量，以减少误差；测量时注意钢尺或皮尺必须保持平整直线，不得弯曲打结，亦不可拉伸用力过大造成变形，使测量结果不准确。

3）定向：各测量控制点以选定的基准线与导线之间的夹角作为起始方位角，可以利用罗盘仪来确定，测量工具缺乏和精度要求较小时，也可辅助细线利用测角仪来测定方位角大小。

（4）碎部测量

采用标记法测量碎部点，必须边测量边在草图上标注说明，同时记录相关测量数据。注意草图上的绘制标注的点号要和测量记录一致，在移动测量点时，必须把前一个地点所测得的测点对照实际情况全部清楚地绘制在草图纸上。

（5）绘制成图

现场实测的草图是指现场绘制并记录数据信息的草图，往往要求交代各部分的关系和大体比例并在草图上记录所测数据，草图初步绘制完毕后，需对所绘内容进行检查，目的是对草图进行完善，补充现场草图的不完整和不足。草图完善后再根据所绘草图的内容进行数字化绘图工作得到所需要的实测图纸。

2.2.3 厂区现状实测方法

对于厂区的实测方法较多，目前较多的采用主要为以下几种：

（1）简易距离交会法测图

没有合适的测量仪器、精度要求又不高的条件下，可利用钢尺或皮尺并采用简易距离交会的方法测量厂区总平面图，如图 2.4 所示。

对于较小的厂区可在厂区中选择两点，测量两点间距离作为基线，然后测量各碎部点；对于呈对称分布的厂区，可先在厂区中心位置选择一条尽量能贯穿厂区的长基线作为控制网，再通过增加一些与长基线垂直的基线作为补充。

（2）经纬仪配合量角器测图

经纬仪配合量角器测图的实质是极坐标法。优点是灵活、方便，速度和精度都能达到一定的要求，如图 2.5 所示。

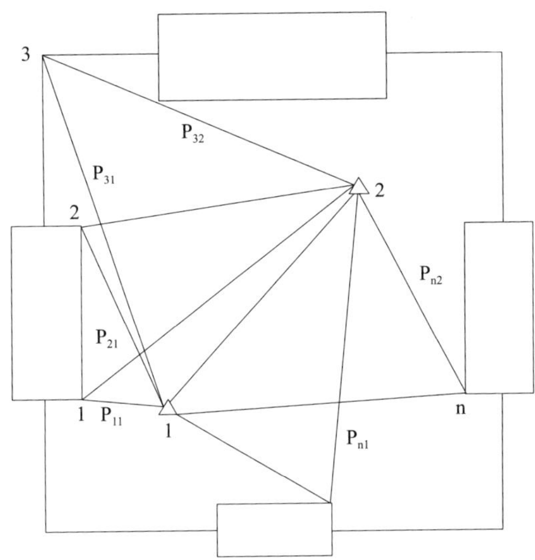

图 2.4　简易距离交会法测图

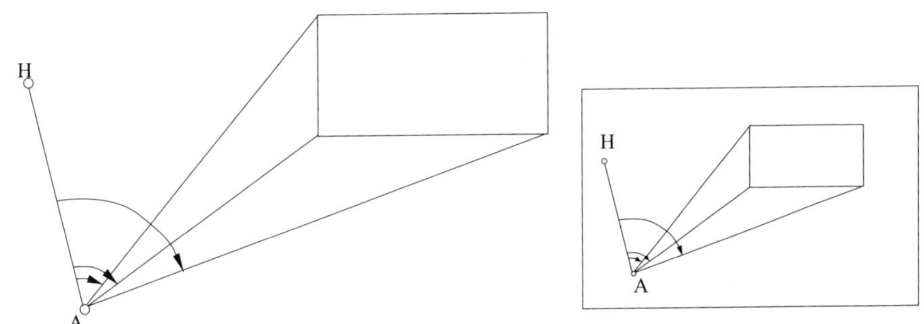

图 2.5　经纬仪配合量角器测图

将经纬仪安置在图根控制点上，将绘图板安置在测站旁，用经纬仪瞄准另一控制点进行图板和仪器定向，然后用经纬仪测定碎部点方向与已知控制点方向之间的水平角，并用视距测量的方法测量碎部点相对于测站点间的水平距离和高差。然后利用量角器按照极坐标法将碎部点展绘在图板上，注记高程，对照实地描绘成图。

（3）大平板仪测图

大平板仪测图是根据相似形原理，用图解投影的方法，按照测图比例尺将地面上的点缩绘在图纸上，如图 2.6 所示。其实质也是极坐标法。大平板仪测图在每个测站上先要进行图板定向。

（4）全站仪数字化测图

当设备条件许可时，可以直接采用地面数字测图方法。该方法也称为内外业一体化数字测图方法。

内外业一体化数字测图方法需要的测量设备为全站仪（或测距经纬仪）、电子手簿（或

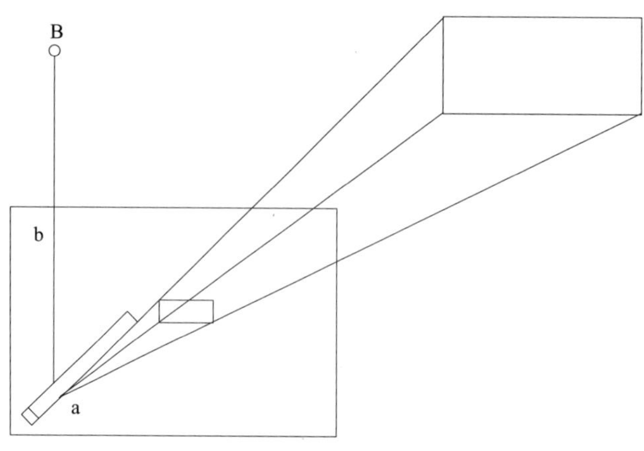

图 2.6　大平板仪测图

掌上电脑和笔记本电脑）、计算机和数字化测图软件。根据所使用设备的不同，内外业一体化数字测图方法有两种实现形式。

1）草图法：在旧工业区，利用全站仪或电子手簿采集并记录外业数据或坐标，同时手工勾绘现场地物属性关系草图；返回室内后，下载记录数据到计算机内，将外业观测的碎部点坐标读入数字化测图系统直接展点，根据现场绘制的地物属性关系草图在显示屏幕上连线成图，经编辑和注记后成图。

2）电子平板法：在野外用安装了数字化测图软件的笔记本电脑或掌上电脑直接与全站仪相连，现场测点，电脑实时展绘所测点位，作业员根据实地情况，现场直接连线、编辑和加注记成图。和传统的白纸测图方法比较，内外业一体化数字测图方法创建的大比例尺数字地图具有如下优点：① 在通视良好、定向边较长的情况下，地形点到测站的距离可以比常规测图法长。② 数字测图方法是采用计算机自动展点，没有展点误差。③ 数字测图方法可以使控制点加密和测图同时进行。例如采用自由设站方法，用全站仪的边角后方交会功能观测 2 个或 2 个以上的已知点，就可以精确测定出测站点的二维坐标。④ 数字测图方法不受图幅的限制。⑤数字地形图便于修测。由于数字地图的碎部点精度较高，且分布均匀，重要地物点相对于临近控制点的点位误差小于 5cm，所以当数字地图需要修测而图内大部分控制点已遭破坏时，可以自由设站。

（5）GPS-RTK 测图

RTK 技术是利用 2 台或 2 台以上的 GPS 接收机同时接收卫星信号而进行工作的。其中一台安置在已知点上，称基准站。另外一台或几台仪器测定未知点的坐标，称为移动站。RTK 测量要求：① 基准站和移动站同时接收到卫星信号和基准站发出的差分信号；② 基准站和移动站同时接收到 5 颗或 5 颗以上的 GPS 卫星信号；将 GPS 数据采集器和计算机连接，或利用无线传输技术将采集到的数据输入计算机，绘图软件按照点编码绘制成图。

2.3　建（构）筑物实测

2.3.1　建（构）筑物实测内容

建（构）筑物实测主要包括建（构）筑物的平面、立面和剖面图，以及某些部位的大样图等。

（1）平面图

根据建（构）筑物现状绘制平面图，无论是单层还是多层工业厂房都应绘制各层平面图，图中应表达清楚柱、梁、墙、门窗等基本内容。一般宜从定位轴线入手，然后定柱子、画墙、门窗，再深入细部，如图 2.7 所示。

平面图实测一般包括：单体建（构）筑名称或编号、实测时间、地点、人员等。建（构）筑单体平面图中应标注的内容有：建（构）筑开间尺寸、进深尺寸、墙厚尺寸、门窗洞口尺寸、设备洞口尺寸、散水尺寸、指北针方向、剖切位置及方向，顶棚檩条、洞口、采光井等，同时测出建（构）筑物四边总尺寸并在现场进行尺寸校核。对于多层工业厂房还需测量楼梯踏步，步距等内容。

（2）立面图

同平面图一样，大部分的立面图应采用正投影法绘制，是将指定方向的建（构）筑物外表面投影到指定的垂直或水平投影面上获得的正投影图，表达的主体是指定方向建（构）筑物外表面的二维形体特征。

建（构）筑物立面图应包括建（构）筑物的外观形式，一般包括正立面、侧立面和背立面图等。投影方向可见的建筑外轮廓线和墙面线脚、构配件、墙面及必要的尺寸和标高等，如图 2.8 所示。

在建（构）筑物立面图上，有以下几个要求：① 相同的门窗、阳台、外檐装修、构造做法等可在局部重点表示，并应绘出其完整图形，其余部分可只画轮廓线。② 外墙表面分格线应表示清楚，应用文字说明各部位所用面材及色彩。③ 有定位轴线的建筑物，宜根据两端定位轴线号编注立面图名称。无定位轴线的建（构）筑物可按平面图各面的朝向确定名称。

（3）剖面图

剖面图主要反映建（构）筑物的结构和内部空间，一般包括各间横剖面图及纵剖面图。各种剖面图应按正投影法绘制。剖面图的剖切部位，应根据图纸的用途或设计深度，在平面图上选择能反映全貌、构造特征以及有代表性的部位剖切。但是表达的主体是被剖切部分的剖切图，因此才有可能使用专业化的建（构）筑物图式语言表达墙体、梁柱、屋顶、屋架楼板、地板、隔断、门窗、台阶、楼梯、装饰部件等各类建（构）筑物构成要素。

建（构）筑物剖面图内应包括剖切面和投影方向可见的建（构）筑构造、构配件以

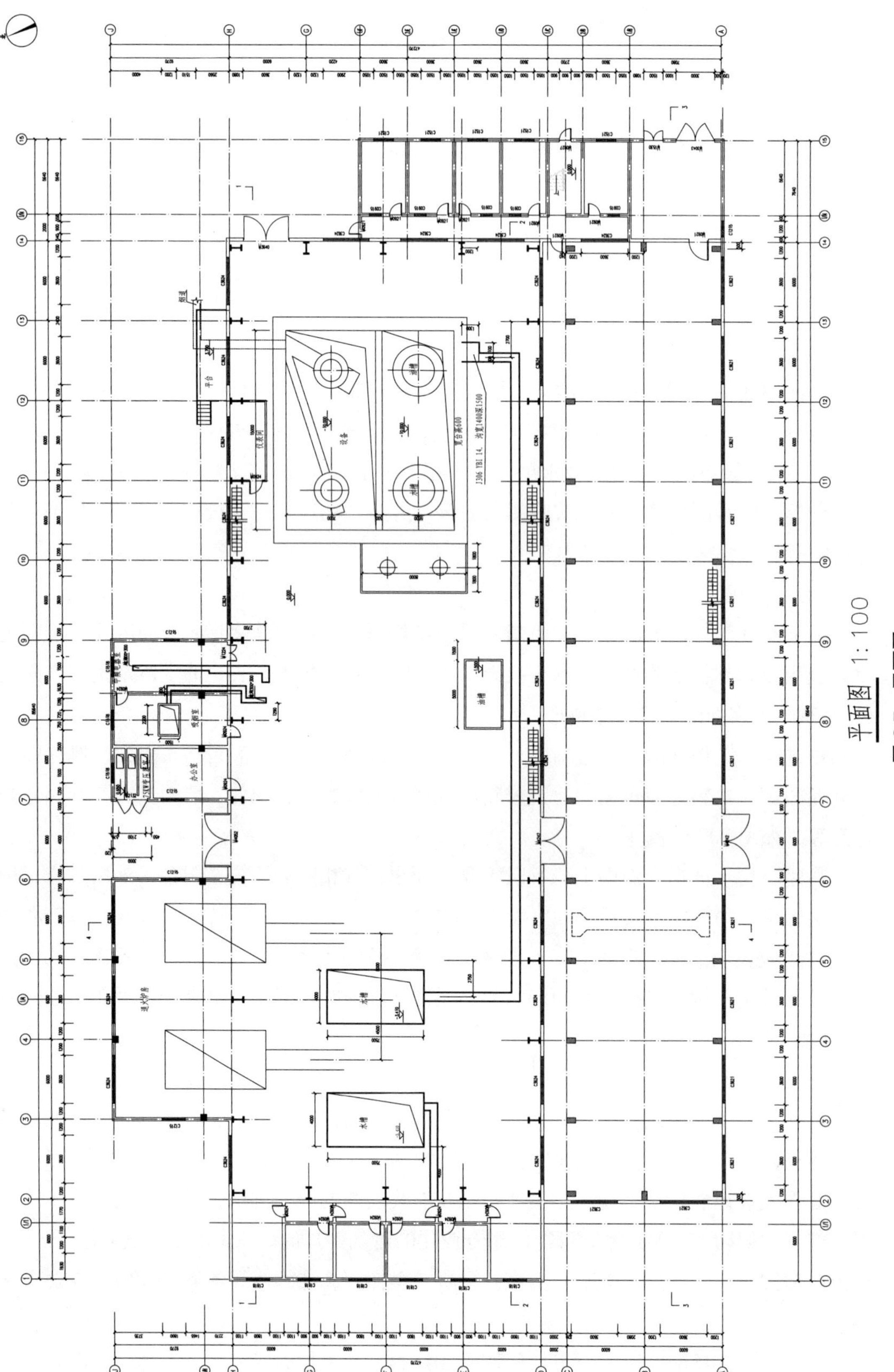

图 2.7 平面图

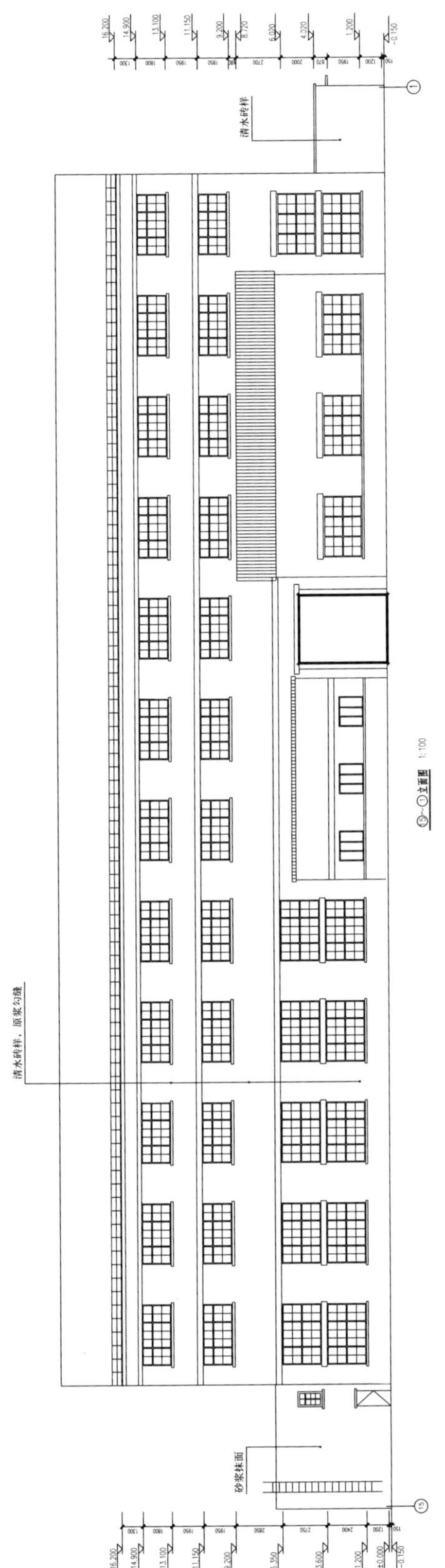

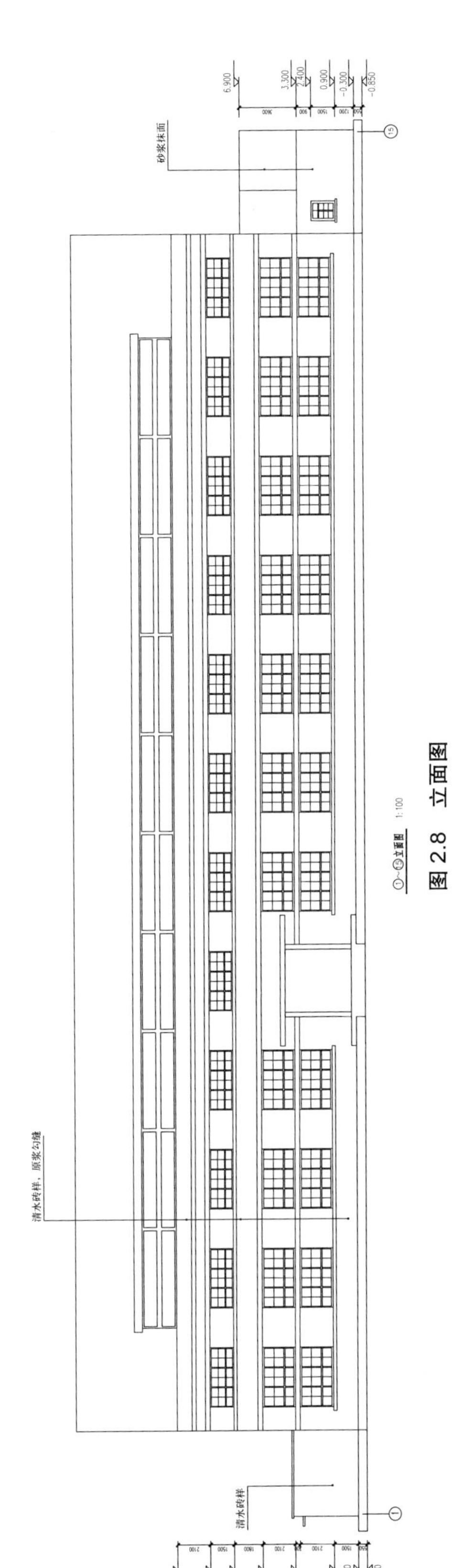

图 2.8 立面图

及必要的尺寸、标高等。剖切符号可用阿拉伯数字、罗马数字或拉丁字母编号，如图 2.9 所示。

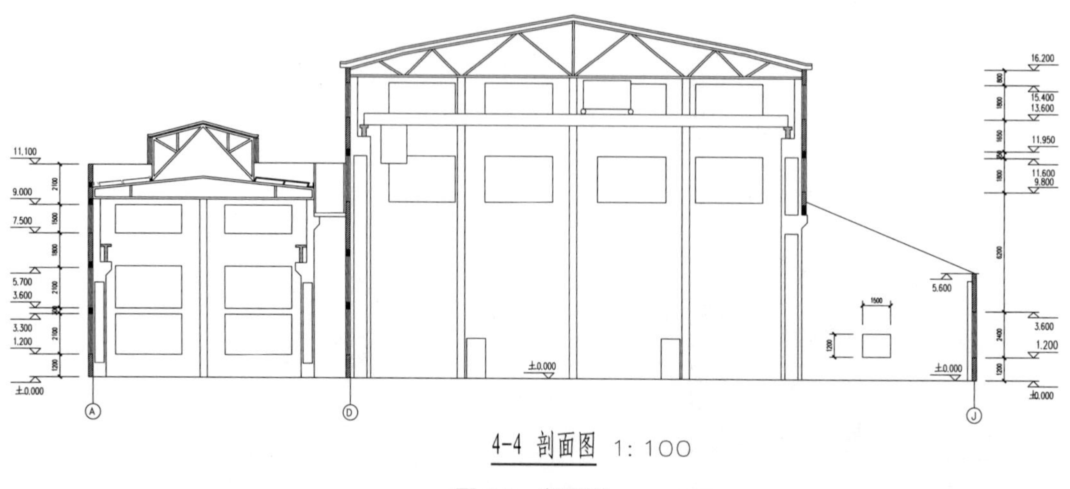

图 2.9 剖面图

（4）详图

详图一般是为了更加详细、清楚地标注建（构）筑物某交接点或重要构造部位而放大比例绘制的图纸。有些详图是在绘制平、立、剖面实测图时一同绘制，而有些需要引出标注的详图是单独绘制的。建（构）筑物详图的特点一是比例大，二是图示内容详尽清楚，三是尺寸标注齐全、文字说明详尽。建（构）筑物详图是建筑细部的实测图，是对建筑平面、立面、剖面图等基本实测图图样的深化和补充，是对建筑工程的细部构造的一种很好表达。图 2.10 为一个多层工业建筑内部一层楼梯平面放大图。

旧工业建筑再生利用项目实测中主要的详图有：① 节点构造详图，即表达房屋某一局部构造做法和材料组成的详图，有窗台、勒脚、明沟等详图。② 构配件详图，即表明构配件本身构造的详图，有门、窗、楼梯等详图。

2.3.2 建（构）筑物实测步骤

（1）踏勘现场，确定初步方案

同厂区实测步骤类似，进行单体实测时也需要进行建筑物单体的踏勘，确认现场具体工作环境，熟悉建筑物外形外貌，确认实测工作的范围，拟定合适的实测方案。

（2）准备工具和仪器

根据测量的内容，选取需要的测量仪器和工具，并对仪器进行检验校正，安排合适的测量顺序和方法以确保测量的数据满足精度的要求。

（3）任务划分

由于工业建筑通常为满足工业工艺需求，其内部空间往往较普通民用建筑来说要大

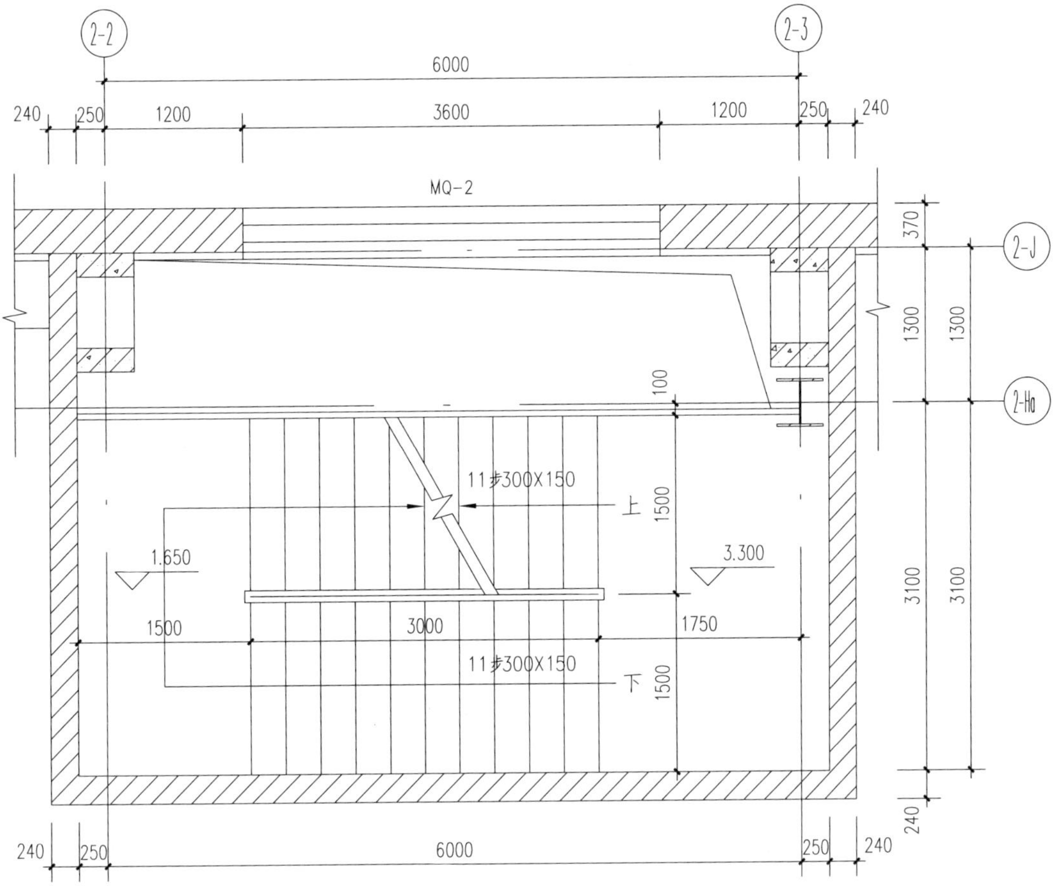

图 2.10　建筑详图

得多且内部构件也更为复杂多样，为提高测量效率及绘图的准确性，宜将单体建筑的实测人员按实际情况分多个测量组，各组负责相应部分的实测工作。

（4）现场测量

每组人员按自己组内分工任务进行现场实地测量，前文讲述过各仪器的使用和测量方法，此处不再赘述，但需注意的是，由于建筑单体实测是对某一单体建筑而言的实测工作，该项工作的好坏直接影响到旧工业建筑改造的效果，各组成员在测量过程中需要认真仔细，减少误差，尽可能做到准确测量。

（5）绘制成图

同厂区实测一样，建（构）筑物的绘制，也分为现场草图绘制和内业数字绘图。绘制草图是进行内业工作的保证，所以草图的准确性直接关系到数字图纸的质量及准确性，要准确清楚地交代结构类型，外观形态和绘图比例，在绘制草图过程中线条长度选取恰当合适，图面安排也要尽量合理。绘完后对草图内容要进行核查，减少工作中的遗漏，为准确绘出数字化图纸打下良好的基础。

2.3.3 建（构）筑物实测方法

对于建（构）筑物实测的方法主要为以下两种：

（1）正投影法

正投影法是平行投影法的一种（另外一种为斜投影法），是指投影线与投影面垂直，对形体进行投影的方法。通俗的讲，所谓的正投影法，其实通俗的理解就是从上往下看，比如一个框架结构，一般梁板顶是平的，也就是说从上向下看的时候，你看见的只是楼板，看不见梁，所以画图的时候梁线就应该是虚线；如果是反投影，从下往上看，你既能看见梁又能看见板，所以梁线就是实线。需要说的是，正投影法常常用于除顶棚以外的各层平面图的绘制。

（2）镜像投影法

镜像投影法就是把镜面放在形体的下面，代替水平投影面，在镜面中得到形体的图像。在镜面中得到的形体的图像称为镜像投影图。镜像投影是为了补充正投影法对某些构造表达的不清晰而引入的。在建筑工程中，建筑物的有些部位构件的图样用正投影法绘制时，不易表达出其真实形状，甚至会出现与实际相反的情况，给施工过程带来误解。而采用镜像投影法来绘制投影图，就可以解决这类问题。镜像投影法常用于顶棚的绘制。

2.4 地下管线实测

2.4.1 地下管线实测内容

地下管线实测是指为获取地下管线及其附属设施空间位置及相关属性信息，编绘地下管线图，实现地下管线数据交换和信息资源共享的过程，包括地下管线资料调查、测量、探查、数据处理、管线图编绘以及数据入库与交换等。

对于旧工业建筑再生利用项目来说，针对旧工业厂区内地下管线实测的对象应包括埋设于地下的各种电力、给水、排水、燃气以及热力、气体、油料、化工物料等特种管线和管沟等。

（1）地下管线实测内容

一般来说，旧工业建筑再生利用项目地下管线实测具体内容应包括：

1）各种管线特征点（起讫点、交叉点、转折点、分支点、变径点、变坡点和新老管线衔接处等）的平面位置和高程，记录管径或断面尺寸，注明电力或信息缆线根（孔）数、管材性质等。

2）管线附属物（检修井、调压室、流量箱、排水器、阀门等）的平面位置。

3）根据地下管线上实测的成果和记录的各类信息，编绘地下管线图。

4）对地下管线实测成果、成图及其相关属性数据等资料进行整理，以解决后期再生利用时管线的利用或者拆除等问题。

（2）地下管线实测图分类

地下管线图的表示形式有多种，一般是根据工程的特点和用途需要而采取相应的形式。用于工程规划、设计、管理的地下管线图，主要有综合管线图、专业管线图、管线纵横断面图等三种。

1）综合地下管线图

综合地下管线图，是在一张图上表示测区内全部专业管线、附属设施以及地物地貌的综合图。它不但能表达各专业地下管线系统的情况，而且能表达各种地下管线相互间的关系，以及与地上地下建（构）筑物和主要地貌的关系。因此，综合地下管线图是最常用的形式，也是最好的形式，它是规划、设计、管理方面的重要图件。

2）专业地下管线图

专业地下管线图，是在一张图上表示一个或两个以上专业地下管线及其附属设施，有关建（构）筑物和地貌的专题图。专业地下管线图的图种很多，在地下管道方面有：给水管道专业图、排水管道专业图、燃气管道专业图、热力管道专业图、工业管道专业图；地下电缆方面有：电力电缆专业图和电信电缆专业图。地下管线专业图，可以全面反映本专业管线的系统关系、结构、规格、材料，以及有关的建（构）筑物、附属设施等的情况，它是专业管线规划、设计、管理、维修等的必须图件。

3）管线纵横断面图

管线纵横断面图，是通过对管线进行纵横断面测量展绘的图。这种图主要是为满足管线改、扩建施工图设计的要求，所需提供的某个地段、几个地段或整个地段中的地下管线断面图。

2.4.2　地下管线实测步骤

地下管线实测的基本步骤是：收集资料、现场踏勘、仪器检验、仪器探查方法试验、技术设计、实地调查、仪器探查、建立测量控制、地下管线点测量、地下管线图编绘、技术总结、成果验收。

（1）收集资料

接受任务后，先全面搜集和整理测区范围内已有地下管线资料和有关实测资料，其内容主要包括：各种地下管线的设计图、施工图、竣工图和技术说明、资料以及已有的其他地下管线图、资料；测区相应比例尺的地形图；测区及其邻近测量控制点成果，将已搜集到的地下管线资料进行整理，并转绘到地形图上，作为探测工作示意图。当由各管线权属单位提供现况调绘图时，可以直接以现况调绘图为探测工作示意图。

（2）现场踏勘

现场踏勘是在搜集、整理、分析已有资料的基础上进行的。其任务是：

1）核查搜集的资料，评价资料的可信度和可用程度；

2）查看和了解测区的地形、交通和地下管线分布出露情况、地球物理条件及各种可能的干扰因素；

3）核查测区内测量探制点的位置及保存情况。

（3）仪器检验

测区探测前，应对所选用的探查仪器和测量仪器进行检验。探查仪器应按要求对仪器的性能和各项指标作全面检验，当使用多台仪器同时进行探查作业时，还应对仪器进行一致性检验。测量仪器的检验按《城市测量规范》CJJ/T 8—2011 的要求进行。

（4）仪器探查方法试验

测区开始探查前，还应选用不同的仪器、工作方式在有代表性的地段进行方法试验，通过将试验结果与当地已有地下管线数据进行比较或在有代表性的开挖点进行开挖验证、校核，确定探测方法以及仪器的有效性和可靠性，从而选择出最佳的工作方法、合适的工作频率和发送功率、最佳收发距等参数，并确定所选择方法和仪器测深的修正系数或修正方法。

（5）技术设计

在收集资料、现场踏勘、仪器检验、探测方法试验的基础上，进行测区技术设计，并编写技术设计书。技术设计主要包括下列内容：

1）探测工作目的、任务、范围和工期；

2）测区地形、交通条件、地球物理特征、地下管线分布概况及已有测量探查资料分析；

3）探查方法改性分析、工作方法、厂区工作布置及相应的作业技术要求；

4）测量控制、管线点连测、管线图编绘的工作方法及技术要求；

5）作业质量保证体系与具体措施；

6）工作量估算及工作进度；

7）劳动组织、仪器、设备、材料计划；

8）提交的成果资料；

9）存在的问题和对策。

（6）外业探测

在完成上述前期准备工作后，即可进场进行外业探测，包括实地调查、仪器探查、建立测量控制、管线点连测及地形测量。

（7）内业整理

室外作业结束后，即进行内业的数据处理，编制地下管线点成果表和地下管线图。在探测作业过程中，作业单位要按全面质量管理的要求进行质量管理，保证探测成果质量。

（8）技术总结

在完成外业、内业工作后，还要编写技术报告，其内容主要包括：

1）工程概况：工程的依据、目的和要求，工程的地理位置、地形条件，开、竣工日期及完成的工作量；

2）探测技术措施：作业的标准依据，坐标和高程起算依据，采用的探测仪器和方法，管线图的编绘情况；

3）探测结论和质量评定；

4）应说明的问题；

5）附图附表。

技术总结是工程技术资料的重要组成和工程全貌的概括，为使用和研究工程成果提供方便。在编写技术总结时要求文字简练、重点突出、结论正确、建议合理。但并不是所有项目均需要编写技术总结报告，对于一些小型探测项目，技术总结报告可省略或简化。在完成技术总结报告并提交全部成果资料时，即可进行成果验收。

2.4.3　地下管线实测方法

(1）地下管线探查方法

地下管线探查方法包括：明显管线点实地调查、隐蔽管线的物探探查和实际开挖调查，地下管线探查工作中通常将这三种方法相结合进行使用。

1）明显管线点实地调查

量测，记录和查清一条管线的情况，需要对地下管线及其附属设施作详细调查、填写管线点调查表，确定必须用物探方法探测的管线段。明显管线点包括接线箱、变压器、水闸、消防栓、入孔井、阀门井、检修井、仪表井及其他附属设施。实地调查应查清各种地下管线的权属单位、性质、材质、规格（对地下管道查明其几何断面；对电缆应查清其根数或孔数）、附属设施名称，对电力电缆还应查明其电压，对排水管道则应查明其流向，同时量测明显管线点上地下管线的埋深和附属设施中心位置与地下管线中心线地面投影之间的平直距离，即偏距。埋深的量测应根据不同管类或要求量测到地下管线的不同位置，地下管线的埋深一般分为内底埋深和外顶埋深，内底埋深是指管道内径最低点到地面的垂直距离，外顶埋深是指管道外径或直埋电缆最高点到地面的垂直距离。在市政及公用管线探测时，一般情况下地下沟道或自流的地下管道，量测其内底埋深，而有压力的地下管道、直埋电缆和管块量测其外顶埋深。为地下隧道工程而进行的地下管线探测，主要是为了防止地下顶管施工时引起管线的破损，为安全可靠应量测所有管线的外顶埋深。

2）隐蔽管线的物探探查

采用管线仪或其他物探仪器，是对埋设于地下隐藏管线采用物探一种方法，应对专用的管线进行搜索、追踪、定位和定深，将地下管线中心位置投影至地面，并设置管线点标志。管线点标志一般设置在管线特征点上，在无特征点的直线段上也应设置管线点，其间距以能控制管线走向为原则，具体应根据探测目标来确定。对市政公用管线探测，其至少在圆弧的起讫点和中点上设置管线点，设置间距可在 100m 左右。当管线弯曲时，圆弧较大时应增设管线点，设置的密度以保证其弯曲特征为准。管线特征点是指管线交叉点、分支点、转折点、起讫点、变坡点、变径点及管线上的附属设施中心点。物探方法主要有电磁法、直流电法、磁法、地震波法和红外辐射法等。在地下管线探测中应用最广泛的是电磁法。目前使用的专用地下管线仪都是采用电磁法原理设计的，由发射机和接收机两部分组成。应用电磁法探测地下管线的探测方法有被动源法和主动源法。被动源法包括 50Hz 法和甚低频法，主动源法包括直接法、电偶极感应法、磁偶极感应法和电磁波法。探测时应根据探测对象、探测条件和探测目标的不同，选择最佳的探测方法。应用电磁感应类专用地下管线探测仪对地下管线进行定位的方法有极大值法和极小值法（也称"零值法"或哑点法）。定深的方法主要有直读法、45° 法、70% 法、极值法等，应根据厂区现场实际情况确定最佳的作业方式，通过试验还可以确定定深修正系数，提高定深的精确度。

3）开挖调查

开挖调查是最原始和效率最低却最精确的方法，即采取开挖方法将管线暴露出来，直接测量其深埋、高程和平面位置。一般只在由于探测条件太复杂，现有物探方法无法查明管线敷设状况及验证物探精度时才用。

（2）地下管线图的编绘方法

地下管线图的编绘分为手工编绘成图和计算机编绘成图。

1）手工编绘成图

地下管线的手工编绘成图与传统地下管线测量方法是分不开的，受当时的技术水平和仪器性能的限制，大多数工作需要手工处理，其缺点是劳动强度大，数据准确性差，生产效率低等。手工编绘成图仅适用于少量数据或局部管线成图。常见的有以下三种：

① 解析法

即采用测量仪器直接测定管线点的三维坐标，然后以传统的手工方法，根据管线点坐标将地下管线展绘在地形图上，绘制成地下管线图。

② 图解法

即利用原有地形图，将实地管线点点位根据与相关地物的关系标绘到地形图上。该方法工作量较小，但管线点坐标只能在图上量取，精度无法保证，目前不宜采用。

③ 平板测图法

即应用传统的平板测图方法将管线点和周围的地形地物实测到图上，形成地下管线带状图。其精度与图解法基本一样。由于精度不能满足要求，该方法目前不宜采用。

2）计算机编绘成图

地下管线的计算机编绘成图是伴随着地下管线数字实测的形成而产生的。地下管线数字实测区别于传统地下管线测量就在于它以计算机为核心，在硬件设备和软件平台的支撑下，对地下管线空间数据进行采集、传输、入库、编辑、处理、成果输出等内外业一体化作业，真正实现了数据库与电子图的计算机联动，形成地下管线测量的现代工艺技术流程。

计算机编绘成图主要采用的是内外业一体化实测法，即应用全站型电子速测仪或配有电子记录手簿的电子测距经纬仪直接测量，并自动记录管线点的三维坐标，对没有数字化地形图的地区，同时还应测量与管线相关的带状地形，以机助成图方法绘制地下管线图，并编制地下管线点成果表。这种方法经内业数据处理，所得成果精度高、质量可靠，是建立地下管线信息系统、实现现代化管理的基础。

2.5　工程案例分析

2.5.1　项目概况

太原拥有极其丰富的自然资源与历史文化，也是中国华北地区重要的能源与重工业基地。在城市的发展过程中，钢铁工业一直是太原的支柱产业，为推动城市的发展做出了积极的贡献。

太原锅炉厂创建于 1958 年，位于山西省太原市和平南路 203 号，东侧靠近万科蓝山商业区，南侧紧邻义井北街，周边主要为住宅区域，项目区位如图 2.11 所示。太原锅炉厂曾是华北锅炉行业的龙头企业，拥有 A 级锅炉制造许可证。太原锅炉厂具有多年的锅炉设计制造经验，主要产品有流化床、燃煤锅炉、燃油锅炉、燃气锅炉、返烧多功能常压热水锅炉、有机热载体锅炉（导热油锅炉）、蒸汽锅炉、热水锅炉、循环流化床锅炉、家用锅炉、环保锅炉、各种工业锅炉及电站锅炉和配件等。

随着城市化进程的加快，工业厂房已经不能满足现代化的城市需要，迫切面临转型与再发展的压力。太原锅炉厂不仅是华北地区锅炉行业发展的一个缩影，也是一代太原锅炉人的记忆，因此对其保护改造的呼声越来越高。

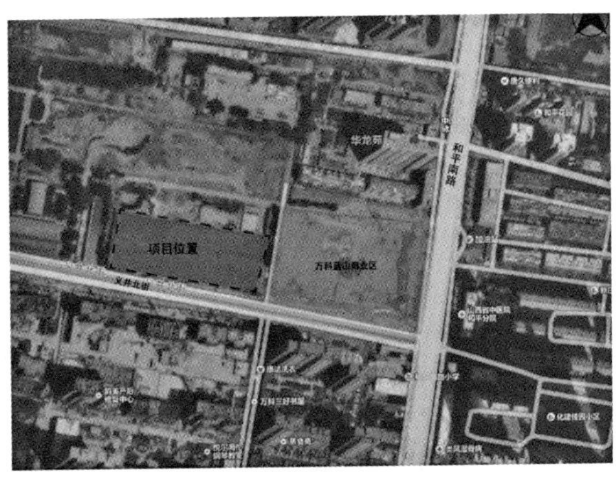

图 2.11　项目区位图

目前厂房处于闲置状态，但并未进行改造。建筑外墙斑驳需要整修，厂房整体为东北、西南朝向。为传统形式的混凝土排架结构厂房建筑，内部空间呈长方形，长 187m，宽 61m，高约 12m，厂房占地面积约为 11478m^2。内部共有两排柱子，每排有 34 根牛腿，每根柱子底部规格为 800mm × 400mm。横向柱间距为 6m，纵向柱间距为 18m。外墙体采用砖砌体进行填充。室内环境需要优化。功能性结构保存完好，但由于建设时间过长，部分构件出现破损，需要后期进行处理。

2.5.2 实测过程

（1）现场踏勘

初到太原锅炉厂，需对厂区的建筑布置、功能分区及周围环境等与实测有关的现场进行初步的一个踏勘了解，对需要实测的建筑物有一个初步的认识，并询问相关的厂区负责人有关厂区的地图、地形图、厂区总平面图，建筑施工图等图纸的保留情况，询问是否可以借阅；核实厂区所在地的工程地质、水文、气象等资料；注重与厂区负责人、管理人员及工人的联系，问讯有关厂区的情况，有时也会得到很多有关厂区实测有用的信息。

进入厂房之前做好安全防护措施，进入需要实测的厂房后观察主厂房的结构，了解实测的复杂程度以及可能存在的特殊情况，堪查现场的安全状况，了解可能存在的安全隐患并初步构思一个可行的实测方案，大致确定需要实测的内容。

（2）实测安排

1）确定实测内容

太原锅炉厂是传统的钢筋混凝土排架结构，根据排架结构的特点确定所测内容包括了：① 厂区的总平面图 ② 柱、梁的建筑图 ③ 门窗位置及洞口的尺寸 ④ 天窗尺寸及位置 ⑤厂房外立面尺寸⑥厂房内部剖面图。

2）实测工具的选用

此次选用的实测工具包括：① 钢卷尺（尺寸测量）② 测距仪（尺寸测量）③ 手机、数码相机（拍照记录）④ 全站仪（高程测量）⑤梯子、手电筒等（测量辅助用具）⑥便携式绘图板、绘图草纸、绘图笔（绘图工具）。

在测量过程中各个小组需要交叉使用全站仪测量高程，所以在测量前要合理安排好各个小组的仪器使用顺序，尽量避免因为仪器使用的原因导致实测进度拖延。

3）实测分组安排

由于所测的厂房尺寸较大，测量时间较为紧迫，按照实测内容的不同将此次实测人员分成了 3 组，每组 2 人，各组分工协同作业。

4）实际现场实测

按照《工程测量规范》GB 50026—2007 及前文提到的实测方法，负责单项内容的测量和绘图，如第一小组负责厂区的总平面图，第二小组负责厂房的柱、梁等结构构件的实测。实测完毕后进行实测草图的汇总，根据汇总的实测图检查实测内容的准确性，对有异议的地方重新进场实测，直到异议解决。

2.5.3　实测成果

（1）现状照片

太原锅炉厂的现状情况如图 2.12、图 2.13 所示。

图 2.12　厂房外观现状

图 2.13　厂房内部现状

（2）总平面图

总平面图是对旧工业厂区内的各种建筑物、构筑物、围墙、道路、水池等进行测量定位，注明与相邻建筑物、构筑物的位置关系，图中也应表示出各类建筑物、构筑物、地形地貌的相对关系、指北针等内容，如图 2.14 所示。

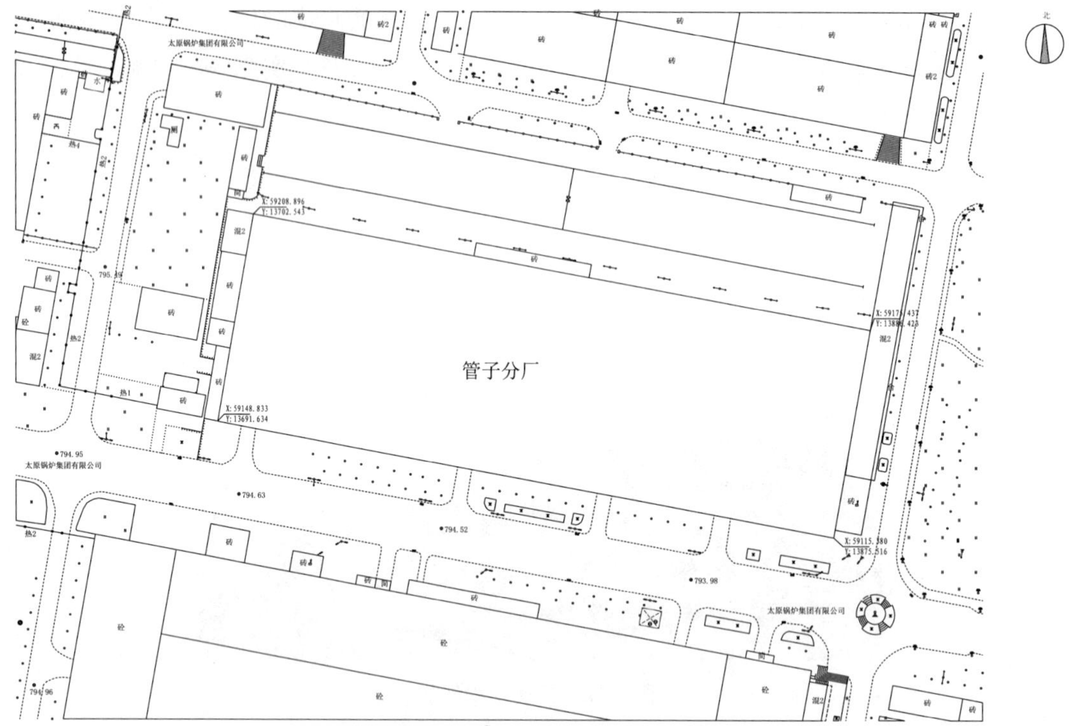

图 2.14　总平面图

(3) 建筑平面图

建筑平面图主要反映了建筑的平面形状、大小、内部布局、地面、门窗的具体位置、构件位置等的关系。太原锅炉厂一层平面图如图 2.15 所示。

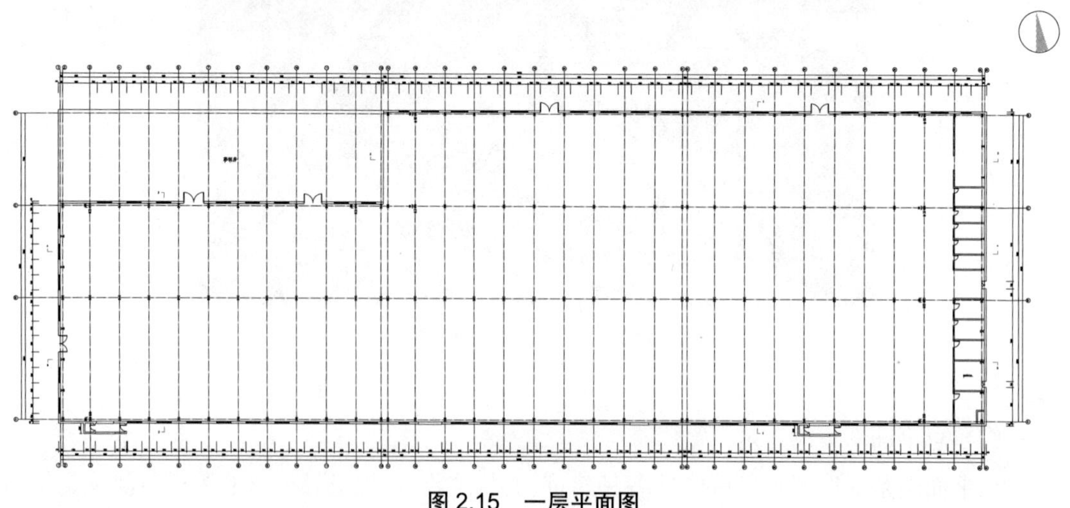

图 2.15　一层平面图

（4）建筑立面图

建筑立面图主要包括东立面图、西立面图、南立面图、北立面图，对于部分特殊情况的厂房还可能会有内部的立面图。太原锅炉厂的东、西、南、北四个立面图分别如图 2.16~图 2.19 所示。

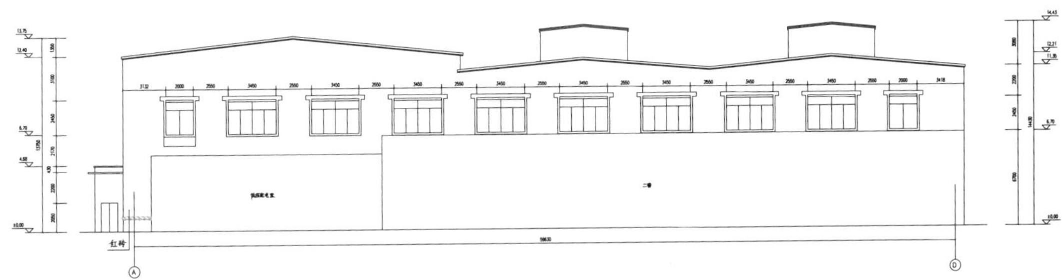

图 2.16　东立面图

图 2.17　西立面图

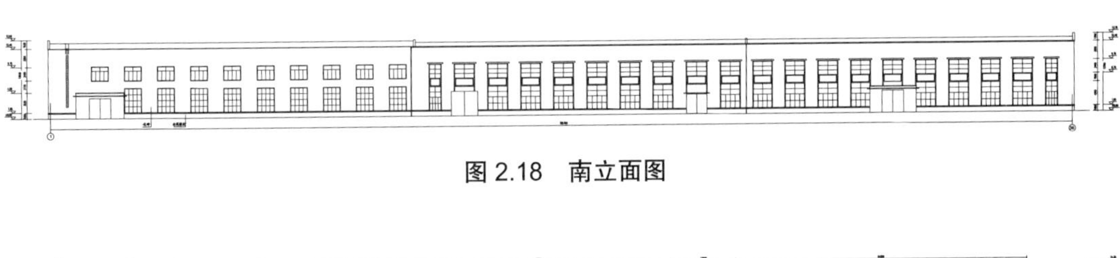

图 2.18　南立面图

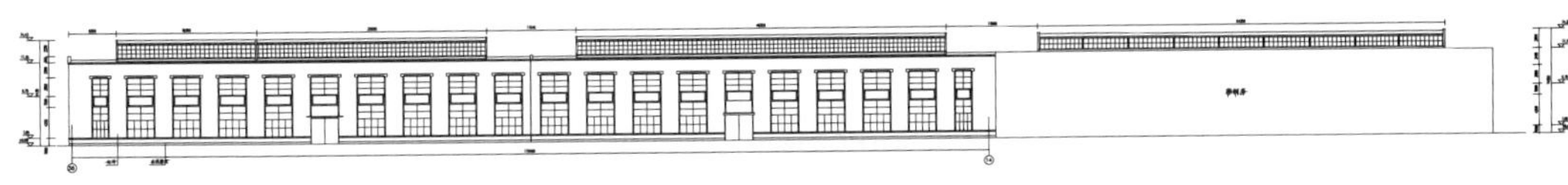

图 2.19　北立面图

（5）建筑剖面图

建筑剖面图分为纵剖面图和横剖面图，一般大体量的建筑都应绘制纵、横两个以上的剖面。太原锅炉厂的其中两个剖面图如图 2.20、图 2.21 所示。

图 2.20　1-1 剖面图

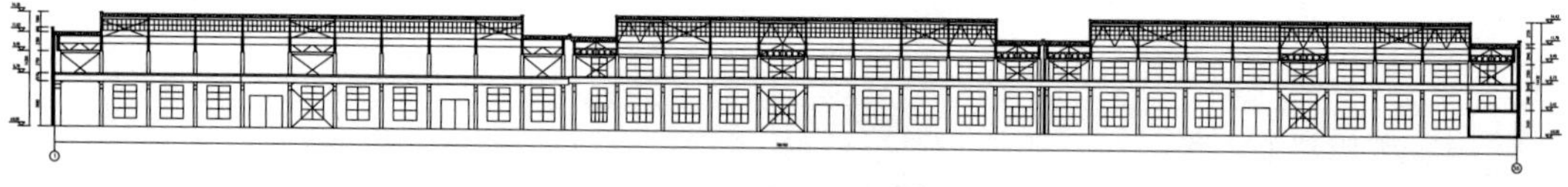

图 2.21　4-4 剖面图

第 3 章　再生利用项目检测评定

随着大量处于城市中心地带的工业企业逐渐转向郊区，由于服役期较长，环境的风化腐蚀，维修检查等管理不善，生产工艺落后等原因，大量年代久远的旧工业厂区已不能使用而闲置。为了保证旧工业建筑再生利用项目的顺利推进，通过对厂区既有建（构）筑物、设备设施、地下管网等进行检测评定，深入剖析被检对象的现状，根据检测结果，按照相关规范进行评定，为是否能继续投入使用或拆除提供依据。

3.1　基础知识

3.1.1　检测评定主要内涵

（1）相关概念

检测是通过运用先进的技术设备、工具或仪器，采用指定的方法和技术，对实体现状情况的各方面信息进行采集并分析的过程。评定是按照一定的标准对某一个或某一些特定事物进行估计分析，并就其优劣状态给予定性或定量的描述的决策行为。检测是评定的数据基础，评定是检测的结果反馈。

旧工业建筑再生利用项目检测评定是在现行的检测、鉴定相关标准规范的基础上，以“旧工业建筑再生利用项目”为对象，对旧工业厂区现状进行检测评定，为后期的规划设计提供依据。

（2）主要内容

旧工业建筑再生利用的本质是改变原有厂区的使用功能，再生利用项目的检测与评定的主要内容如图 3.1 所示，所指对象是被废弃或闲置的旧工业建筑单体（砖混结构厂房、混凝土结构厂房等），与原生产相配套的构筑物（烟囱、水塔等）、大型设备设施、管线管网等。

建（构）筑物检测评定是指通过对建（构）筑物进行检测，对目前的结构性能进行全面的了解，从而对结构性能做出合理的可靠性评定，以确定其是否安全的一个过程。

设备设施检测评定是指采用相关的仪器，对既有设备设施的工作性能以及缺陷进行检测，从而对其目前的运行状况作出一个系统合理的评定，看是否能继续安全使用的一个过程。

管线管网检测评定是指采用相关的仪器对地下管线进行检测，是为了掌握地下管线的基础信息情况和存在的事故隐患，从而对其质量进行评定，是确保地下管线安全运行的重要措施。

(a) 工业建筑单体

(b) 构筑物

(c) 大型设备设施

(d) 管线管网

图 3.1 再生利用项目检测与评定的主要内容

(3) 相关要求

根据相应使用功能转变，应进行相应的检测与评定。其一是针对其建（构）筑物结构本身的结构安全进行检测与评定；其二是针对其可能保留作为景观小品或继续使用的设备设施本身的安全进行检测评定；其三是针对厂区内部管线管网的检测评定，以确定是否能够继续保留使用。

根据其设计使用年限，应进行相应的检测与评定。一方面，若本体不在再生利用的范围内，拟定拆除的本体可不进行结构安全检测与评定；另一方面，若本体在再生利用的范围内，但本体接近到达或到达使用年限的，其安全可靠程度难以确定时，应进行相关的检测与评定，旨在探明本体自身的现状，为后续决策提供依据。

3.1.2　检测评定工作流程

再生利用项目检测与评定程序是依据检测评定的相关理论及旧工业建筑再生利用项目需要制定的，如图 3.2 所示。

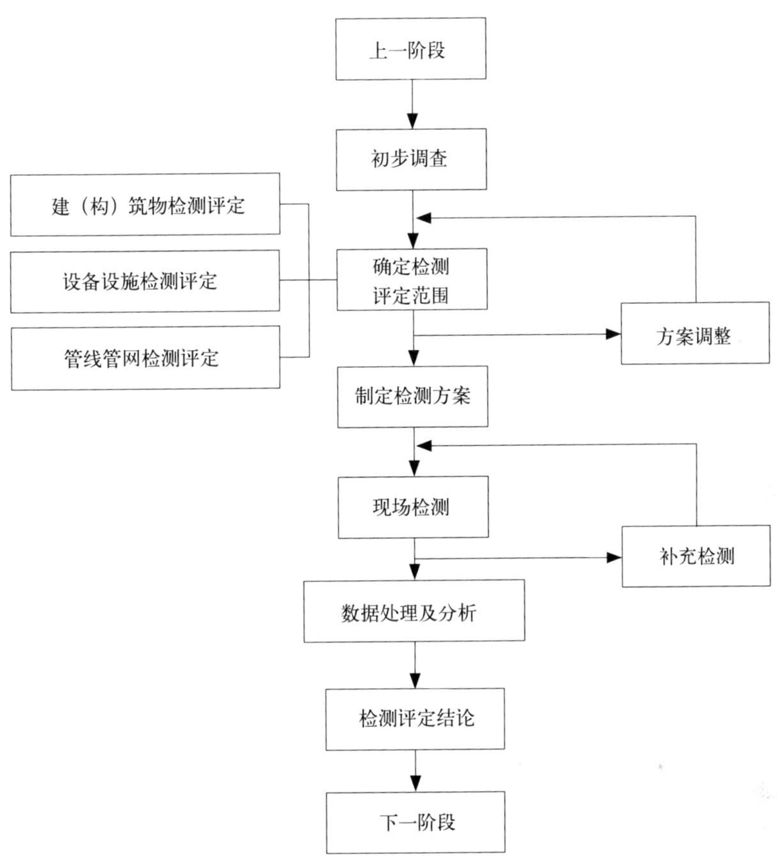

图 3.2　检测与评定工作流程

（1）初步调查：应以明确委托方的检测要求和制定有针对性的检测方案为目的，可采取踏勘现场、收集和分析资料及询问有关人员等方法。其工作的主要内容包括：搜集初期的设计图纸；调查被检实体现状缺陷、环境条件、使用期间的维修情况和用途与荷载等变更的情况；对有关人员进行调查；进一步明确委托方的检测目的，并了解是否已进行过检测。

（2）确定检测评定范围：由于再生利用项目的检测评定范围太广，本书按检测内容划分，将其主要划分为建（构）筑物检测评定、管网管线检测评定和设备设施检测评定三个范围。确定检测评定的范围，为后续的检测方案的制定提供依据，也是保证再生利用项目顺利进行的关键一步。

（3）制定检测方案：检测方案的制定是检测的核心环节，现场检测应制定完备的检测方案。检测方案应包括项目的工程概况、检测目的、检测依据、检测方式以及检测的进度计划、检测中的安全环保等方面的内容。

（4）现场检测：现场检测应根据检测的类别和范围、检测目的、项目的实际情况和现场具体条件选择合适的检测方法，同时应合理的配置人员，对照相应的检测标准规范，完成现场检测环节，采集现场被检实体的现状情况的数据，为后期的数据处理分析做好保障工作。

（5）数据处理及分析：现场检测完成后，将得到的数据进行处理，再用相关的软件进行模拟分析，根据实际的情况，针对不同的检测对象，给予后期的合理的等级评定，为是否能再生利用提供有利的意见。

（6）检测评定结论：检测机构应向委托方以检测报告的形式提供真实的检测数据、准确的检测结果和明确的检测结论，并能为再生利用项目的鉴定提供可靠的依据。

（7）其他规定：1）检测时应确保所使用的仪器设备在校定或校准周期内，并处于正常状态，仪器设备的精度应满足检测项目的要求。2）当发现检测数据数量不足或检测数据出现异常情况时，应补充检测。3）检测的原始记录，应记录在专用记录纸上，数据准确、字迹清晰、信息完整，不得随意涂改。

3.1.3 检测评定成果表达

对旧工业厂区的检测评定，是实施对其再生利用的关键步骤。而检测评定通过对现场的检测，采集相关的数据，对数据进行分析处理，最后是以一份书面的检测评定报告来作为其工作过程的成果展示。检测评定报告的内容具体包括以下几个方面：

（1）委托、设计、施工等相关单位的名称；

（2）工程概况，包括工程名称，被检对象类型（建（构）筑物、管网管线、设备设施等）、规模，施工日期和现状等；

（3）检测原因、目的以及以往是否进行过相关的检测；

（4）检测与评定工作所依据的标准、规范及其他技术依据；

（5）检测评定的项目、方法及使用仪器的数量型号；

（6）检测抽样方案、数量及位置；

（7）数据分析处理及安全性评定的方法和结果；

（8）结论和建议；

（9）单位及检测评定人员名单；

（10）报告完成日期。

其中检测评定报告应有相关项目负责人签字，并经检测单位技术负责人审核签字，加盖检测评定报告专用章；检测评定单位应具有检测评定资质，检测技术人员应持证上岗，出具的检测评定报告应具备法律效力。

3.2 建（构）筑物检测评定

3.2.1 建（构）筑物概况

旧工业建（构）筑物的类型多种多样，故分类方法有多种，本书按照其类型、状况、材料、结构体系以及代表的类型进行了一个系统的分类方法划分，具体见表3.1。

建（构）物分类方法 表3.1

	分类方法	代表类型
建（构）筑物分类	按功能类型	生产厂房，辅助生产厂房，动力用厂房，储存用房屋，运输用房屋等
	按产业类型	纺织类，电工类，机械类，仪表类等
	按生产状况	冷加工车间，热加工车间，恒温恒湿车间，洁净车间，其他特殊情况的车间，包括有爆炸可能性的车间，有大量腐蚀作用的车间，有防微震、高度噪声、防电磁波干扰的车间等
	按层数	单层厂房，多层厂房，混合层厂房
	按材料	砌体结构，钢筋混凝土结构，钢结构，混合结构等
	按结构体系	砖混结构，框架结构，排架结构等

旧工业建筑再生利用结构安全检测与评定围绕结构安全问题，在开展全过程安全检测与评定工作时需明确结构的传力路径。常见的工业厂房传力路径如图3.3所示。

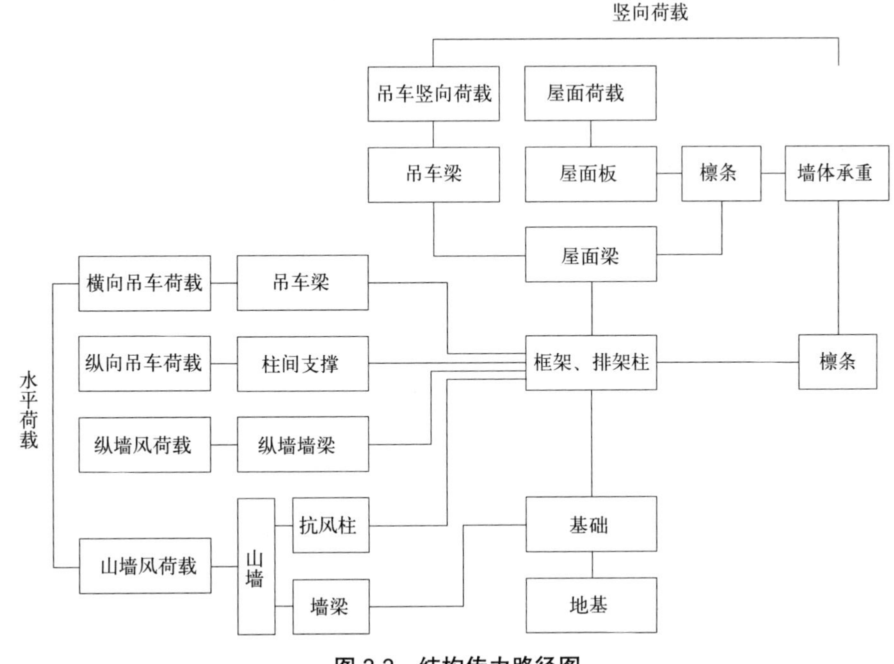

图3.3 结构传力路径图

(1)横向排架:由柱及其所支撑的屋盖组成,是厂房的主要承重体系,承受结构的自重、风、雪荷载和吊车的竖向荷载与横向荷载，并把这些荷载传递到基础。

(2) 屋盖结构：承担屋盖荷载的结构体系，包括横向框架的横梁、檩条等。

(3) 支撑体系：包括屋盖部分的支撑和柱间支撑等，一方面与柱、吊车梁等组成厂房的纵向框架，承担水平荷载；另一方面将主要承重体系由个别的平面结构连成空间的整体结构，从而保证厂房结构所必需的刚度和稳定。

(4) 吊车梁及制动梁：主要承受吊车水平及竖向荷载，并将这些荷载传到横向框架和纵向框架上。

(5) 墙架：承受墙体的自重和风荷载。

3.2.2 建（构）筑物检测

接受委托开展现场检测之前应进行必要的初步调查，调查内容包括：① 核查委托方提供的旧工业建筑原建设资料完整性。建设资料应包括岩土工程勘察报告、设计图、竣工图、施工及验收资料等。② 核查委托方提供的旧工业建筑维修记录情况。维修记录应包括历次修缮、改造、使用条件改变以及受灾情况等。③ 现场查勘时，应核实委托方提供的资料与建筑的符合程度，了解建筑实际使用状况、结构体系和结构布置变更情况，初步观察地基和基础状况，观察结构构件出现的变形、损伤等情况。

(1) 旧工业建筑再生利用年代分类

结构性能检测内容较多，过程复杂，运用的技术和方法也千差万别，在对结构进行检测时，要根据具体项目的特点进行细分，依据检测目的，结合旧工业建筑结构的实际状况和现场条件，来确定如何进行检测。再生利用结构性能检测与评定中，应综合考虑旧工业建筑原设计后续使用年限、抗震设防类别、图纸资料有效情况、建筑状况和建筑使用功能与设计相符情况等因素，将建（构）筑物结构性能检测项目类别分为三类，见表 3.2。

(2) 检测方案与抽样比例

结构性能检测，应根据检测项目、检测目的、建筑结构状况和现场条件选择适宜的检测方法，制定切实科学的检测方案。结构性能检测方案宜包括下列主要内容：

1) 工程概况，包括原设计、施工及监理单位，结构类型，建造年代等；

2) 检测目的或委托方的检测要求；

3) 检测的依据，包括检测所依据的标准及有关的技术资料等；

4) 检测范围、检测项目和选用的检测方法；

5) 检测的方式、检验批的划分、抽样方案和检测数量；

6) 检测人员和仪器设备情况；

7）检测工作进度计划；

8）所需要的配合工作，包括水电要求、配合人员要求等；

9）检测中的安全与环保措施；

10）提交的检测报告。

建（构）筑物结构性能检测项目类别划分标准　　表 3.2

初步确定的设计使用年限	抗震设防类别	资料情况	建筑状况	建筑使用功能与设计	项目类别
$0<y\leqslant 20$ 年	丙类	有效 关键资料缺失无效	良好 一般 较差	相符 不相符	3 类
$20<y\leqslant 30$ 年	丙类	有效	良好	相符	2 类
		其他情况			3 类
$30<y\leqslant 40$ 年	丙类	有效	良好	相符	1 类
		有效	良好	不相符	2 类
		有效	一般	相符	2 类
		其他情况			3 类
$y>40$ 年	丙类	有效	良好	相符	1 类
		有效	良好	不相符	2 类
		有效	一般	相符	2 类
		有效	较差	相符	2 类
		其他情况			3 类
—	甲类	—	—	—	3 类
	乙类	—	—	—	3 类

结构性能检测中抽样比例的确定，可根据旧工业建筑项目的类别，结合检测项目的特点，按下列原则进行选择：

1）结构损伤、外观缺陷等检查项目宜全数检查。

2）构件截面尺寸、强度等检测项目应按最小抽样容量检测。

3）结构连接构造的检测，应选择对结构安全影响大的部位进行抽样。

4）构件结构性能的实荷检验，应选择同类构件中荷载效应相对较大和施工质量相对较差构件或受到灾害影响、环境侵蚀影响构件中有代表性的构件。

5）按检测批检测的项目，应进行随机抽样，且最小样本容量的判定见表 3.3。

旧工业建筑再生利用结构抽样检测的最小样本容量　　表 3.3

检测批的容量	检测项目类别和样本最小容量			检测批的容量	检测项目类别和样本最小容量		
	1 类	2 类	3 类		1 类	2 类	3 类
2 ~ 8	2	2	3	501 ~ 1200	32	80	125
9 ~ 15	2	3	5	1201 ~ 3200	50	125	200
16 ~ 25	3	5	8	3201 ~ 10000	80	200	315
26 ~ 50	5	8	13	10001 ~ 35000	125	315	500
51 ~ 90	5	13	20	35001 ~ 150000	200	500	800
91 ~ 150	8	20	32	150001 ~ 500000	315	800	1250
151 ~ 280	13	32	50	>500000	500	1250	2000
281 ~ 500	20	50	80	—	—	—	—

(3) 检测内容与要求

1) 旧工业建(构)筑物检测要点

钢铁、化工、有色等部门的旧工业建筑的工作环境和使用条件比一般民用建筑还恶劣，现场检测时除按照常规检测外，还应特别注意检测积灰、振动、腐蚀、高低温交替、大面积堆积、湿热交替和偶然事故等作用的部位或区段。此外应重点检查：① 出现渗水漏水部位的构件；② 受到较大反复荷载或动力荷载作用的构件；③ 暴露在室外的构件；④ 受到腐蚀性介质侵蚀的构件；⑤ 受到污染影响的构件；⑥ 与侵蚀性土壤直接接触的构件；⑦ 受到冻融影响的构件；⑧ 委托方年检怀疑有安全隐患的构件；⑨ 容易受到磨损、冲撞损伤的构件。

对炼铁、电厂、烧结、工业锅炉及部分轧钢和位于下风向的厂房应检测屋面系统及隐蔽部位积灰超载和构件节点锈蚀情况。对有较大振动的厂房（如锻造和烧结厂房、有硬钩吊车的厂房、附近有较大振动源的厂房等）应着重检测动荷载对结构的影响程度。对生产腐蚀性产品的化工厂房，应注意检测混凝土、钢材、砖砌体及地下结构构件的腐蚀情况，如图 3.4 所示。有高温设备和有高温作用的生产车间（如轧钢、冶炼、烟道烟囱、各种高温炉等），除应检测热源附近承重构件的自身的受损、破坏情况外，还应注意检测对相邻结构构件的不利影响，如图 3.5 所示。受重荷载或大面积堆载的建筑物（如原料库、成品库等），应重点检测因堆载或重载引起的柱子倾斜、墙体开裂和地基不均匀沉降。经常受湿热作用的厂房结构和区段，应注意检测由于湿热作用、浸水、冲水造成的构件锈蚀和腐蚀。偶然事故的调查，如吊车桥架掉轨、严重撞伤建筑物、爆炸、火灾等事故对建筑物结构的损伤情况。如果建筑物的结构构件原先的使用状态发生改变时，应给予充分的关注。如提高吊车吨位、吊车超载运行、改变结构构件的原设计受力状态等，必要时应检测结构构件的受力状态、最大内力和结构的变形位移等。

图 3.4 某开关电器厂酸洗车间

图 3.5 某风电设备制造厂高温锻造车间

总体来说，旧工业建筑再生利用前的结构性能检测，应根据相关规范和标准的要求，包括使用条件的调查与检测和结构现状的调查与检测。

2）使用条件调查

使用条件调查包括结构荷载、生产使用环境、维修和改造的历史、原建筑设计使用年限内条件变化等内容。

① 结构荷载调查。结构荷载调查，可根据旧工业建筑结构的实际情况来进行，主要包括以下内容，具体情况见表 3.4。

结构荷载调查　　表 3.4

荷载类别	调查项目
永久荷载	旧工业建筑结构构件、围护结构构件及装饰装修配件、固定设备的支架、桥架、管道及其运输的物料等永久荷载；预应力、土压力、水压力、地基变形等作用引起的永久荷载
可变荷载	楼面、地面、屋面活荷载，地面堆载，风、雪荷载等可变荷载；吊车荷载；由于温度作用引起的可变荷载
偶然荷载	由于地震作用或火灾、爆炸、撞击等引起的偶然荷载

结构上荷载的调查要遵守下列规定：

首先，结构上荷载标准值应按下列规定取值：经调查，符合现行国家标准《建筑结构荷载规范》GB 50009 的有关规定时，应按现行国家标准的有关规定取值；当观察到超载或改变用途时，应按实际情况采用；当现行国家标准《建筑结构荷载规范》GB 50009 未作规定或按实际情况难以确定时，应按现行国家标准《建筑结构可靠度设计统一标准》GB 50068 的有关规定执行。

其次，吊车荷载、相关参数和使用条件应按下列规定进行调查和检测：当吊车及吊车梁系统运行使用状况正常，吊车梁系统无损坏且相关资料齐全符合实际时，宜进行常规调查和检测；当吊车及吊车梁系统运行使用状况不正常，吊车梁系统有损坏或无吊车资料或对已有资料有怀疑时，除应进行常规调查和检测外，还应根据实际状况和鉴定要求进行专项调查和检测。

再者，设备等荷载的调查，应查阅原设计文件、设备和物料运输的资料，了解工艺和实际使用情况，同时还应考虑设备检修和生产不正常时，物料和设备的堆积荷载。当在过去的使用过程中没有发生异常情况时，可采用原设计文件的数据；对于使用过程中经历过技术改造的项目，应考虑设备的安装检修荷载；除此之外，当设备的振动对厂房有显著影响时，应进行振动的调查。

② 生产使用环境调查。对于旧工业建筑再生利用来说，生产使用环境的调查主要包括对结构性能造成影响或破坏的环境调查，见表 3.5。

生产使用环境调查 **表 3.5**

环境类别	调查项目
地理环境	调查地形、地貌、工程地质、周围建（构）筑物等
气象环境	调查大气环境，降雨量、降雪量、霜冻期、风作用等对结构的影响；调查室内高湿环境、露天环境、干湿交替环境、冻融环境等对结构的影响
灾害作用环境	调查地震、冰雪、洪水、滑坡等自然灾害对结构的影响；调查建筑本身及周围发生火灾、爆炸、撞击等对结构的影响
生产工作环境	调查生产中使用或产生的腐蚀性液体、气体分布、浓度对结构的影响；调查高温、低温工作环境及振动对结构的影响

③ 维修和改造历史调查。维修和改造历史调查主要内容应包括建筑用途、使用年限，生产条件的变化，历次改造，检测、维修、维护、加固，用途变更与改扩建等情况。

（4）结构现状调查与检测

结构现状调查与检测应包括地基基础、上部承重结构、围护结构三部分。结构现状的调查与检测应以无损检测为主，有损检测为辅。对于重要性程度较高的旧工业建筑，应尽量避免破坏显著体现原建筑风貌的结构部分。检测项目见表 3.6，当旧工业建筑的工程图纸资料不全时，尚应现场测绘，并绘制工程现状图。

1）结构现状调查与检测应符合下列规定：① 具有有效图纸资料时，应检查实际结构体系、结构构件布置、主要受力构件等与图纸符合程度，检查结构布置或构件是否有变动，应重点调查与检测结构、构件与图纸不符或变动部分。② 图纸资料不全时，除应检查实际结构与图纸的符合程度外，还应重点检测缺少图纸部分的结构，并绘制相应的结构图纸。③ 无有效图纸资料时，除应通过现场检查确定结构类型、结构体系、构件布置外，尚应通过检测确定结构构件的类别、材料强度、构件几何尺寸、连接构造等，砌体结构构件应确定有无圈梁、构造柱及其位置，钢筋混凝土结构构件还应确定钢筋配置及保护层厚度，并绘制相应的结构图纸。

旧工业建筑再生利用的结构现状检测项目　　表 3.6

检测项目		检测项目类别		
		1 类	2 类	3 类
地基基础	场地稳定性	√	√	√
	倾斜观测	√	√	√
	材料强度	△	△	√
	尺寸与偏差	△	△	√
	沉降观测	△	△	△
	地基承载力试验	△	△	△
上部承重结构	结构整体性	√	√	√
	尺寸与偏差	√	√	√
	缺陷、损伤、腐蚀	√	√	√
	构造与连接	√	√	√
	位移与变形	√	√	√
	材料强度	√	√	√
	实荷检验	△	△	△
围护结构	构造与连接	√	√	√
	损伤和破坏	△	△	√
	材料强度	√	√	√

注：表中“√”表示必做项目，“△”表示选做项目。

2）地基基础的调查与检测。地基与基础是建筑结构中的重要组成部分，它直接承受上部结构传来的所有荷载。旧工业建筑承受荷载较大，且在使用过程中经常受到动力荷载的影响。旧工业建筑进行再生利用前，要求地基基础拥有足够的稳定性和承载力，调查与检测工作内容如下：① 查阅原有岩土工程勘察报告、有关图纸资料及工程沉降观测资料，重点察看地基的沉降、差异沉降，调查地基基础的变形及上部结构的反应。② 调查旧工业现状、实际使用荷载，场地稳定性及临近建筑、地下工程和管线等情况。对于 3 类旧工业建筑，还应补充开挖，验证基础的种类、材料、尺寸及缺陷、损坏情况。③ 当基础附近有废水排放地沟、集水坑、集水池或油罐池、沼气池等时，应重点检查废水的渗漏、对地基基础造成腐蚀等不利影响。④ 当地基基础不存在明显沉陷，上部结构不存在疑似因地基基础变形导致的梁、柱和围护墙体产生明显裂缝，厂房局部构件或整体倾斜超限，吊车轨道明显卡轨等结构缺陷时，可评定为无静载缺陷，不再进行进一步的调查与检测。⑤当存在第“④”条所述的结构缺陷时，应依据现行《建筑地基基础设计规范》GB 50007 和《建筑变形测量规范》JGJ 8 进行沉降观测，观测工作应聘请具有相应资质的单位及技术人员。⑥当地基基础发生明显沉陷、上部结构发生严重变形，地基沉降、差异沉降严重超限时，应委托具有相应资质的单位进行地勘作业，探明地基土性状并验算地基承载力和地基变形，当怀疑地基存在严重缺陷时，宜进行地基承载力试验。

3）上部承重结构的调查与检测。应调查结构体系的整体性、完整性、稳定性，具体包括原材料性能、材料强度、尺寸与偏差、构件外观质量与缺陷、变形与损伤、钢筋配置等内容，必要时，可进行结构构件性能的实荷检验或结构的动力测试。

① 重点调查结构是否构成空间稳定的结构体系；重点检查结构有无错层、结构间的连接构造是否可靠等；重点检查混凝土结构梁、板、柱布置是否合理，砌体结构圈梁和构造柱的设置是否合理。

② 对于受到环境侵蚀或灾害破坏影响的构件检测，应选择对结构安全影响较大部位或有代表性的损伤部位，在检测报告中应提供具体位置和必要的情况说明。

③ 结构构件的尺寸与偏差检测应以设计图为依据，当施工误差可忽略不计时可采用设计尺寸进行结构分析与校核。若设计图纸缺失，必须现场实测，并绘制实测图，结构分析与校核应以现场实测复核数据为准。

④ 结构构件缺陷与损伤、腐蚀检测项目宜按表 3.7 确定。结构构件裂缝检测应包括裂缝位置、长度、宽度、深度、形态和数量，应给出裂缝的性质并拍照记录，受力裂缝宜绘制裂缝展开图。

结构构件缺陷与损伤、腐蚀检测项目 表 3.7

构件类别	检测项目
混凝土结构构件	蜂窝、麻面、孔洞、夹渣、露筋、裂缝、疏松、腐蚀等
钢结构构件	夹层、裂纹、锈蚀、非金属夹杂和明显的偏析、锈蚀等
砌体结构构件	裂缝、墙面渗水、砌块风化、缺棱掉角、裂纹、弯曲、砂浆酥碱、粉化、腐蚀等

注：结构构件遭受损伤检测时，材料性能影响程度应根据腐蚀性液体、气体、高温、低温等致因确定。

⑤结构构件节点处的连接是结构检测的重点，对于难以到达的区域，检测方法宜采用升降机配合高清数码相机进行，发现严重缺陷时应细致察看并拍照记录。

⑥结构构件位移变形检测应包括受压构件柱、墙的顶点位移，受弯构件吊车梁、屋架梁的挠度，层间位移等，检测方法应符合现行国家标准《建筑变形测量规范》JGJ 8 的有关规定。

⑦材料性能的测区或取样位置应布置在构件具有代表性的部位；当构件存在缺陷、损伤或性能劣化现象时，检测与评定报告应详细描述。混凝土材料强度检测宜选用超声回弹等无损检测方法，必要时可现场取芯检测，检测方法应符合现行国家标准《建筑结构检测技术标准》GB/T 50344 的有关规定。

⑧当确有必要或委托方要求时，可对局部结构构件进行实荷检验，探明结构构件的实际承载能力，检验方法应符合现行国家标准《混凝土结构试验方法标准》GB50152 的有关规定。

4）围护结构的调查与检测。除应查阅有关图纸资料外，并应符合下列规定：

① 现场核实围护结构的布置、使用功能、老化损伤和破坏等；调查围护结构的构造连接状况及对主体结构的不利影响。

② 对于难以目测的区域，检测方法宜采用高清数码相机进行拍照，发现严重缺陷时应细致察看并拍照记录。

③ 围护结构状况较差，委托方拟定拆除或有其他要求时，可减少或取消该部分围护结构的检测数量及内容，并在报告中记录说明。

3.2.3　建（构）筑物评定

建（构）筑物结构性能评定应根据现场调查与检测情况，地基基础和结构体系整体性、构件承载力、构造措施及各种缺陷、变形、损伤等情况，在进行结构分析与校核的基础上，依据相关规定进行评定。结构性能的评定包括结构可靠性评定和抗震性能评定，相应评定分级标准见表 3.8。

建（构）筑物结构的性能评定分级标准　　表 3.8

等级	分级标准
I_{rs}	决策设计阶段结构可靠性符合《工业建筑可靠性鉴定标准》GB 50144 等现行国家标准的要求，结构整体安全可靠；建筑抗震能力符合《建筑抗震鉴定标准》GB 50023 等现行国家标准的要求，在初步确定的设计使用年限内不影响整体可靠性和抗震性能。
II_{rs}	决策设计阶段结构可靠性略低于《工业建筑可靠性鉴定标准》GB 50144 等现行国家标准的要求，尚不影响整体安全可靠；或建筑抗震能力局部不符合《建筑抗震鉴定标准》GB 50023 等现行国家标准的要求；在初步确定的设计使用年限内尚不显著影响整体可靠性或整体抗震性能。
III_{rs}	决策设计阶段结构可靠性不符合《工业建筑可靠性鉴定标准》GB 50144 等现行国家标准的要求，影响整体安全可靠；或建筑抗震能力不符合《建筑抗震鉴定标准》GB 50023 等现行国家标准的要求；在初步确定的设计使用年限内显著影响整体可靠性或整体抗震性能。
IV_{rs}	决策设计阶段结构可靠性严重不符合《工业建筑可靠性鉴定标准》GB 50144 等现行国家标准的要求，已经严重影响整体安全可靠；或建筑抗震能力整体严重不符合《建筑抗震鉴定标准》GB 50023 等现行国家标准的要求；在初步确定的设计使用年限内严重影响结构整体可靠性或整体抗震性能。

（1）结构可靠性评定

建（构）筑物结构可靠性评定包括安全性和使用性评定，本书以安全性举例阐述。结构安全性评定是在对结构性能检测情况进行分析的基础上，根据结构分析与校核的结果，依据相应的评定标准和方法，按照构件、结构系统和评定单元 3 个层次，各层分级并逐步进行安全性评定，其具体评定的层次、等级划分及内容见表 3.9。

建（构）筑物结构可靠性评定的层次、等级划分及内容　　表 3.9

<table>
<tr><td>层次</td><td>一</td><td colspan="2">二</td><td>三</td></tr>
<tr><td>评定对象</td><td>构件</td><td colspan="2">结构系统</td><td>评定单元</td></tr>
<tr><td>等级</td><td>a_r、b_r、c_r、d_r</td><td colspan="2">A_r、B_r、C_r、D_r</td><td>I_r、II_r、III_r、IV_r</td></tr>
<tr><td rowspan="3">地基基础</td><td rowspan="2">—</td><td>地基变形评级</td><td rowspan="3">地基基础评级</td><td rowspan="7">旧工业建筑整体可靠性评级</td></tr>
<tr><td>边坡场地稳定性评级</td></tr>
<tr><td>按同类材料构件各检查项目评定单个基础等级</td><td>基础承载力评级</td></tr>
<tr><td rowspan="2">上部承重结构</td><td>按承载能力、构造与连接、变形与损伤等检查项目评定单个构件等级</td><td>每种构件集评级</td><td rowspan="2">上部承重结构评级</td></tr>
<tr><td>—</td><td>按结构布置、支撑、系、结构间连接构造等项目进行结构整体性评级</td></tr>
<tr><td rowspan="2">围护结构</td><td>按照承载能力等项目评定单个构件等级</td><td>每种构件集评级</td><td rowspan="2">围护结构评级</td></tr>
<tr><td>—</td><td>按照构造连接评定单个非承重围护结构构件等级</td></tr>
</table>

（2）结构抗震性能评定

建（构）筑物结构抗震性能评定应根据结构检测结果，进行结构体系构造宏观分析以及结构抗震能力计算，对结构在设计使用年限内能否满足抗震要求进行综合评定。抗震性能检测与评定方法应按现行《建筑抗震鉴定标准》GB 50023 和《建筑抗震设计规范》GB 50011 执行，按照构件、结构系统和评定单元 3 个层次，各层分级并逐步进行抗震性能评定，其具体评定的层次、等级划分以及工作内容和评级标准分别见表 3.10、表 3.11。

建（构）筑物结构抗震性能评定层次、等级划分及内容　　表 3.10

<table>
<tr><td>层次</td><td>一</td><td colspan="2">二</td><td>三</td></tr>
<tr><td>评定对象</td><td>构件</td><td colspan="2">结构系统</td><td>评定单元</td></tr>
<tr><td>等级</td><td>a_s、b_s、c_s、d_s</td><td colspan="2">A_s、B_s、C_s、D_s</td><td>I_s、II_s、III_s、IV_s</td></tr>
<tr><td rowspan="3">地基基础</td><td rowspan="2">—</td><td>地基变形评级</td><td rowspan="3">地基基础抗震能力评级</td><td rowspan="6">旧工业建筑整体抗震性能评级</td></tr>
<tr><td>场地评级</td></tr>
<tr><td>按同类材料构件各检查项目评定单个基础抗震承载力等级</td><td>基础构件集抗震承载力评级</td></tr>
<tr><td rowspan="3">上部结构</td><td>各类构件抗震承载力评级</td><td>考虑抗震构造措施的抗侧力构件和其他构件集抗震承载力评级</td><td rowspan="3">上部结构抗震能力评级</td></tr>
<tr><td>—</td><td>结构体系、结构布置等抗震宏观控制的抗震构造评级</td></tr>
<tr><td>—</td><td>按照构造连接评定单个非承重围护结构构件等级</td></tr>
</table>

建（构）筑物结构抗震性能评定应分为两级。第一级评定应以宏观控制和构造鉴定为主进行综合评定，第二级评定应以抗震验算为主结合构造影响进行综合评定。结构的抗震性能评定：当符合第一级评定的各项要求时，建筑可评为满足抗震评定要求，不再进行第二级评定；当不符合第一级评定要求时，应由第二级评定做出判断，应检查其抗震措施和现有抗震承载力再做出判断。当抗震措施不满足评定要求而现有抗震承载力较高时，可通过构造影响系数进行综合抗震能力评定；当抗震措施满足评定要求时，主要抗侧力构件的抗震承载力不低于规定的 95%、次要抗侧力构件的抗震承载力不低于规定的 90%，可不要求进行加固处理。

建（构）筑物结构抗震性能评定等级标准　　表 3.11

层次	评定对象	等级	评级标准	处理要求
一	构件	a_s	符合《建筑抗震鉴定标准》GB 50023 等现行国家标准的抗震承载力要求。	不必采取措施
		b_s	略低于《建筑抗震鉴定标准》GB 50023 等现行国家标准的抗震承载力要求，尚不影响抗震承载力。	可不采取措施
		c_s	不符合现行《建筑抗震鉴定标准》GB 50023 等现行国家标准的抗震承载力要求，影响抗震承载力。	应采取措施
		d_s	严重不符合《建筑抗震鉴定标准》GB 50023 等现行国家标准的抗震承载力要求，已严重影响抗震承载力。	必须采取措施
二	结构系统	A_s	符合《建筑抗震鉴定标准》GB 50023 等现行国家标准的抗震能力要求，具有整体抗震性能。	可不采取措施
		B_s	略低于《建筑抗震鉴定标准》GB 50023 等现行国家标准的抗震能力要求，尚不显著影响整体抗震性能。	可能有个别构件或局部构造应采取措施
		C_s	不符合《建筑抗震鉴定标准》GB 50023 等现行国家标准的抗震能力要求，显著影响整体抗震性能。	应采取措施，且可能少数构件或地基基础的抗震承载力或构造措施必须采取措施
		D_s	严重不符合《建筑抗震鉴定标准》GB 50023 等现行国家标准的抗震能力要求，严重影响整体抗震性能。	必须采取整体加固或拆除重建的措施
三	评定单元	I_s	符合《建筑抗震鉴定标准》GB 50023 等现行国家标准的抗震能力要求，具有整体抗震性能。	可不采取措施
		II_s	略低于《建筑抗震鉴定标准》GB 50023 等现行国家标准的抗震能力要求，尚不显著影响整体抗震性能。	可能有个别构件或局部构造应采取措施
		III_s	不符合《建筑抗震鉴定标准》GB 50023 等现行国家标准的抗震能力要求，具有整体抗震性能。	应采取措施，且可能少数构件或地基基础的抗震承载力或构造措施必须采取措施
		VI_s	严重不符合《建筑抗震鉴定标准》GB 50023 等现行国家标准的抗震能力要求，具有整体抗震性能。	必须采取整体加固或拆除重建的措施

3.3 地下管线检测评定

3.3.1 地下管线概况

(1) 相关概念

地下管线:是指敷设在地下的给水、排水、燃气、热力、工业、电力、通信等管道(缆线)、管线综合管沟(廊)等。

地下管线检测:获取管线走向、空间位置、附属设施及其有关属性信息,编绘管线图、建立管线数据库和信息管理系统的过程,包括管线资料调绘、探查、测量、数据处理与管线图编绘、成果提交与归档。

管线点:为了正确地表示地下管线探查的结果,便于地下管线测绘工作的进行,在探查或调查过程中设立的测点,统称为管线点。管线点分明显管线点和隐蔽管线点。明显管线点的点位和埋深可以通过实地调查进行量测;隐蔽管线点的点位和埋深必须用仪器设备探查来确定。

(2) 检测原则及分类

地下管线检测应遵循如图 3.6 所示的原则。

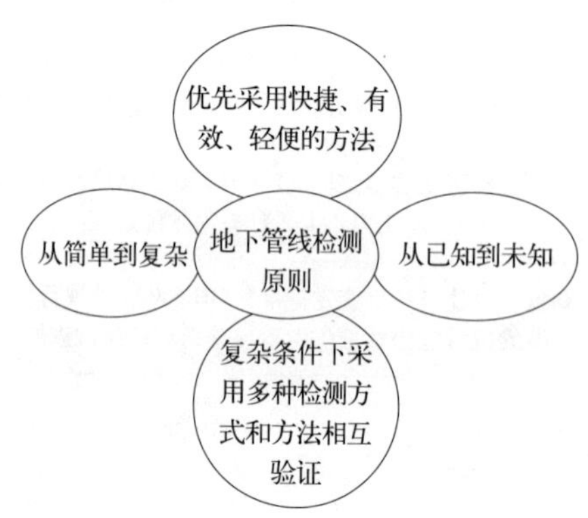

图 3.6 地下管线检测原则

工业厂区中的管线管网大多分布于地下,以方便工业生产。地下管线是埋设在地下的管道及电缆的总称,分类有如下几种方法。

(1) 按用途分类

1) 给水管道包括生活用水、消防用水及工业用水等输配水管道。

2) 排水管道包括雨水管道、污水管道、雨污合流管道和工业废水等各种管道,特殊地区还包括与其工程衔接的明沟(渠)盖板方沟等。

3) 燃气管道包括煤气管道、天热气管道、液化石油气等输配气管道。

4) 热力管道包括供热水管道、供热气管道、洗澡供水管道等。

5）电力电缆包括动力电缆、照明电缆、路灯等各种输配电力电缆等。

6）电信电缆包括市话、长话、广播、光缆、有线电视、军用通信、铁路及其他各种专业通信设施的直埋电缆。

7）工业管道包括氧气、乙烯、液体燃料、重油、柴油、氯化钾、丙烯、甲醇等化工管道以及工业排渣管道、排灰管道等。

8）油气管道包括油气田内部集输管道、站间管道及跨地区及全国联网的长输管道。

（2）按管线材质分类

1）防腐钢质管道；2）铸铁管道；3）带钢丝网的水泥管道；4）玻璃钢管道；5）塑料 PE 管等。

3.3.2　地下管线检测

地下管线检测工作应遵循下列基本程序：接受任务、收集资料、现场勘查、方法试验、编制技术设计、实地调查、仪器检测、建立测量控制、管线点检测、地下管线图绘制、报告书编写和成果验收。

地下管线现场检测前，必须全面搜查和整理资料测区范围内已有的地下管线资料和有关测绘资料，宜包括下列内容：1）已有的各种地下管线图；2）各种管线的设计图、施工图、竣工图及技术说明资料；3）测区内及其相近的测量控制点的坐标和高程。

现场检测的主要任务：1）核查收集的资料，评价资料的可信度与可利用度；2）查看工区的地面建筑、地貌、交通和地下管线分布出露情况及各种可能干扰检测结果的因素；3）检测测区内不利的测点。

地下管线检测，不仅需要先进可靠的检测设备，还需要熟练掌握使用检测设备人和相关的理论知识才可确保可靠的检测质量。如果检测人员能够掌握多种检测方法技术，并在实际工作中熟练运用，将会提高检测工程的质量，具体的检测内容以及检测方法如下。

（1）探测管道位置

1）探测方法选择：有效的探测方法可以快速的找到被检管道的位置，以最少时间完成快速的质量检测，以免因不知道其准确位置而耽误检测时间，给后续的检测工作带来延缓。主要的探测管道位置的方法有：工频法、甚低频法、直接法、夹钳法、电偶极感应法、磁偶极感应法、铁钎钻探法、开挖验证法、地质雷达法、电阻率法、充电法、磁场强度法、磁梯度法、浅层地震法、面波法、红外辐射法。

2）信号源施加：主要内容包括发射方式的选择、发射位置的选择、发射接线方式选择、接地地点的选择、回路方式的选择、发射功率的选择、发射信号的选择、频率选择、阻抗匹配的选择。

3）信号接收方式选择：峰值法（最大法）、谷值法（最小法）。

4）管道平面位置确定：环形搜索法、网格搜索法、平行搜索法。

5）管道走向确定：两点一线法、探头转向法、探杆指向法、一步一扫法、多点连线法。

6）复杂情况的若干问题：电缆与铸铁管道及防腐钢管的区分、平行管道探测、交叉管道探测、管道变深探测、分支三通探测、立体管网探测、贴地管道探测。

（2）探测管道埋深

1）测深位置的选择及影响测深因素：根据现场实际情况进行选择和分析。

2）管道深度的确定 45° 测深法、70% 测深法、80% 测深法、比值法、数字直读法、任意角度倾斜法。

3）深度的误差来源及修正选点误差、干扰误差、测量误差。

（3）介质泄漏点的检测

1）输水管道泄漏点检测：漏水原因分析法、电子仪器听音法、相关仪器分析法、流量差分析法、压力下降分析法、区城装表法、直接观察法、环境观察法、升压检漏法、直接听音法、听音杆法、示踪剂法、氢气示踪法、温度示踪法、充电测试法。

2）输气管道泄漏点检测：防腐层相关法、半导体气敏法、接触燃烧法、火焰电离检测法、光学甲烷检测法、气体成分比重法、分子量大小法、地面钻孔法、卤素示踪法、氢气示踪法、加臭示踪法、氦气示踪法、加压检漏法、大水漫灌法、肥皂泡法、环境观察法、训练动物闻味法、手推车检漏法、多探头检漏车检漏法、风向分析法、直接听音法、仪器放大听音法。

3）输油管道泄漏点探测：负压采样法、检测电缆法、流量分析法、碘 131 示踪法、无线数据监测法、超声波定位法、声波检测法、光纤检漏法、压力差分析法、实时模型检漏法、泄漏噪声检测法、系缆式漏磁检测器法、SCADA 系统法、互相关分析法、特性阻抗检测法。

（4）钢质管道外防腐层状况检测

1）埋土前检测

外观检查的主要包括以下几个方面：

① 高压电火花检查：涂敷厂在线检测、便携式火花手工检测；

② 涂层厚度检测：涂层测厚仪的使用；

③ 涂层黏接力检测。

2）埋土后检测

① 防腐层破损点检测：多频管中电流法、皮尔逊检测法、直流电位梯度法、密间隔电位测试法、标准管地电位法；

② 接收信号方法：电流方向法、人体电容法、接地探针法、金属拐杖法、铁鞋法、磁场信号衰减法；

③ 破损点精确定位：移动参比法、固定电位比较法、等距回零法、平行于管道移动法、电流方向法、A 字架法、垂直于管道移动法；

④ 破损点大小的检测：数字直读法、光标显示法、统计图形法、辐射距离法、压控

振频法、公式修正法、DCVG+GIPS 组合判断法、磁场下降法；

⑤ 破损点位置的标定：绝对距离法、相对坐标法、GPS 定位法、喷漆法、打土包法，木桩定位法、彩色布条法；

⑥ 破损点的开挖验证：直接观察法、扩坑法、镜面反照法、高压电火花检测法、湿布涂抹法、泥土再测电位法、涂层测厚法；

⑦ 外防腐层绝缘电阻检测：电流—电位法、拭布法、变频选频法、多频管中电流法、静态信号下降法、一次性总距离法。

（5）阴极保护运行参数检测

1）管地电位测试：地表参比法、近参比法、远参比法、断电法、辅助电极法；

2）牺牲阳极输出电流测试：标准电阻法、直测法；

3）管内电流测试：电压降法、补偿法；

4）绝缘法兰（接头）绝缘性能测试：兆欧表法、电位法、漏电电阻测试法；

5）接地电阻测试：辅助阳极接地电阻测试、牺牲阳极接地电阻测试；

6）土壤电阻率测试：等距法、不等距法、ZC-8 土壤电阻仪的使用法。

（6）管体腐蚀状况测试

1）管外测试

磁场下降四级衰耗分析法、探坑验证法、破损处超声波剩余壁厚测试法、涂层测厚法、非腐蚀点开挖检查法、涂层老化程度检测法、土壤腐蚀速率推断法、多项缺陷积分法、综合参数异常评价法、金属挂片失重法、腐蚀电流密度测定法、十二项指标法、管道金属蚀失量检测法、管体腐蚀损伤尺寸评定法、最大安全工作压力评定法。

2）管道内部检测

漏磁检测法、超声检测法、扫描成像法、涡流检测法、闭路电视检测法。

（7）PE 管道安装检测

检测示踪线是否安装，检测示踪线的截面是否满足检测信号传导的距离要求，检测示踪线是否始终实现电性能链接、接头是否做防腐包裹处理，检测阀井内与末端的示踪线是否有固定处理，检测示踪线是否用胶带固定在 PE 管道上方，检测 PE 管道标志桩是否偏离管道上方位置，检测 PE 管道埋土深度是否满足规范要求，检测是否沿 PE 管道安装警示带。

（8）PE 管道周围环境检测

检测管道上方是否有违章占压的现象，检测管道附近是否有施工、取土、爆破等违章行为，检测标志桩、标志贴是否缺失，检测桩内接线是否完好齐全。检测 PE 管道是否暴露在阳光与腐蚀性化学降解的土壤环境之中。

（9）管道检测成果的可靠性管理

1）新建管道的检测

施工单位自检，监理单位抽检，委托第三方终检。

2）常规运行管道的检测

单位人员自检，领导抽检，专业检测公司检测，质监部门监检。

上述几个方面的检测，每种仪器都有其特定的应用条件和局限性，将几种仪器配合或一种仪器的几种检测方法结合进行组合检测，将会极大提高检测结果的可靠性。

3.3.3 地下管线评定

参考《城镇排水管道检测与评估技术规程》CJJ 181—2012 中根据缺陷对管道状况的影响将管道缺陷分为结构性缺陷和功能性缺陷。结构性缺陷是指管道结构本体遭受损伤，影响强度、刚度和使用寿命的缺陷；功能性缺陷是指导致管道过水面发生变化，影响畅通性能的缺陷。

规程中根据缺陷的危害程度给予不同的分值和相应的等级。分值和等级的确定原则是：具有相同严重程度的缺陷具有相同的等级。规程中将缺陷分为四个等级，轻微缺陷、中等缺陷、严重缺陷和重大缺陷，见表 3.12。表 3.13、表 3.14 分别为结构性缺陷和功能性缺陷的名称、代码、定义、等级划分、缺陷描述及分值。

缺陷等级分类表 表 3.12

等级 缺陷性质	1	2	3	4
结构性缺陷程度	轻微缺陷	中等缺陷	严重缺陷	重大缺陷
功能性缺陷程度	轻微缺陷	中等缺陷	严重缺陷	重大缺陷

结构性缺陷名称、代码、等级划分及分值 表 3.13

缺陷名称	缺陷代码	定义	等级	缺陷描述	分值
破裂	PL	管道的外部压力超过自身的承受力致使管子发生破裂。其形式有纵向、环向和复合 3 种	1	裂痕—当下列一个或多个情况存在时： 1）在管壁上可见细裂痕； 2）在管壁上由细裂缝处冒出少量沉积物； 3）轻度剥落	0.5
			2	裂口—破裂处已形成明显间隙，但管道的形状未受影响且破裂无脱落	2
			3	破碎—管壁破裂或脱落处所剩碎片的环向覆盖范围不大于弧长 60°	5
			4	坍塌—当下列一个或多个情况存在时： 1）管道材料裂痕、裂口或破碎处边缘环向覆盖范围大于弧长 60°； 2）管壁材料发生脱落的环向范围大于弧长 60°	10

续表

缺陷名称	缺陷代码	定义	等级	缺陷描述	分值
变形	BX	管道受外力挤压造成形状变异	1	变形不大于管道直径的 5%	1
			2	变形为管道直径的 5% ~ 15%	2
			3	变形为管道直径的 15% ~ 25%	5
			4	变形大于管道直径的 25%	10
腐蚀	FS	管道内壁受侵蚀而流失或剥落，出现麻面或露出钢筋	1	轻度腐蚀—表面轻微剥落，管壁出现凹凸面	0.5
			2	中度腐蚀—表面剥落显露粗骨料或钢筋	2
			3	重度腐蚀—粗骨料或钢筋完全显露	5
错口	CK	同一接口的两个管口产生横向偏差，未处于管道的正确位置	1	轻度错口—相接的两个管口偏差不大于管壁厚度的 1/2	0.5
			2	中度错口—相接的两个管口偏差为管壁厚度的 1/2 ~ 1 之间	2
			3	重度错口—相接的两个管口偏差为管壁厚度的 1 ~ 2 倍之间	5
			4	严重错口—相接的两个管口偏差为管壁厚度的 2 倍以上	10
起伏	QF	接口位置偏移，管道竖向位置发生变化，在低处形成洼水	1	起伏高 / 管径≤ 20%	0.5
			2	20%< 起伏高 / 管径≤ 35%	2
			3	35%< 起伏高 / 管径≤ 50%	5
			4	起伏高 / 管径 >50%	10
脱节	TJ	两根管道的端部未充分接合或接口脱离	1	轻度脱节—管道端部有少量泥土挤入	1
			2	中度脱节—脱节距离不大于 20mm	3
			3	重度脱节—脱节距离为 20 ~ 50mm	5
			4	严重脱节—脱节距离为 50mm 以上	10
接口材料脱落	TL	橡胶圈、沥青、水泥等类似的接口材料进入管道	1	接口材料在管道内水平方向中心线上部可见	1
			2	接口材料在管道内水平方向中心线下部可见	3
支管暗接	AJ	支管未通过检查井直接侧向接入主管	1	支管进入主管内的长度不大于主管直径 10%	0.5
			2	支管进入主管内的长度在主管直径 10% ~ 20% 之间	2
			3	支管进入主管内的长度大于主管直径 20%	5
异物穿入	CR	非管道系统附属设施的物体穿透管壁进入管内	1	异物在管道内且占用过水断面面积不大于 10%	0.5
			2	异物在管道内且占用过水断面面积为 10% ~ 30%	2
			3	异物在管道内且占用过水断面面积大于 30%	5

续表

缺陷名称	缺陷代码	定义	等级	缺陷描述	分值
渗漏	SL	管外的水流入管道	1	滴漏—水持续从缺陷点滴出，沿管壁流动	0.5
			2	线漏—水持续从缺陷点流出，并脱离管壁流动	2
			3	涌漏—水从缺陷点涌出，涌漏水面的面积不大于管道断面的 1/3	5
			4	喷漏—水从缺陷点大量涌出或喷出，涌漏水面的面积大于管道断面的 1/3	10

注：表中缺陷等级定义区域 X 的范围为 $x \sim y$ 时，其界限的意义是 $x < X \leq y$。

功能性缺陷名称、代码、等级划分及分值　　表 3.14

缺陷名称	缺陷代码	定 义	缺陷等级	缺陷描述	分值
沉积	CJ	杂质在管道底部沉淀淤积	1	沉积物厚度为管径的 20% ~ 30%	0.5
			2	沉积物厚度在管径的 30% ~ 40% 之间	2
			3	沉积物厚度在管径的 40% ~ 50%	5
			4	沉积物厚度大于管径的 50%	10
结垢	JG	管道内壁上的附着物	1	硬质结垢造成的过水断面损失不大于 15%； 软质结垢造成的过水断面损失在 15% ~ 25%之间	0.5
			2	硬质结垢造成的过水断面损失在 15% ~ 25%之间； 软质结垢造成的过水断面损失在 25% ~ 50% 之间	2
			3	硬质结垢造成的过水断面损失在 25% ~ 50% 之间； 软质结垢造成的过水断面损失在 50% ~ 80% 之间	5
			4	硬质结垢造成的过水断面损失大于 50%； 软质结垢造成的过水断面损失大于 80%	10
障碍物	ZW	管道内影响过流的阻挡物	1	过水断面损失不大于 15%	0.1
			2	过水断面损失在 15% ~ 25% 之间	2
			3	过水断面损失在 25% ~ 50% 之间	5
			4	过水断面损失大于 50%	10
残墙、坝根	CQ	管道闭水试验时砌筑的临时砖墙封堵，试验后未拆除或拆除不彻底的遗留物	1	过水断面损失不大于 15%	1
			2	过水断面损失为在 15% ~ 25% 之间	3
			3	过水断面损失在 25% ~ 50% 之间	5
			4	过水断面损失大于 50%	10

续表

缺陷名称	缺陷代码	定义	缺陷等级	缺陷描述	分值
树根	SG	单根树根或是树根群自然生长进入管道	1	过水断面损失不大于15%	0.5
			2	过水断面损失在15%～25%之间	2
			3	过水断面损失在25%～50%之间	5
			4	过水断面损失大于50%	10
浮渣	FZ	管道内水面上的漂浮物（该缺陷需记入检测记录表，不参与计算）	1	零星的漂浮物，漂浮物占水面面积不大于30%	—
			2	较多的漂浮物，漂浮物占水面面积为30%～60%	—
			3	大量的漂浮物，漂浮物占水面面积大于60%	—

管道缺陷位置的纵向起算点应为起始井管道口，缺陷位置纵向定位误差应小于0.5m。当缺陷是连续性缺陷（纵向破裂、变形、纵向腐蚀、起伏、纵向渗漏、沉积、结垢）且长度大于1m时，按实际长度计算；当缺陷是局部性缺陷（环向破裂、环向腐蚀、错口、脱节、接口材料脱落、支管暗接、异物穿入、环向泄漏、障碍物、残墙、坝根、树根）且纵向长度不大于1m时，长度按1m计算。当在1m长度内存在两个及以上的缺陷时，该1m长度内各缺陷分值叠加，如果叠加值大于10分，按10分计算，叠加后该1m长度的缺陷计算（相当于一个综合性缺陷）。

管道缺陷的环向位置应采用时钟表示法。缺陷描述按照顺时针方向的钟点数采用4位阿拉伯数字表示起止位置，前两位数字应表示缺陷起始点位置，后两位数字应表示缺陷终止位置。如当缺陷位于某一起点上时，前两位数字应采用00表示，后两位数字表示缺陷点位。

3.4　设备设施检测评定

3.4.1　设备设施概况

（1）工业设备的定义

工业的发展离不开工业设备的发展，反过来工业的发展也相应地制约着或促进着工业设备的发展。如果说农业解决着人们“吃”的问题，那么工业则承担着衣、住、行等几大问题，为物质的生产供给加工及制造的原材料，支撑着人民物质生活的始末；它还是国家财政收入的主要源泉，是国家经济自主、政治独立、国防现代化的根本保证。

工业设备，可以将其拆分为工业和设备两部分来理解。工业是指采集原料，并把它们加工成产品的工作和过程。而设备通常指可供人们在生产中长期使用，并在反复使用中基本保持原有实物形态和功能的生产资料和物质资料的总称。设备作为工业生产活动中的重要载体被长期使用，总体而言，工业设备即是用来满足将原材料加工成产品的载体产品。

（2）工业设备的分类

我国是发展中国家中的工业生产大国，相应地，改革开放以来经过飞速的经济与科技发展，当今市场上的各种大型工业设备发展的也相对成熟。放眼世界，国际市场上有许多优秀的工业设备生产国，例如德国的输出设计、制造技术，其中中国、日本、韩国都曾引进过德国的多种产品技术。我国目前工业设备各种产品应有尽有，品类繁盛。按照不同的分类方式也可以有不同的作用，具体分类如下：

1）按生产用途分为生产设备和非生产设备；

2）按适用范围分为通用机械和专用机械；

3）按使用性质分为生产用机器设备、非生产用机器设备、租出机械设备、未使用机械设备、不需用设备、融资租入机器设备；

4）按设备用途分为动力设备、金属切削机械、金属成型机械、交通运输机械、起重运输机械、工程机械、轻工业机械、专用机械。

3.4.2 设备设施检测

在工业设备投入生产使用的过程中，为能够使设备的质量及品质得以更加理想的保证，必须科学合理开展检测工作，因为工业设备的检测是一个比较重要的环节。在工业设备的检测过程中，相关检测工作人员应当充分了解并掌握检测技术及其要点，以便能够更合理运用检测技术，从而进一步提升设备检测效率，为更好开展设备检测工作提供更好的技术支持，进而保证设备的安全检测得以更好开展。

（1）检测的前期准备

检测方案的制定：对工业设备的工艺性能进行检测，应根据检测项目、检测目的、设备的工艺状况和现场的环境选择合适的检测方法，制定切实可行的检测方案。工业设备工艺性能的检测方案宜包括下列主要内容：

① 设备工艺概况，包括使用年代、使用期限、功能现状；

② 检测目的和委托方的检测要求；

③ 检测依据，包括检测所依据的标准及有关的技术资料等；

④ 检测范围和检测方法的选用；

⑤检测方式，测区的数量；

⑥检测人员和仪器设备的相关情况；

⑦检测进度的安排；

⑧现场检测需要的配合工作，包括水电，人员配合等要求；

⑨检测中的安全与环保措施；

⑩完成检测报告的撰写。

工业设备检测要点：对于钢铁、化工、有色等旧工业厂区的设备所处的环境比一般厂房设备所处的环境恶劣，因此，现场除了按照常规检测以外，还应该重点检测图 3.7 中的内容。

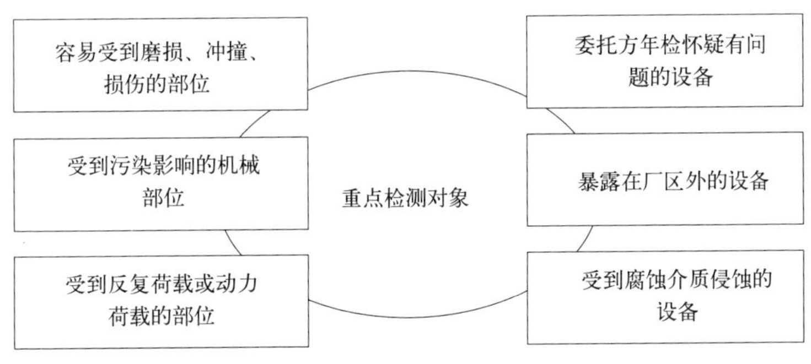

图 3.7　重点检测内容

（2）检测技术要求及检测主要方法

1）无损检测技术

无损检测技术是一种非破坏性的检测，即在对待测物的状态和化学性质不造成影响的情况下，对其进行检测，从而获得与待测物相关信息的先进的检测手段。

在生产制造过程中以及对设备的管理中，获取物体内部或表层的机械性能、物理性能是非常重要的。此外，有关零部件缺陷和其他的技术相关参数，也是使生产制造的品质获得提升的有效手段。通过无损检测可以清楚地了解设备的状态，从而有助于更好地对设备进行管理。

2）工业设备技术要求

对于工业设备的技术要求，有着详细的技术规范，必须严格遵守，其质量以及运行的安全性和可靠性直接关系到人们的生命和财产的安全。因此，其所有零部件以及金属结构的本体和焊缝不能够存在裂纹等损伤，对于某些摩擦部件的表面磨损量也有着严格的规定。尤其要注意的是，工业设备必须经过检测和试验，在检测的过程中要科学合理地制订检测的方案和检测手段，从而避免因检测而造成的各种工业设备的永久变形以及裂纹等损伤。

3）工业设备的主要检测方法

① 目视检测

目视检测是最基本的检测方法，通常要求检测人员具有丰富的检测经验，从而能够对起重设备的整体质量进行评估，对于各零部件的性能进行评价，并且还可能发现起重设备存在的隐患。目视检测主要对工业设备的机械和电气部分进行检测，而具体的检测方法则主要是采用对机构进行试运行和量具测量的方式。

② 超声检测

超声检测的方法非常适合对待测物的内部机构和缺陷进行检测如图 3.8 所示，并且不会对待测物造成损害，检测工艺方便快捷，因此在大型的起重设备的检测过程中获得了广泛的应用。由于大型设备结构庞大、机构复杂，存在很多的焊缝，而这些焊缝如果处理得不好将会成为巨大的安全隐患，所以对焊缝进行无损检测至关重要。而超声方法对于检测材料对接或角接焊缝的内部缺陷非常有效，可以准确快速地获得缺陷的位置、大小等信息，为缺陷的进一步研究和分析提供可靠的资料。

图 3.8 超声检测

图 3.9 磁粉探伤

③ 磁粉检测

对于大型的工业设备特别是大型设备来说，其结构和零部件以及焊缝的表面是不允许出现裂缝的如图 3.9 所示，因为即使是细微的裂缝也可能在多变的载荷作用下逐渐扩大，进而造成隐患，影响设备的运行安全。在对工业设备进行检测时，对于表面和近表面裂纹的检测是必不可少的一个环节，而对于物体表面和近表面的裂缝，磁粉检测无疑是非常适合的一种检测方式。磁粉检测主要是利用了电磁的原理，而对于以钢材为主的工业设备，磁粉检测作为重要的无损检测方法在钢型设备的检验中发挥了不可替代的作用。

④ 射线检测

射线检测主要应用于机械的制造和安装阶段，很少应用于在用设备的检测。机械设备的制造材料主要是钢板，因此壁厚不大，在对其钢结构和焊缝进行检测时，可以采用射线检测的方法，并能够获得较好的检测效果。起重机械的焊缝检验是非常重要

的一个检测项目，而由于起重机械壁厚较薄的特点，采用常规的 X 射线就可以对其焊接的质量进行检查和评定，如图 3.10 所示承压设备检测。射线检测在对起重机械进行检测时也有一定的适用范围，即形状规则、厚度一致的钢板或钢管制工件以及对接焊缝。

⑤金属记忆检测

工业设备的结构很可能出现应力集中的情况，如果过于严重，将对整个设备造成影响，加快设备的老化，安全性和稳定性也随之降低。金属磁记忆是目前应用得较为广泛的针对金属结构的应力集中状况而进行检测的方法。磁记忆检测不需要将待测物进行磁化，如果结构存在应力集中的部位，那么在磁场的作用下，就能够对磁记忆信号进行显示。因为没有将待测物进行磁化，所以这种检测方法属于弱磁检测，检测效果很可能受到其他磁场的影响。尤其要注意的是，如果在检测方案里安排了磁粉检测，就应当将磁粉检测放在金属记忆检测之后，从而避免磁粉检测产生的磁场信号对金属记忆检测的准确性造成的影响。如图 3.11 所示。

图 3.10　承压设备 X 射线检测

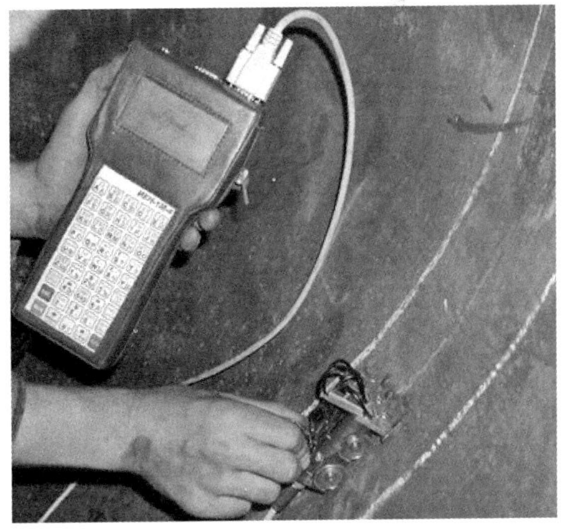

图 3.11　金属记忆检测

⑥渗透检测

裂纹的存在（如图 3.12、图 3.13 所示）对于工业机械设备来说无疑是潜在的隐患，严重威胁着机械设备的安全运行。在各种裂纹的形式中，以表面开口裂纹对设备的危害最大。因此，必须加强对于设备开口裂纹的检验。然而由于材料的问题，有些部件可能并不适合于使用磁探仪来进行检验。当然也存在这样的情况，即由于设备结构的原因，某些部位无法通过磁探仪来检测。虽然可以选其他的无损检测，但检测效果不佳，这时渗透检测就成为唯一可选的无损检测方法。

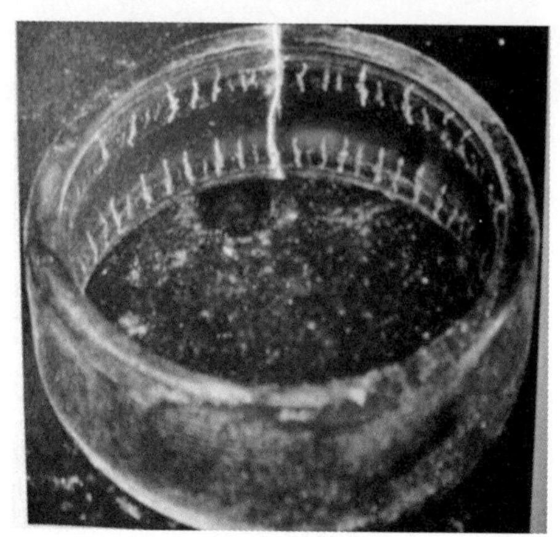

图 3.12　工件裂纹

图 3.13　纵向裂纹（尚有横向裂纹）

⑦电磁检测

a. 涡流膜层测厚

工业设备的表面漆层厚度检测主要利用涡流的提高效应，即涡流检测线圈与被检金属表面的漆层厚度值会影响检测线圈的阻抗值，对于频率一定的检测线圈，通过测量检测线圈阻抗（或电压）的变化就可以精确测量出膜层的厚度值。

b. 裂纹检测

裂纹检测通常用于金属试件的检验，即将金属试件的局部进行磁化。实际检验的过程中，采用的是交变磁场，金属试件在磁场的作用下，随之产生附加的感生磁场，并在试件内部产生相应的感应电流。对于不存在缺陷的试件来说，其生成的感生磁场是完整的。而一旦试件存在缺陷，就会导致磁场的泄漏和梯度异常。人们即可以通过磁场的异常而判断出试件存在缺陷，并能够利用磁敏元件拾取泄漏复合磁场的畸变的方式掌握缺陷的相关信息，如裂纹的深度及具体位置等。利用电磁原理进行裂纹的检测是一种比较先进的检测手段，能够快速准确地完成检测，与渗透法相比，获取的有关缺陷的信息更加完整，实现了对裂纹的定性和半定量的评估。

3.4.3　设备设施评定

设备设施评定的目的是确定安全性等级，以确定是否具有再生利用的价值。根据设备设施的情况，可分为四个等级，见表 3.15。

旧工业建筑再生利用结构的性能评定分级标准　　表 3.15

等级	分级标准
1	设备设施安全可靠，无缺陷；可直接进行利用
2	设备设施基本安全可靠，有轻微缺陷；可局部处理后进行利用

续表

等级	分级标准
3	设备设施安全性较低，有明显缺陷；可整体加固处理后进行利用
4	设备设施安全性极低，有显著缺陷，存在严重安全隐患；必须进行拆除

设备设施是显示工业文化的重要标志，对再生利用的品质和价值提升具有重要的意义。设备设施的安全性更是关系到后期再生利用过程和运营维护过程的安全问题，因此，应该根据检测结果确定设备设施的实际状况。对于评定等级为 1 级时，设备设施安全可靠，无缺陷，可直接进行利用，可在原位置进行保留，亦可进行移位进行保护；对于评定等级为 2 级时，设备设施基本安全可靠，但由于年代久远，存在腐蚀锈蚀等轻微缺陷，可进行除锈，涂漆等局部处理后进行利用；对于评定等级为 3 级时，设备设施安全性较低，有明显缺陷，在保证安全性的前提下可整体加固处理后进行利用，但出于安全考虑，尽量原位保留；对于评定等级为 4 级时，设备设施安全性极低，有显著缺陷，存在严重安全隐患，必须进行拆除不予保留。

3.5　工程案例分析

3.5.1　项目概况

沈阳自行车厂电镀车间位于沈阳市铁西区，总建筑面积约为 2000m^2，建筑物总高度为 10.88m。

该工程主体结构主跨为单层混凝土排架柱结构，附属跨为钢结构排架柱结构。采用柱下独立基础，主跨屋面采用三角形钢屋架和混凝土屋架及混凝土屋面。该工程于 20 世纪 70 年代设计、施工，竣工后一直使用至今，未进行过改造或加固处理。

3.5.2　检测评定过程

（1）检测依据

① 甲乙双方签订的本工程技术服务合同书；② 甲方提供的该工程部分设计图纸；③《建筑结构检测技术标准》GB/T 50344—2004；④《混凝土结构现场检测技术标准》GB/T 50784—2013；⑤《回弹法检测混凝土抗压强度技术规程》JGJ/T 23—2011；⑥《混凝土结构加固设计规范》GB 50367—2013；⑦《建筑变形测量规程》JGJ/T 8—1997；⑧其他相关技术标准。

（2）检测仪器及编号

①HILTI 钢筋探测仪（RV10 型）；② 混凝土回弹仪激光测距仪；③ 激光测距仪；④ 贯入仪；⑤砖回弹仪；⑥其他相关辅助检测工具等。

（3）现场检测

1）轴网、构件布置检测

依据结构设计图纸对该工程的结构构件布置、轴线定位尺寸及层高进行了全面调查检测，调查检测发现，该工程结构构件布置、轴线定位尺寸及层高均符合原设计图纸，位于C轴一侧续建一跨。

2）地基基础勘察

检查过程中未发现基础不均匀沉降造成的主体结构构件变形、围护墙体开裂等，建筑物无明显倾斜、变位等异常现象，地基基础工作正常。

3）结构构件外观质量勘察

检查过程中发现多数排架柱存在因钢筋锈蚀出现的钢筋保护层开裂、脱落，钢筋锈蚀严重；局部屋面预制板破损，板底钢筋保护层脱落漏筋；部分钢屋架未发现较大变形和位移，但杆件锈蚀严重。混凝土屋架未发现开裂及严重变形，构件基本完好。部分非承重墙出现严重开裂。

4）排架柱混凝土强度检测

依据《建筑结构检测技术标准》GB/T 50344—2004的相关要求，对该工程排架柱混凝土现龄期抗压强度进行批量检测。现场对排架柱随机抽取10根构件进行检测，抽检样本构件按照《回弹法检测混凝土抗压强度技术规程》JGJ/T 23—2011中回弹法的要求进行测量，并按《混凝土结构加固设计规范》GB 50367—2013附录B的要求进行三弹值龄期修正，详细检测结果见表3.16。

混凝土现龄期抗压强度推定结果　　表3.16

构件	构件数量（n）	强度换算			龄期修正系数	强度推定值	强度设计值
		平均值	标准差	平均碳化修正			
排架柱	10	26.2	1.75	≥ 6	0.86	20.1	—

由表3.16可知，该工程排架柱混凝土现龄期抗压强度推定值为20.1MPa，改造设计时排架柱可按C20进行复核计算。

5）墙体烧结普通砖抗压强度检测

现场采用回弹法检测墙体烧结普通砖抗压强度，将该工程墙体砌筑用烧结普通砖作为一个检测批，依据《建筑结构检测技术标准》GB/T 50344—2004的有关要求，每个检测批现场抽取50块砖，每块布置5个测点进行检测，具体结果见表3.17。

由表3.17知：该工程墙体烧结普通砖现有抗压强度推定区间为9.9MPa ~ 10.5MPa，改造设计时墙体烧结普通砖可按MU10进行复核计算。

烧结普通砖抗压强度检测结果　　表 3.17

构件名称	样本容量	强度平均值（MPa）	强度标准差（MPa）	推定系数 K（0.05）	强度推定区间	
					上限值（MPa）	下限值（MPa）
墙	50	10.2	1.23	0.23710	10.5	9.9

6）墙体砌筑砂浆强度检测

该工程现场随机抽取内墙砂浆进行检测，现场采用贯入法检测砌筑砂浆抗压强度，将该工程墙体砌筑砂浆作为一个检测批，依据《贯入法检测砌筑砂浆抗压强度技术规程》JGJ/T 136—2001 的有关要求，每个检测批现场抽取 6 片墙体进行检测，具体结果见表 3.18。

砂浆抗压强度检测结果表　　表 3.18

测区位置	序号	砌筑砂浆抗压强度换算值 f_{c2}（MPa）	砂浆抗压强度推定值 $f_{c2,e}$（MPa）	备注
墙体	1	1.5	$f_{c2,e1}$=1.5MPa $f_{c2,e2}$=1.6MPa $f_{c2,e}$=1.5MPa	$f_{c2,e1}$—抗压强度换算值的平均值 $f_{c2,e2}$—抗压强度换算值的最小值 /0.75
	2	1.8		
	3	1.3		
	4	2.2		
	5	1.2		
	6	1.5		

由表 3.18 知：该工程墙体砌筑砂浆抗压强度推定值为 1.5MPa，改造设计时墙体砌筑砂浆可按 M1.0 进行复核计算。

7）排架柱、边梁截面尺寸及配筋检测

由于该工程结构设计图纸缺失，故现场对部分混凝土构件截面尺寸和钢筋配置进行检测，现将排架柱、边梁截面尺寸及钢筋配置等情况进行检测，相关技术参数测量后绘制于结构恢复图纸中，如图 3.14 所示。

3.5.3　检测评定结论

根据现场勘查、检测及综合分析，检测评定结果如下：

(1）该工程结构构件布置、轴线定位尺寸和层高均符合原设计图纸，位于 C 轴一侧续建一跨。

(2）检查过程中未发现基础不均匀沉降造成的主体结构构件变形、承重墙体开裂等建筑物无明显倾斜、变位等异常现象，地基基础工作正常。

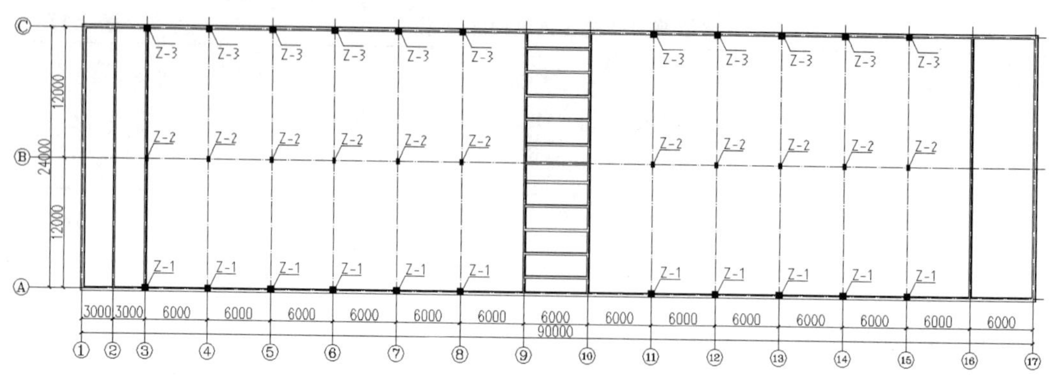

图 3.14　一层部分结构布置恢复图

（3）检查过程中发现多数排架柱存在因钢筋锈蚀出现的钢筋保护层开裂、脱落，钢筋锈蚀严重；局部屋面预制板破损，板底钢筋保护层脱落漏筋；部分钢屋架未发现较大变形和位移，但杆件锈蚀严重；混凝土屋架未发现开裂及严重变形，构件基本完好；部分非承重墙出现严重开裂。

（4）该工程排架柱混凝土现龄期抗压强度推定值为 20.1MPa，改造时可按 C20 进行复核计算。

（5）该工程墙体烧结普通砖抗压强度推定区间为 9.9MPa ～ 10.5MPa，改造设计时墙体烧结普通砖可按 MU10 进行复核计算。

（6）该工程墙体砌筑砂浆抗压强度推定值为 1.5MPa，改造设计时墙体砌筑砂浆可按 M1.0 进行复核计算。

（7）由于该工程缺失部分结构设计图纸，现将框架柱、边梁配筋及截面尺寸等相关技术参数测量并绘制图纸。

鉴于该工程现状并结合检测结果，建议在后期改造时应对排架柱、受损屋面板、钢屋架等构件进行处理，确保结构安全。

第4章　再生利用项目规划与建筑设计

旧工业建筑再生利用项目规划与建筑设计直接反映园区的区容区貌和建筑的实体个性，直接关系到再生利用的科学性、投资的合理性、作用的大小和效益的好坏，也直接关系到旧工业建筑再生利用的可持续发展。在确定再生模式的基础上，园区规划设计主要是对园区的整体功能、交通结构、生态环境和网络系统等各个方面进行整合重组、优化设计，单体建筑设计主要是考虑再生利用建筑满足新的功能要求，保证再生利用过程保留既有建筑工业气息，同时对建筑环境也要做一定要求。

4.1　基础知识

4.1.1　规划与建筑设计主要内涵

（1）相关概念

规划设计是指对项目进行较具体的规划或总体设计，综合考虑政治、经济、历史、文化、民俗、地理、气候、交通等多项因素，完善设计方案，提出规划预期、愿景及发展方式、发展方向、控制指标等理论。建筑设计是指建筑项目实施之前，根据项目要求和所给定的条件确立的项目设计主题、项目构成、内容和形式的过程。

旧工业建筑再生利用规划与建筑设计特指为改变原有旧工业厂区的功能定位，对其园区及建筑单体进行设计，以满足再生的需求。旧工业建筑再生利用规划与建筑设计应先进行潜力分析，对有再生潜力的旧工业建筑选择合理的再生模式，根据再生模式进行园区规划设计和单体建筑设计。

（2）主要分类

旧工业建筑再生利用项目的规划与建筑设计主要包括三方面的内容：

1）再生模式选择

旧工业建筑再生利用模式选择应遵循经济、社会、环境综合效益最大化的原则，对影响再生利用的特征因素进行全面分析，以选择适合厂区特色的再生利用模式。

2）园区规划设计

旧工业区再生利用园区规划设计的目的是规范旧工业区原有风貌和现有要素，通过整体设计，保护地域文化，挖掘经济潜力，保护生态平衡，推动园区经济、社会和生态等可持续发展。园区规划设计应包括场地功能分区、建筑布置、交通组织规划、消防设施配置、供配电设计、给水排水管道设置、场地环境设计等。

3）单体建筑设计

旧工业建筑再生利用单体建筑设计主要是指对已经建成并失去原使用功能并闲置的工业建筑及其附属建筑按照再生设想，进行方案设计并用图纸和文件表达出来。单体建筑设计应包括：空间设计、立面设计、景观设计、节能设计、消防设计和其他设计等。

（3）工作内容

1）调查、搜集和分析研究旧工业区规划与建筑设计工作所必需的基础资料。

2）确定旧工业区的性质和发展模式，拟定旧工业区发展的各项技术、经济指标。

3）合理选择旧工业区各项建设用地，拟定规划布局结构。

4）确定旧工业区基础设施的建设原则和实施的技术方案，对其环境、生态以及防灾等进行安排。

5）拟定再生利用原则、步骤和方法，拟定新区发展的建设分期等。

6）拟定旧工业区建设艺术布局的原则和设计方案。

7）安排旧工业区的各项近期建设项目，为各单项工程设计提供依据。

（4）基本原则

1）总体性原则。科学的旧工业区规划，应当同本地区的省、市、区、县、镇的经济社会发展战略及长期规划相衔接，成为发展战略及长期规划的一个重要组成部分。随着市场经济发展，金融、劳力、技术、房地产和信息等新的市场体系的逐步形成，旧工业区的规划必须考虑到人口、经济、社会、科技文化、环境的现状和特点，在综合考虑的基础上做出规划。

2）协调性原则。所谓协调性就是全面协调发展。其中包括经济、社会环境的协调，一、二、三产业的协调，各个产业与基础设施的协调，物质文明与精神文明的协调等。同时，还应注重生态承载力，即考虑人、建筑及环境之间的协调与有机统一，寻求一种动态的平衡，以构成一种人工和生态的良性循环。

3）超前性原则。旧工业区的规划必须超越传统观念的束缚和小生产意识的影响，必须有科学的超前性，立足“大流通、大市场、大格局”和“面向市场、面向未来、面向现代化”的高度来编制规划。避免刚刚建设，又迅速落后，再花更大的代价重新改建。当然超前性不等于超越客观条件的蛮干，而是要眼光放远，结合当地实际，循序渐进，分步到位。

4）合理性原则。一方面是布局要合理，既包括大中小城市要分布合理，相互衔接，又包括空间分布要合理。城市太密集的地区应采取分散为主的思路，将重点放在大城市的扩散发展上。以中心城市为核心，引导大城市的传统产业向小城市和旧工业区转移。促进大城市产业结构调整和升级，形成大、中、小城市协调发展的城市体系。

5）特色性原则。不同地区的自然环境、地理位置、交通条件、人文历史、经济结构、

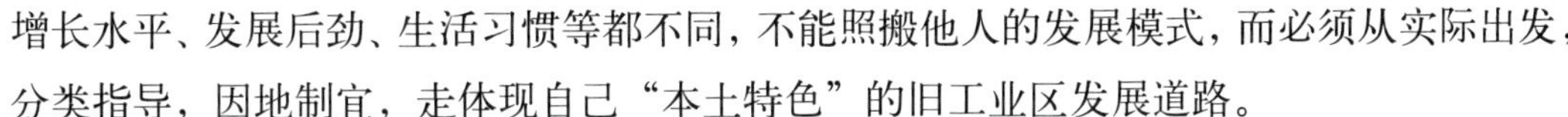

增长水平、发展后劲、生活习惯等都不同，不能照搬他人的发展模式，而必须从实际出发，分类指导，因地制宜，走体现自己“本土特色”的旧工业区发展道路。

① 地方特色。就是要利用山林绿地、河流水面、文物古迹、民俗风情和有浓厚地方特色的城市标志来突出地方特色。

② 产业特色。就是要根据当地资源和支柱产业发展情况来确定旧工业区建设的特色。如竹木城、矿业城、旅游城等。

③ 建筑特色。要利用城市的道路、区域标志及造型、质感和色彩来构成旧工业区的个性特色。

（5）资料收集

1）地质资料

工程地质，即旧工业区所在地域的地质构造（断层、褶皱等），地面土层物理状况，规划区内不同地段的地基承载力以及滑坡、崩塌等基础资料；地震地质，即旧工业区所在地区断裂带的分布及地震活动情况，规划区内地震烈度区划等基础资料；水文地质，即规划区地下水的存在形式、储量、水质开采及补给条件等基础资料。

2）测量资料

测量资料主要包括工业区平面控制网、高程控制网、城市地下工程及地下管网专业测量图以及编制规划必备的各种比例尺地形图等。

3）气象资料

气象资料主要包括风向、风速、污染系数、日照、气温等。

① 风向。表示风向最基本的一个特征指标是风向频率，即累计某一风向发生次数与累计风向的总次数的百分比。把一定时期内对风向频率的观测结果用图案的形式表达出来就是风向玫瑰图。它可以使人对该地某一时期不同的风向频率的大小一目了然，是旧工业区规划布局的依据。风向玫瑰图是经过实测绘制，一般可以由当地的气象部门提供。

② 风速。风速就是空气流动的速度。风速的快慢决定了风力的大小，风速越快，风力就越大，反之亦然。规划工作中使用的风速是平均风速。把各个方向的风的平均风速用图案的方式表达出来，这就是风速玫瑰图。它也是通过实测绘制而成的，一般与风向玫瑰图绘制在一起，可以由当地的气象部门提供。

③ 污染系数。污染系数就是表示某一方位风向频率和平均风速对其下风地区污染程度的数值。某一风向频率愈大，则其下风向受污染机会愈多；某一风向的风速愈大，则稀释能力愈强，污染愈轻，可见污染的程度与风频成正比，与风速成反比。因此，污染系数由下列公式表示为：

$$污染系数 = 风向频率 / 平均风速$$

④ 日照。在旧工业区规划中，确定道路的方位、宽度，建筑物的朝向、间距以及建筑群的布局，都要考虑日照条件。

⑤气温。不同地区、不同海拔、不同季节、不同时间，气温都不相同，所以要收集当地历年的气温变化情况，可对旧工业区的用地选择、绿地规划、建筑布置、采暖规划、工程施工等提供参考。

4）水文资料

水文是指旧工业区所在地区的水文现象，如降水量、河湖水位、流量、潮汐现象以及地下水情况等。

① 降水量。包括单位时间内的降水量，有平均降水量、最高降水量、最低降水量、降雨强度等。降水量是工业区排水、江河湖海地区的工业区的防洪、江河治理等的依据。

② 洪水。主要了解近百年内各河段历史洪水情况，包括洪水发生的时间、过程、流向情况，灾害及河段水位的变化。在山区还应注意山洪暴发时间、流量以及流向。

③ 流量。流量指各河段在单位时间内通过某一横断面的水量，以 m^3/s 为单位。需要了解历年的变化情况和一年之内各个不同季节流量变化情况，如洪水季节的最大流量、枯水期的流量、平均流量等。

④ 地下水。主要搜集有关地下水的分布、运动规律以及它的物理、化学性质等资料。地下水可分为上层滞水、潜水和承压水三类，前两类在地表下浅层，主要来源是地面降水渗透，因此与地面状况有关。潜水的深度各地情况相差悬殊。承压水因有隔水层，受地面影响小，也不易受地面污染，具有压力，因此常作为旧工业区的水源。

水源对旧工业区规划和建设有决定性的影响，如水量不足，水质不符合饮用标准，就限制了旧工业区的建设和发展。以地下水作为旧工业区的水源，但不能盲目、无计划地采用，这样会造成地下水位下降、水源枯竭，甚至地面下沉。

5）历史资料

历史资料主要包括旧工业区的历史沿革、城址变迁、建设区的扩展以及工业区规划历史等。

6）旧工业区分布与人口资料

旧工业区分布资料包括区域发展概况、分布状况和相互间的关系，以及旧工业区分布存在的问题。

旧工业区的人口资料包括总人口数、总户数、人口构成、人口年龄构成、人口自然增长率、人口机械增长率、劳动力情况及从业率等。

7）区域自然资源

区域自然资源主要包括矿产资源、水资源、燃料动力资源、生物资源及农副产品资源的分布、数量、开采利用价值等。

8）旧工业区土地利用资源

旧工业区土地利用资源主要包括现状及历年土地利用分类统计、用地增长状况、建设区内各类用地分布状况等。

9）工矿企事业单位的现状及规划资料

工矿企事业单位的现状及规划资料主要包括用地面积、建筑面积、产品产量、产值、职工人数、用水量、运输量及污染情况等。

10）交通运输资料

交通运输资料主要包括对外交通运输和对内交通的现状和发展预测（用地、职工人数、客货运量、流向、对周围地区环境的影响以及园区道路、交通设施等）。

11）建筑物现状资料

建筑物现状资料主要包括现有主要工业建筑的分布情况、用地面积、建筑面积、建筑质量等，现有住宅建筑的情况以及住房建筑面积、居住面积、建筑层数、建筑密度、建筑质量。

12）工程设施资料

工程设施资料是指市政工程、公用事业的现状资料，主要包括场站及其设施的位置与规模、管网系统及其容量、防洪工程、消防设施等。

13）环境资料

环境资料主要包括环境监测成果，各厂矿、单位排放污染物的数量及危害情况，城市垃圾的数量及分布，其他影响城市环境质量有害因素的分布情况及危害情况，地方病及其他有害居民健康等环境资料。

4.1.2　规划与建筑设计工作流程

旧工业建筑再生利用规划与建筑设计的基本流程如图 4.1 所示。

（1）初步准备

包括熟悉合同，工作计划和项目基础条件三项内容，熟悉合同是为了了解委托方的要求；工作计划能合理安排时间和技术人员；项目基础条件包括现状地形图等。

（2）现状分析与资料收集

1）现状分析

① 在详尽的现状调研基础上，梳理地区现状特征和规划建设情况，发现存在问题并分析其成因，提出解决问题的思路和相关规划建议。

② 从内因、外因两方面分析地区发展的优势条件与制约因素，分析可能存在的威胁与机遇。

③ 对现有重要公共设施、基础设施、重要企事业单位等用地进行分析论证，提出可能的规划调整动因、机会和方式。

④ 基本分析内容应包括：区位分析、人口分布与密度分析、土地利用现状分析、建筑现状分析、交通条件与影响分析、城市设计系统分析、现状场地要素分析、土地经济分析等，根据规划地区的建设特点可适当增减分析内容，并根据地方实际需求，在必要

的条件下针对重点内容进行专题研究。

⑤ 现状分析内容、成果、图纸及研究报告编入规划成果附件。

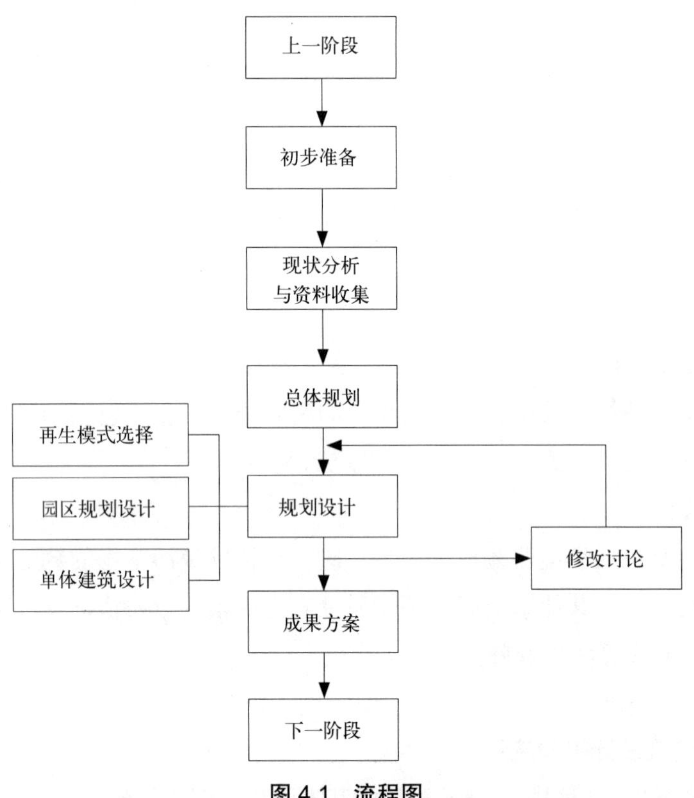

图 4.1 流程图

2）基础资料搜集的基本内容

① 规划范围已经编制完成的各类详细规划及专项规划的技术文件；

② 地方规划编制实施细则、管理技术规定、统一技术措施等规划编制和管理文件，地方规划与建筑管理相关标准；

③ 准确反映近期现状的地形图（1∶1000 ～ 1∶2000），相关遥感信息地图和影像图；

④ 规划范围现状人口详细资料，包括人口密度、人口分布、人口构成等；

⑤ 土地利用现状资料（1∶1000 ～ 1∶2000），规划范围及周边用地情况，土地产权与地籍资料，包括城市中划拨用地、已批在建用地等资料，现有重要公共设施、城市基础设施、重要企事业单位、历史保护、风景名胜等资料；

⑥ 已经批准（或正在编制）的城市总体规划与分区规划的技术文件及相关规划成果；

⑦ 道路交通（道路定线、交通设施、交通流量调查、公共交通、步行交通等）现状资料及相关规划资料；

⑧ 市政工程管线（市政源点、现状管线等）现状资料及相关规划资料；

⑨ 公共安全及地下空间利用现状资料；

⑩ 建筑现状（各类建筑类型与分布、建筑面积、密度、质量、层数、性质、体量以及建筑特色等）资料；

⑪ 土地经济（土地级差、地价等级、开发方式、房地产指数）等现状资料；

⑫ 其他相关（城市环境、自然条件、历史人文、地质灾害等）现状资料。

（3）总体规划

根据《城市规划基本术语标准》GB/T 50280—1998 3.0.10 条解释：总体规划是指“对一定时期内城市性质、发展目标、发展规模、土地利用、空间布局以及各项建设的综合部署和实施措施。”

在旧工业建筑再生利用方面，总体规划特指对旧工业区的总体规划。总体规划是详细规划的依据，详细规划是旧工业区建设实施的依据。两者既不能相互替代，也不能混为一体，总体规划的期限一般为 20 年。

（4）规划设计

规划设计过程中需要与委托方及政府反复进行交流，然后反复修改完善，其主要内容包括在再生模式选择、园区规划设计、单体建筑设计等。

1）根据规范、依据、SWOT 分析提出指导思想；

2）目标是解决现状问题、明确定位；

3）依托总规路网初步确定用地功能结构，结合设计思想调整用地功能、结构优化、完善道路系统与用地布局、设施分配与布置。

4.1.3　规划与建筑设计成果表达

（1）规划设计成果表达

1）规划用地位置图（区位图）（比例不限）

规划用地位置图应标明规划用地在城市中的地理位置，与周边主要功能区的关系，以及规划用地周边重要的道路交通设施、线路及地区可达性情况。

2）规划用地现状图（比例 1∶2000）

规划用地现状图应标明土地利用现状、建筑物现状、人口分布现状、公共服务设施现状、市政公用设施现状。

① 土地利用现状包括标明规划区域内各类现状用地的范围界限、权属、性质等，用地分至小类；

② 人口现状指标明规划区域内各行政辖区边界人口数量、密度、分布及构成情况等；

③ 建筑物现状包括标明规划区域内各类现状建筑的分布、性质、质量、高度等；

④ 公共服务设施、市政公用设施现状标明规划区内及对规划区域有重大影响的周边地区现有公共服务设施（包括行政办公、商业金融、科学教育、体育卫生、文化娱乐等建筑）

类型、位置、等级、规模等，道路交通网络、给水电力等市政工程设施、管线的分布情况等。

3）土地使用规划图（比例 1 : 2000）

规划各类用地的界线，规划用地的分类和性质、道路网络布局，公共设施位置；须在现状地形图上标明各类用地的性质、界线和地块编号，道路用地的规划布局结构，标明市政设施、公用设施的位置、等级、规模，以及主要规划控制指标。

4）道路交通及竖向规划图（比例 1 : 2000）

确定道路走向、线型、横断面、各支路交叉口坐标、标高、停车场和其他交通设施位置及用地界线，各地块室外地坪规划标高。

① 道路交通规划图

在现状地形图上，标明规划区内道路系统与区外道路系统的衔接关系，确定区内各级道路红线宽度、道路线型、走向、标明道路控制点坐标和标高、坡度、缘石半径、曲线半径、重要交叉口渠化设计；轨道交通、铁路走向和控制范围；道路交通设施（包括社会停车场、公共交通及轨道交通站场等）的位置、规模与用地范围。

② 竖向规划图

在现状地形图上标明规划区域内各级道路围合地块的排水方向、各级道路交叉点和转折点的标高、坡度、坡长，标明各地块规划控制标高。

5）公共服务设施规划图（比例 1 : 2000）

标明公共服务设施位置、类别、等级、规模、分布、服务半径，以及相应建设要求。

6）工程管线规划图（比例 1 : 2000）

各类工程管网平面位置、管径、控制点坐标和标高、具体分为给水排水、电力、通信、热力、燃气、管线综合等。必要时可分别绘制。

7）控制性详细规划文件包括规划文本和附件，规划说明及基础资料收入附件。规划文本中应当包括规划范围内土地使用及建筑管理规定。

（2）建筑设计成果表达

1）改造建筑设计说明

① 建筑改造方案的设计构思和特点；

② 建筑改造的平面和竖向构成，包括建筑群体和单体的空间处理、立面造型和环境营造、环境分析（如日照、通风，采光）等；

③ 关于无障碍、节能和智能化设计方面的简要说明；

④ 投资估算表：投资估算表以一个单项工程为编制单元，由土建、给水排水、电气、通风、空调、动力等单位工程的投资估算和土石方、道路、广场、围墙、大门、室外管线、绿化等室外工程的投资估算两大部分内容组成。编制内容可参照有关建筑工程概预算文件。

2）建筑设计图纸

① 平面图应表示的内容：改造后各楼层平面；改造后各主要使用房间的名称；改造后结构受力体系中的柱网、承重墙位置；改造后各楼层地面标高、屋面标高；底层平面图应标明剖切线位置和编号；

② 立面图应表示的内容：改造后各立面图，标注建筑材料；改造后各主要部位和最高点的标高或主体建筑的总高度；

③ 剖面图应表示的内容：改造后各层标高及室外地面标高，改造后室外地面至建筑檐口（女儿墙）的总高度；

④ 表现图（透视图、鸟瞰图）：总体鸟瞰图 1 张；若干典型建筑的人视点透视图，每栋建筑不少于 2 张，典型建筑屋顶俯视图 1 张。

3）改造后主要建筑单体模型（1 : 50）

4）机电设计

① 设备专业方案设计说明；

② 根据相关规范审查改造后建筑方案设计；

③ 根据设计标准及国家规划，提出设备专业的条件及要求。

5）景观设计

① 设计说明：说明景观设计的原则和依据；进行场地用地适宜性分析说明如何因地制宜进行景观设计，根据原厂区景观、地形、水源以及环境保护等要求进行竖向设计、布置绿地、配置植物等；解释、说明环境景观设计和绿地布置方案；技术经济指标表；景观工程预算。

② 设计图纸

景观用地现状图（可与规划现状图合二为一）。标明自然地形地貌、道路、绿化、水体、工程管线及各类用地建筑的范围、性质、层数、质量等。

景观总平面图。图上应表明规划建筑基底以外的草地、林地、道路、铺装、水体、停车、重要景观小品、雕塑的位置、范围；应标明主要空间、景观、构筑物、道路的尺寸和名称。

道路规划图。图上应标明道路的红线位置、横断面，道路交叉点坐标、标高、坡向坡度、长度、停车场用地界线。

场地剖面规划图。标明不同高度地块的范围、相对标高以及高差处理方式；挡土墙、护岸等的位置及尺寸。

种植设计图。标明主要植物种类、种植数量及规格，附主要苗木种植表。

铺装设计图。活动场地等硬质铺装的布局、铺装效果、铺装材料等。

照明及安装表达设计意图的效果图。包括总体鸟瞰图 1 张、夜景效果图 1 张、重要景点效果若干、特色景点效果图若干、反映设计意图的局部放大平、立、剖面图及相关图片、重要节点效果图若干。

改造为商业街、景观水渠的设计要单独出效果图。其中商业街要求俯视图 1 张，商业街外部和内部透视效果图各 1 张。景观水渠的效果图 5 张以上，全方位表达水景的设计效果。

景观局部分析示意图。

效果图的精度要达到能够打印大幅面室外广告的要求。

4.2 再生模式选择

4.2.1 再生模式类型

旧工业建筑再生利用模式较多，常见的基本模式有以下几种：

（1）单一模式

1）商业场所。以商业、休闲、金融、保险、服务、信息等为主要业态的公共建筑；旧工业建筑经改造和空间划分，可适应多种商业空间，历史底蕴和工业美感使其更具有商业特色，如图 4.2 所示。

2）办公场所。将旧工业建筑空间进行分隔改造形成的提供固定工作的场所；以大空间、多人共同办公的工作方式取代单一小隔间单人独自办公工作方式，顺应办公方式转变，如图 4.3 所示。

图 4.2　深圳艺象 iDTown 设计酒店

图 4.3　德国 BwLIVE 办公室

3）场馆类建筑。指包括观演建筑、体育建筑、展览建筑等空间开敞的公共建筑；以建筑结构大空间及历史感为基础，实现馆内功能灵活划分，满足不同场馆要求，如图 4.4 所示。

4）居住类建筑。将旧工业建筑改造为住宅式公寓、酒店式公寓、城市廉租房等居住建筑；将旧工业建筑改造为多层小空间组合，提升土地利用率，如图 4.5 所示。

图 4.4　南昌 699 艺术中心

图 4.5　荷兰 Deventer 某旧工业区住宅

5）遗址景观公园。将具备历史文化价值的旧工业建筑、设备等的保护修复与景观设计相结合，对旧工业区重新整合形成的公共绿地；以工业废弃地生态恢复为基础，构建公园绿地场所，延续场地文脉，将人类活动重新引入，如图 4.6 所示。

6）教育园区。将旧工业建筑改造为教室、图书馆、食堂、宿舍等教育配套设施，与旧工业区的整体环境设计相结合，形成的教育园区。以旧工业区的整体环境为依托，形成良好的文化氛围，如图 4.7 所示。

图 4.6　德国鲁尔工业区

图 4.7　西安建筑科技大学华清学院

（2）综合模式

1）创意产业园。以文化、创意、设计、高科技技术支持等业态为主的产业园区；以旧工业区历史文化和艺术表现为基础，延续城市建筑多样性，维持城市活力，联带创意产业共同发展，如图 4.8 所示。

2）特色小镇。集合工业企业、研发中心、民宿、超市、主题公园等多种业态，功能完备、设施齐全的综合区域。依据遗留特色建筑，以旅游休闲为导向，集商业、旅游、文化休闲、交通换乘等功能于一体，如图 4.9 所示。

图 4.8　南昌 699 文化创意园

图 4.9　芝加哥海军码头

4.2.2　再生模式影响因素

影响再生模式的特征因素包括园区占地面积、建筑系数、建筑结构形式、层数、层高、区域功能、区域交通便利程度、区域经济发达程度、区域社会文明程度、区域生态环境状况等。为了便于再生模式选择，将各特征因素分为 A、B、C、D 四类，具体内容见表 4.1。

影响再生模式的特征因素及分类　　表 4.1

影响因素、分类	A 类	B 类	C 类	D 类
旧工业区占地面积	面积 10 万 m^2 及以上	面积 1 万 m^2 及以上，10 万 m^2 以下	面积 1 万 m^2 以下	—
建筑系数	建筑系数 30% 以下	建筑系数 30% 及以上，50% 以下	建筑系数 50% 及以上	—
建筑结构形式	钢筋混凝土结构	钢结构	砌体结构	—
层数	单层	双层	多层	—
层高	层高 12m 及以上	层高 6m 及以上，12m 以下	层高 6m 以下	—
区域功能	旧工业区处于行政或商业办公区域	旧工业区处于生活居住区域	旧工业区处于商业休闲消费区域	旧工业区处于旅游、遗址或生态保护区域
区域交通便利程度	旧工业区出入口到达公共交通站点的距离 500m 以下	旧工业区出入口到达公共交通站点的距离 500m 及以上，800m 以下	旧工业区出入口到达公共交通站点的距离 800m 及以上	—
区域经济发达程度	区域经济发达	区域经济一般	区域经济欠发达	—
区域社会文明程度	人文、教育、公共卫生环境良好，区域社会安定和谐	人文、教育、公共卫生环境一般，区域社会较安定和谐	人文、教育、公共卫生环境较差，区域社会安定和谐状况较差	—
区域生态环境状况	生态环境良好。绿化覆盖率 30% 及以上，空气、水资源等良好	生态环境一般。绿化覆盖率 15% 及以上、30% 以下，空气、水资源等一般	生态环境较差。绿化覆盖率 15% 以下，空气、水资源等较差	—

4.2.3 再生模式确定

通过对再生模式影响因素进行整理分析，结合项目的具体情况，进行再生模式的确定。

(1) 基本模式

1) 商业场所。可用于建筑系数 50% 及以上，单层或双层建筑，处于商业休闲消费区，经济发达，主要出入口到达公共交通站点距离小于 500m，且社会文明程度较高的旧工业建筑的再生利用；

2) 办公场所。可用于厂区占地面积小于 1 万 m^2，建筑系数 50% 及以上，多层建筑，距离行政或商业办公区较近，主要出入口到达公共交通站点距离小于 800m，经济发达程度较高，社会文明程度及生态环境状况良好的旧工业建筑的再生利用；

3) 场馆类建筑。可用于建筑系数 50% 以下，层高 6m 及以上，主要出入口到达公共交通站点距离小于 500m，区域经济一般，社会文明程度及生态环境良好的旧工业建筑的再生利用；

4) 居住类建筑。可用于厂区占地面积小于 1 万 m^2，建筑系数 50% 及以上，双层或多层建筑，处于生活居住区域或商业办公区域，主要出入口到达公共交通站点距离小于 800m，社会文明程度及生态环境状况良好的旧工业建筑的再生利用；

5) 遗址景观公园。可用于厂区占地面积 10 万 m^2 以上，建筑系数 30% 以下，主要出入口到达公共交通站点距离小于 800m 的旧工业建筑的再生利用；

6) 教育园区。可用于厂区占地面积 1 万 m^2 以上，建筑系数 50% 以下，建筑结构形式较多，主要出入口到达公共交通站点距离小于 500m，社会文明程度较高的旧工业建筑的再生利用；

7) 创意产业园。可用于厂区占地面积 1 万 m^2 以上，建筑系数 50% 以下，建筑结构形式较多，主要出入口到达公共交通站点距离小于 500m，区域经济一般，社会文明程度较高且生态环境良好的旧工业建筑的再生利用；

8) 特色小镇。可用于厂区占地面积 10 万 m^2 以上，建筑系数 50% 以下，建筑结构形式较多，区域经济一般，社会文明程度较高且生态环境良好的旧工业建筑的再生利用。

(2) 组合模式

组合模式就是将传统的城市职能如交通、休息、娱乐、工作等与地区经济发展、人文与环境保护等进行高度交叠，而成为一种复合的开发模式，从而给需要综合解决多种功能的使用者带来方便。

组合模式选择时，可根据影响再生利用模式的特征类型，按表 4.2 的规定确定。

多影响因素作用下适宜组合模式选择

表 4.2

组合模式	影响因素																														
	厂区占地面积			建筑系数			结构形式			层数			层高			区域功能				区域交通便利程度			区域经济发达状况			区域社会文明程度			区域生态环境状况		
	A	B	C	A	B	C	A	B	C	A	B	C	A	B	C	A	B	C	D	A	B	C	A	B	C	A	B	C	A	B	C
创意产业园＋商业场所	✓	—	—	✓	✓	—	✓	✓	—	✓	✓	—	✓	✓	—	—	✓	✓	✓	✓	—	—	✓	—	—	✓	—	—	✓	✓	—
办公场所＋商业场所	—	✓	✓	—	✓	✓	✓	✓	✓	—	✓	✓	—	✓	✓	✓	✓	✓	—	✓	—	—	✓	—	—	✓	✓	✓	✓	✓	✓
场馆类建筑＋教育园区＋居住类建筑	✓	—	—	✓	—	—	✓	✓	✓	✓	✓	✓	✓	✓	✓	—	✓	—	—	✓	✓	—	—	✓	✓	✓	✓	—	✓	✓	—
居住类建筑＋商业场所＋场馆类建筑	✓	✓	—	✓	✓	—	✓	✓	✓	✓	✓	✓	✓	✓	✓	—	✓	✓	✓	✓	—	—	✓	✓	—	✓	✓	—	✓	✓	—
创意产业园＋教育园区＋商业场所＋居住类建筑	✓	—	—	✓	✓	—	✓	✓	✓	✓	✓	✓	✓	✓	✓	✓	✓	✓		✓	—	—	✓	✓	—	✓	—	—	✓	✓	—
场馆类建筑＋遗址景观公园	✓	—	—	✓	—	—	✓	✓	—	✓	✓	—	✓	✓	—	✓	✓	—	✓	✓	✓	—	—	✓	✓	✓	✓	—	✓	✓	✓
场馆类建筑＋商业场所＋教育园区＋创意产业园	✓	—	—	✓	—	—	✓	✓	✓	✓	✓	✓	✓	✓	✓	—	✓	✓	—	✓	—	—	✓	✓	—	✓	✓	—	✓	✓	✓

注：表中“✓”表示适用影响因素，“—”表示不适用影响因素。

4.3　园区规划设计

4.3.1　功能置换管理

（1）功能置换的价值选择

1）功能置换的显性价值

显性价值指置换后即可通过直接或间接经济收益体现的外在价值，即经济价值。厂房首先是为了满足生产生活的需要而存在，与其他普通同类建筑一样，具有作为商品的经济特性。显性价值受区位价值的影响，经济价值在商业置换后往往会大幅提高，将厂房置换为创意园区等的收益便是显性价值的体现。显性价值还体现在对周边区域的影响上，在某一旧工业区域功能置换完成之后，其周边地区的经济影响也往往大幅提升，刺激区域旅游业发展和税收增长。

2）功能置换的隐性价值

隐性价值指置换后不能即刻通过具体经济方式体现的内在价值。旧工业建筑原有的历史、艺术和科学价值都是隐性价值的体现，同显性价值一起转移到新功能体中。隐性价值还体现在对政府政策的推动方面，西方国家旧工业区拆迁后阶层失衡的问题可在置换后通过混合居住等方式得到缓和，对于旧工业建筑的公益化利用也可丰富市民的文化生活，节省建设成本。隐性价值也受到置换后功能的影响，可以为园区的传统氛围注入新的文化气息，提升了置换的隐性价值。

3）显性价值与隐性价值的平衡

显性价值和隐形价值并非固定不变，而是随着时间不断的互相转化。由于旧工业建筑特殊的传统背景、建造历史、与周边建筑的异质性，满足了某些人群的审美或经营需求，使其愿意支付部分额外的费用，因此这部分隐性价值也就转化为了显性价值，这种对隐形价值的开发也成为功能置换的新趋势。

（2）功能置换过程中的空间组织形式

1）向心式空间组织形式

向心式空间组织形式是较为普遍的空间组织模式，也是空间构成中经常用到的设计形式，具有几何形式的特点，一般以一个中心形体为主，次要空间都围绕中心主要空间呈不同功能需要的形式展开，因其主题空间具有向心性的特点，从而达到最终所形成的空间形态具有强烈的向心性，在一定程度上具有标识性的作用。

2）连续性空间组织形式

连续性空间组织形式是空间的联系方式，根据功能需要使空间之间做逐个连接，或由一个独立的形式把他们联系在一起。连续式空间的组合是根据功能、尺度在空间内连续重复的出现而构成的；或是将不同尺度和功能的空间串联起来，以一条轴线将这些空间组织起来。 连续性空间是针对功能需要而具有方向性要求的空间分配方式，例如办公空间需要由主到次，职位由高到低分配空间。

3）辐射式空间组织形式

辐射式空间组织形式是向心式空间组织形式和连续性空间组织形式的有机结合，它需要具备一个中心空间和一个向外做扩展的空间构成形式。向心式空间形态是为了强调中心空间功能和特点的组织形式，而辐射式空间形态是强调空间形式的张力，它所突出的是空间的扩展。它所要呈现的视觉感是以正方形或者矩形图案来组织出的有规律的空间延伸。让空间在围绕主要功能空间的同时产生感受的联想，让静止的空间具有韵律感，活跃气氛制造愉悦的空间体验。

4）可拆分式空间组织形式

可拆分式空间组织形式是将根据功能划分出的小空间相互连接所得到的一种空间形式。可拆分式空间组织形式具有灵活多变的特性，它是可以根据功能需要便利而进行变化但不影响其空间品质的组织形式。其中将具有相似的形状、功能特性的小空间排列到一起；也可在一个大的空间中将尺寸、形式、功能不完全相同的小空间，通过建立联系加以协调，一般可拆分式空间组织形式中没有特定的中心，因此必须通过所组织出的图形来显示空间所特有的属性。

5）错落式空间组织形式

错落式空间组织形式是指在建筑内部空间组织中根据功能需要进行艺术化处理的空间形态，可分为：

① 下降式空间

在建筑内部制造空间与空间之间的高差，造成空间下降的感受。其下降空间的标高要比其周围空间中的地面标高低，因此下降式的空间组织形式在空间体验感受上具有一定的隐蔽感、安静感、保护感和私密感。对于下降式空间的设计要根据具体的功能和建筑基础结构而定，对于高差边界的处理可以通过布置绿化、屏风、书架等具有储藏功能的装置来进行衔接。

② 举升式空间

举升式空间组合是将地面进行局部升高，从而制造出一个视觉边界感明确的空间，它与下降式空间相反，举升式所形成的空间是为了更为醒目地强调空间的形态，加强功能的识别性。还可以利用踏步直接设计成举升类的展示空间，从而产生富有变化的、新颖的空间形态。此种空间划分形式多应用于展示空间和对重点功能性加以强调的项目中。

4.3.2 道路交通布置

（1）道路交通布置的原则

旧工业建筑原厂区道路网络相对密集，缺乏系统性，多种交通方式相互交织，道路功能混杂，机动车与非机动车和行人之间缺乏有效的隔离。因此，旧工业区道路规划应按照“快慢分离、动静分区”的原则进行。具体来说包括以下几方面：

1）充分尊重既有道路的肌理

交通改善尽可能利用既有道路，适应人们的交通习惯和识别性要求，通过对道路现状的分析查找存在的问题，结合旧工业区发展对道路系统的需求，提出规划策略。

2）理顺基本关系，优化道路网络

由于旧工业区新旧建筑，工业与民用建筑交融，功能混杂，道路肌理较为丰富，交通需求存在多样化的特点，应充分考虑主干道和支路的相互配合作用，优化路网，有效疏导交通。

3）提高路网适应性，促进旧工业区可持续发展

在旧工业区道路交通规划中，要提高道路系统的适应性，使其能够满足未来发展的需要，在创造的可行性和改造的简易性等方面做动态的弹性设计。

4）注重整体协调性

其一是旧工业区道路交通规划要和城市整体交通规划相协调，其二是旧工业区内部道路规划要与园区整体风貌相协调。

（2）交通结构改善

旧工业区交通结构改善的目的在于从宏观层面对旧工业区交通状况进行考量，改善旧工业区的交通框架，使其与城市整体交通网络衔接。

1）完善周边干线道路，形成交通保护环境，限制园区机动车数量

对旧工业区周边道路的交通状况进行改善，建立分流体系，优化路网结构，缓解旧工业区过境交通干道的压力，同时引导机动车辆选择周边道路绕行。对于没有过境交通干道的旧工业区，在完善周边环线的基础上，应该采取一定措施控制进入园区的机动车数量。如在道路入口处设置限行障碍、主要出入口采用限时放行的方法等。减少园区内的交通拥挤，净化街区环境。

2）设立单行线，发展单向交通

利用单向交通来解决城市道路拥挤的办法，实施单向交通必须与路网系统和道路交通系统相协调，使之能够为城市交通系统提供良性循环。单向交通组织有三种实施模式：曼哈顿模式、伦敦模式、新加坡模式。

① 曼哈顿模式：大范围、长距离的区域性单向交通模式

该模式要求道路网络是规整的方格网，且路网密度较高。利用高密度的方格路网组织长距离、大范围的单向交通不仅有利于减少绕行，而且易于识别。该模式以曼哈顿为代表，如图 4.10 所示。

② 伦敦模式：以地块内部支路单行为主的模式

该模式往往是因园区路网不规整，多为自由形态的布局。地块被干路划分为多个较

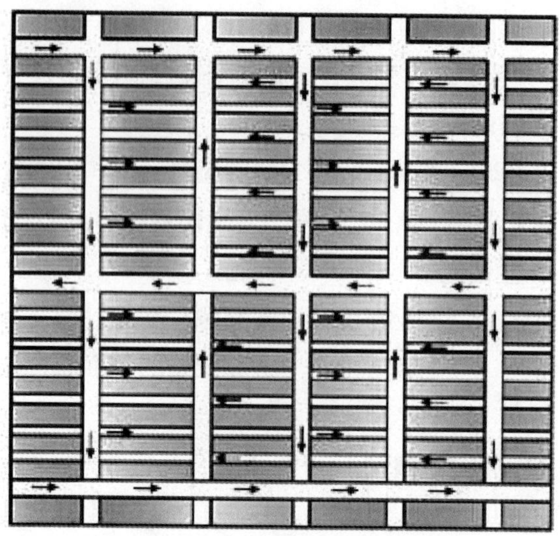
图 4.10 “曼哈顿模式”示意图

大的园区，园区内部支路系统发达且联通性较好，因此，其单向交通以内部支路为主，主要是解决内部微循环交通组织，改善交通秩序、提高效率，并为路边停车创造条件。该模式以伦敦较为典型，如图 4.11 所示。

③ 新加坡模式：干路与支路单行相结合的模式

该模式的路网布局介于上述两者之间，干路系统较为发达，路边布局也相对规整，同样也具有高密度的支路系统，因而可以根据用地与交通流特点，利用部分干路和支路组织系统的单向交通。如图 4.12 所示。

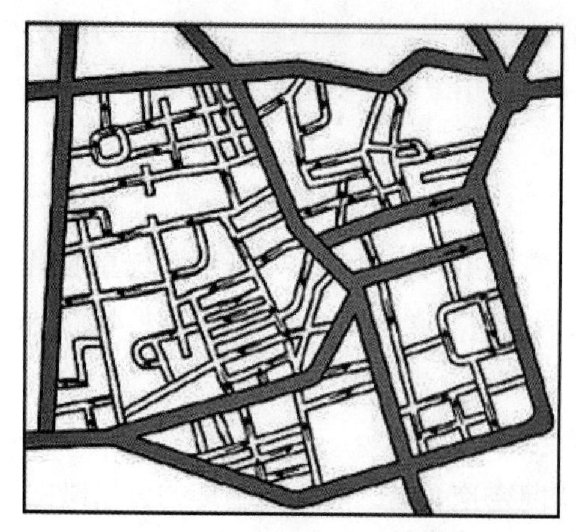
图 4.11 “伦敦模式”示意图

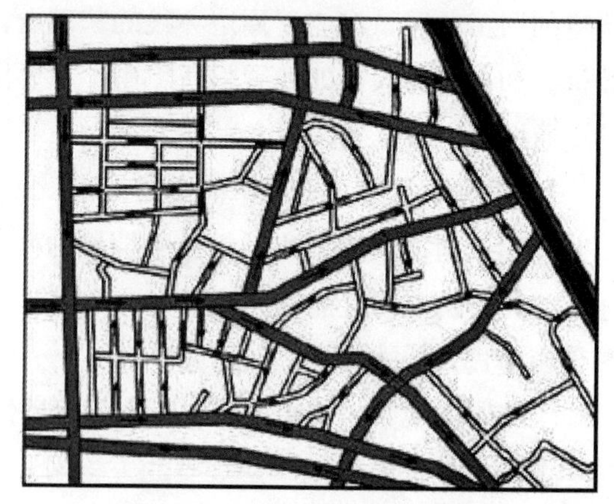
图 4.12 “新加坡模式”示意图

旧工业区内部支路路网密度较大，园区道路宽度较窄而且大多呈不规则的方格网状，支路系统发达，联通性较好，通过组织支路单向交通，达到改善交通秩序，优化内部交通微循环的目标。但是在旧工业区组织单向交通需要前期进行充分的论证，因为旧工业区受路网条件的制约，单行线之间往往缺乏有效的联系，难以发挥单向交通系统的整体效益。

3）开发建设地下空间

对于旧工业区土地利用与道路功能不协调的问题，可以通过开辟地下空间缓解交通压力，把主要交通流引入地下，在地上设置完全步行的交通空间，提高交通设施运行效率。地下空间开辟的方式有两种：轨道线路和地下机动车道路，二者既可以单独设置，也可以混合设置。经过充分论证，把旧工业区的道路交通引入地下，一方面满足城市交通发展的需要，另一方面减少机动车辆对旧工业区的干扰。

充分利用现有的停车资源，建立地面 + 地下的停车方式，将停车系统与步行、轨道交通、常规公交等有机结合，将过去“人到车到”的传统停车模式向“外部停车 + 步行 / 自行车”的模式转变，有效缓解旧工业区停车位不足的问题。

4.3.3　生态环境规划

（1）生态规划

1）提出和明确任务要求。政府规划行政主管部门作为规划编制组织单位委托具有相应资质的单位编制旧工业区生态环境规划，并提出规划的具体要求，包括规划范围、期限重点，规划编制承担单位明确任务要求，并按下述 2）～ 4）步骤进行规划编制。

2）调研与资料收集。除收集和调查分析旧工业区总体规划所需资料外，着重收集生态相关的自然状况资料和行业发展规划有关资料。重点调查相关的自然保护区、环境污染和生态破坏严重地区、生态敏感地区。

3）编制规划纲要或方案。规划纲要专家论证或方案论证（由规划编制组织单位组织，相关部门与专家参与）。在纲要或方案论证基础上补充调研和规划方案优化编制。

4）成果编制与完善。包括中间成果与最后成果的编制与完善，其间也包括成果论证和补充调研等中间环节。

5）规划行政主管部门验收规划编制单位上报成果（包括文本、说明书、图纸）并按城乡规划编制的相关法规，组织规划审批及实施。

（2）环境规划

1）旧工业区域环境条件分析。作为研究区域环境质量的背景，区域环境条件主要包括地理位置、地貌、气候、水文、土壤、植被、土地利用、人口等自然与社会经济条件。通过区域自然—社会结构与功能分析，必要时可调查和参考污染物的环境背景值，找出影响区域环境质量的主要方面。

2）污染源调查与分析。由于污染物的来源、性质、结构形态和调查目的的不同，有多种污染源评价分类。按污染形态可分为点源、线源、面源；按污染物产生源可分为自然污染源、人为污染源；人为污染源又可分为工业、农业、交通运输和生产污染源，其中工业污染源又可按工业部门分为不同部门污染源；按环境要素可分为大气、水体、土壤和生物污染源。这些评价都是在查明污染物排放位置、形式、数量及演变规律的基础上，根据其毒性、危害和环境功能考虑对环境的总的污染能力。

3）环境污染和破坏程度分析。依据区域环境调查和监测资料分析，了解其污染程度，包括污染物浓度及其时空分布，从而作出区域质量的科学评价。

4）环境自净能力研究。通过研究主要污染物在环境中的分布、浓度、变化、形态、价态、残留率和迁移转化规律，了解环境自净能力的大小。

5）对人体健康或生态系统的影响评价。原工厂大量化学物质进入环境是造成环境质量下降，并对人体健康或者生态系统造成危害或潜在危害的主要原因。通过环境医学和人体健康调查及生态系统危害调查，研究人类与环境之间的相关关系，分析环境污染对人体健康或者生态系统影响的相关性和因果关系。

6）环境承载力分析。根据区域环境空间大小、资源丰歉情况，结合当地生存现状及经济发展目标，分析环境对人口的承载能力及其对经济活动支撑能力的大小。

（3）生态规划与环境规划比较

环境规划以规划区的大气、水、噪声、固体废物的环境质量分析、评价、控制、整治等自然环境保护为主要规划内容。生态规划不仅包括自然环境资源的利用和消耗对人类生存的影响，而且包括功能、结构等内在机理的变化和发展对生态变化的影响，以经济—社会—环境复合生态系统的调控与建设为主要规划内容，见表 4.3。

旧工业区环境规划与生态规划比较 **表 4.3**

比较分项	环境规划	生态规划
规划理论基础	环境科学、城乡规划学	生态学、城乡规划学
主要规划研究内容	自然环境保护、控制环境对人类的负效应	经济—社会—环境复合生态系统的调控与建设
规划要素	以大气、水、土壤、噪声、固废等自然基质环境为主	除自然环境要素外，还包括经济、社会要素（经济的高效循环、社会关系的和谐稳定）
规划目标	为旧工业区发展提供良好的环境支持	实现经济社会、生态收益的统一、人与自然和谐、共生
规划载体	规划旧工业区载体作为与自然环境相互作用和影响的物质个体	规划旧工业区载体为经济、社会、环境构成的人工—自然复合生态系统
规划环境	主要是自然环境	包括自然环境与社会环境

4.3.4 网络系统设计

（1）给水排水系统设计

1）给水管网系统改造

① 管网布局改造

旧工业建筑再生利用项目主要以旧工业建筑为主，因此原有给水管网一方面管径较小，另一方面主要以枝状管网为主。为提高规划区的用水安全性，规划给水管网宜布置成环状网或与城镇给水管连接成环状网，环状给水管网宜采用“双管进水”，即与城镇给水管的连接管不宜少于两条。

② 管道设计流量的确定

给水管道设计流量是确定给水管网管径的主要依据。旧工业建筑再生利用规划不仅因开发建设强度得到提高导致人口数量呈倍数增长，单位人口的生活用水定额也较工企业人口有所提高，因此规划总用水量将大大提高，管道设计流量也将相应提高。考虑到大多数旧工业建筑再生利用项目的用地规模偏小，此时若仍采用最高日最高时用水量作为管道设计流量，将导致管径计算结果偏小，无法满足规划区的用水需求。因此，当旧工业建筑再生利用项目规模偏小时，规划给水管管径需考虑采用《建筑给水排水设计规范》中居住小区给水管道设计流量的计算方法来进行确定。按照《城市居住区规划设计规范》，人口在 1 ~ 1.5 万人的居住区称为居住小区。因此，当旧工业建筑再生利用项目的规划人口不大于 1.5 万人时，规划给水管网管径宜参照居住小区的管道设计流量计算方法。根据《建筑给水排水设计规范》，“居住小区的室外给水管道的设计流量应根据管段服务人数、用水定额及卫生器具设置标准等因素确定”，此时不同的用水人口将采用不同的计算方法得出管段设计流量。此外，对于规划人口规模不大于 1.5 万人的居住小区采用室外生活、消防合用的给水管道，管道设计流量还应再叠加一次火灾的最大消防流量（有消防贮水和专用消防管道供水的部分应扣除）。

③ 用水压力

由于旧工业建筑再生利用项目主要为中强度区及高强度区为主，相对原来的建设强度有较大提高，建筑层高由原来的低层和多层改变为中高层，而市政给水管网的水量和水压仅能满足多层建筑物内的生活、消防用水要求和高层建筑室外低压消防给水系统的要求，不能满足高层建筑内的生活和消防用水要求，因此规划还应根据建筑高度配置相应的给水加压泵站，以满足用户生活用水要求及消防用水要求。

2）排水管网系统改造

① 排水体制的选择

由于旧工业建筑再生利用规划一般是对包括用地及所属建筑的全面更新，因此改造项目均按照分流制进行控制，这将有利于远期城市更新的排水系统改造，实现从建筑内部到市政排水系统的完全分流。

② 雨水工程规划研究

规划雨水管根据道路系统的调整相应调整管线的走向，并根据调整后雨水管的汇水面积、地面类型等重新确定雨水管管径、坡度及管底设计标高等。a. 汇水面积应将规划区范围全部纳入并适当扩大，避免周边原有排水系统由于排水能力不足或淤积堵塞等原因造成规划区排水不畅；b. 旧工业建筑再生利用规划实施后，规划区的地面形态及地面种类组成相对改造前将有较大变化，规划应结合地块竖向设计、规划绿地率等因素合理确定地面集水时间及径流系数；c. 雨水管网的设计重现期也应较旧工业建筑再生利用前有所提高，根据现行《室外排水设计规范》GB 50014，雨水管网设计重现期应适当提高。

(2) 电力系统设计

不同旧工业园区负荷分布情况差别很大，区域电力系统向园区供电的经济合理范围应通过技术经济比较的方法确定，并应主要考虑以下方面：原厂区电力系统现状与规划，与园区电力负荷中心的距离、建设投资和运行费用以及网损率等；园区及周边建小型电站条件与经济合理性。

1) 园区送电网设计

送电网应能接受电源点的全部容量，并能满足供应变电所的全部负荷。当园区负荷密度不断增长时，增加变电所数量可以缩小供电片区面积，降低线损，但须增加变电投资，如扩建现有变电所容量，将增加配电网的投资。当旧工业园区现有供电容量严重不足或者旧设备需要全面进行改造时，可采取电网升压措施。电网升压改造是扩大供电能力的有效措施之一，但应结合远景规划，注意做好以下工作：

① 研究现有工业区供电设施，全部进行升压改造的技术经济合理性；

② 制订升压改造中应有的有关技术标准，升压后应保证电网的供电可靠性；

③ 在升压过渡期间，应有妥善可靠的技术组织措施。

2) 配电网改造

高压配电网架应与二次送电网密切配合，可以互馈容量。配电网架的规划设计与二次送电网相似，但应有更大的适应性。高压配电网架宜按远期规划一次建成，一般应在20年内保持不变。当负荷密度增加到一定程度时，可插入新的变电所，使网架结构基本不变。

高压配电网中每一主干线路和配电变压器，都应有比较明显的供电范围，不宜交错重叠。高压配电网架的结线方式，可采用放射式。低压配电网一般采用放射式，负荷密集地区的线路宜采用环式，有条件时可采用格网式。

配电网应不断加强网络结构，尽量提高供电可靠性，以适应扩大用户连续用电的需要，逐步减少重要用户建设双电源和专线供电线路，必须由双电源供电的用户，进线开关之间应有可靠的连锁装置。

园区道路照明线路是配电网的一个组成，修建性详细规划中应包括低压配电网络和路灯照明的总体安排和设计指导。

(3) 供热系统设计

1) 供热工程再生利用的内容

供热设施改造包括：原大型区域锅炉房的供热系统、配电系统、水处理及环保系统的更新改造；热力站更新换热器、水泵、阀门、管道、过滤器、仪表等设备，补水系统及附件保温改造，加装控制系统（如气候补偿器）、流量或压力平衡设备、计量表、调速泵等节能设备。

供热管网改造包括：在管网更新项目中要改变敷设方式、重新敷设更换新管网、加装平衡阀及楼栋热量表；在管网改造项目中，更换保温、补偿器及阀门等设备、加装平衡阀及楼栋热量表。

室内采暖系统改造包括：更新采暖设备、直管改跨越管，加装温控阀，使室内采暖系统具备温度调控的条件。

2）技术要求

① 管网敷设方式：应以无补偿直埋敷设为主要敷设方式。

② 管道保温及附件：a. 防腐、保温，应符合建设部关于供热管道及附件对防腐、保温材料的要求和施工规范。b. 补偿器，管网采用无补偿直埋敷设尽量减少补偿器数量，减少事故隐患。必须设置补偿器时，主要采用外压型波纹管补偿器。c. 阀门，更换或新安装的阀门应选用使用中不易产生渗漏的连接和密封型式（宜由设计部门决定阀门的连接方式）。

③ 调节与热计量：a. 流量调节，加装自力式流量或差压控制器，使二次管网水力失调度达标。b. 热计量，在建筑物供热管道热力入口处安装热量表，测量建筑物实际耗热量，计算供热管网热损失，为节能管理和计量收费提供依据。c. 热力站改造，换热器选用换热效率高、占地小的板式换热器，循环水泵选用静音、节能的高效率水泵；水处理按《供热采暖系统水质及防腐技术规程》执行，补水定压方式为补水泵变频定压；为利于供热工况调节和运行，每个热力站的一次网侧应装设手动调节阀、差压（流量）控制器和热量表，二次网侧装设手动调节阀；为满足变流量调节的要求，热力站循环水泵应采用调速泵。d. 室内采暖系统，室内采暖系统应具备温度调控的条件。

（4）燃气系统设计

旧工业区内居住环境相对较差，生活配套设施相对较少，居住人口稀疏且单一。一直以来，燃气系统的改造对居民的生活影响较大，在一定程度上可能会受到阻挠。因此，旧工业区燃气系统的技术改造工作，需要严格遵循现行的燃气规范、规程和企业标准，统筹考虑，充分做好用户工作。

1）庭院线采取贴临明开换管方式。

贴临明开换管指在原有旧的燃气管道旁边，重新敷设一根新管道，拆除原有旧管道（然而大部分工程不能拆除旧管道，拆除成本较大），在改造时，要保证新建管道与其他管道的安全距离满足燃气规范要求，或尽量维持与现状其他管道的相对关系。此种方式也造成地下管线越来越多，地下土地资源逐步减少。

贴临明开换管的改造方式能够方便管道切接线作业，降低工程总投资，减少施工过程对用户的影响。此种管道的改造方式有一定难度，因此，就要求设计单位在设计前加强与相关部门的沟通配合，需要通过多种专业测绘和探测成果，进行现场核实方可着手设计。之后在施工前要求必须做坑探，再进一步核实管线位置及周边情况之后才能进行正式施工。

2）燃气引入口采用户外地上引入方式，统一加装法兰球阀阀门，加装阀门箱，砌筑保温台。将用户户内燃气引入改为户外引入，一定程度上解决了引入口阀门在用户厨房中可能存在的漏气安全隐患，减少用户家中的漏气点，避免了用户私自关闭阀门等情况的出现，提高了燃气设施的安全性。引入口阀门采用法兰球阀，相比较于闸阀具有造价合理、启闭方便、体积适中、密闭性好等特点。

3）立管一般采用镀锌钢管、无缝钢管等原用管材。现有旧工业区大多还是采用原位更换立管及户内管线方式，原位将燃气旧、锈蚀的立管及室内管道更换成镀锌钢管或无缝钢管。 在选取管材及改造方式后，需要计算流量及水力计算，计算摩擦阻力损失，以确定管材、管径、改造方式等选择正确。

4）燃气表选用普通皮膜表或 CPU 卡表。采用卡表形式，可以解决目前查表收费中存在的一些难题，如查表人入户不便，收费困难，人工费用投入高，收费单据处理流程效率低等一系列问题。如遇到没有改造卡表条件的旧工业区，则还是采取更换成普通皮膜表，后续采用查表收费的模式。

（5）通信系统设计

1）管道

① 应加大“光进铜退”实施力度，减少电缆网络对管道管孔占用率。

② 坚持共建原则，统一规划、统一建设、统一投入使用，各电信运营商应共同确定管道的管孔数量、管孔规格、段长、人（手）孔设置等，避免重复建设，并立足实际，采用同沟同井方式或同沟不同井方式。

③ 共建管道应以塑料管孔为单位进行区分。

④ 引上管道应尽可能延伸至背街小巷。采用统一材料、统一规格、统一长度的引上管，且排列整齐、固定牢固，确保美观大方。

2）杆路

① 采取共建方式时，路由的选择应满足共建各方的业务需求，各共建方应明确共建杆路的起讫点、杆路长度、杆路路由、光缆条数等。

② 应积极采用共杆分线方式推进杆路架设，最大限度实现资源共享。杆路须编号统一、清楚，产权明晰。

③ 已有杆路的改建或扩建宜满足各方不低于 3 年的通信建设发展规划的基本需求。

3）箱体（盒）

① 对于再生利用的 FTTH 网络，应采用多合一方式进行改造。

② 多合一箱体是实现多网合一的关键，在箱体选用和配置上应根据原有网络的分光

模式进行确定，如原有网络均为一级分光模式的可选用多合一的一级光分纤箱；如原有网络为一、二级分光并存的网络模式的为不改变原有网络结构可选择一、二级共存的光分纤箱，同时结合运营商现存的少数电缆网络，可在光分纤箱内增设电缆成端。

4）入户线

① 在再生利用项目中入户线的改造一直以来都是难点及重点，一个重要原因就是入户线的未按统一路由随意飞线及废旧线缆未及时拆除。通信的入户线在经历铜缆时代到光纤时代的升级后，因大量的铜包钢入户线升级后未及时拆除，以及用户频繁更换运营商后未拆除的入户线造成了目前空中“蜘蛛网”的重要原因。

② 共建共享入户线能有效避免上述问题，但要做到共建共享入户线前提是要有多箱合一的箱体，每条入户线应做好标签注明哪个用户。

5）智能网管体系

旧工业区已经建设的各专业网管系统架构包括采集层、数据层和网管应用层，较为先进的网管系统则将应用层拆分为核心能力层和展示层，各专业网管向智能网管演进过程主要体现在专业网管系统架构层面向智能网管的逐步迁移、融合和演进，演进过程主要有以下几种方式，见表 4.4。

现有网管融合至智能网管体系的模式介绍　　表 4.4

	模式	介绍
智能网管体系	门户集成	采用单点登录的方式或远程终端方式，将原有网管系统操作界面集成到智能网管体系中
	能力融合	原有网管能力按照智能网管能力标准在智能网管能力池新建、迁移或改造至智能网管或开放能力供智能网管调用
	采集共享	原有网管系统的数据采集适配功能保留并作改造，采集的数据同时向原网管和智能网管提供
	数据共享	原有网管系统的数据库向智能网管全部开放并逐步向智能网管统一数据模型过渡

4.4　单体建筑设计

4.4.1　建筑立面设计

建筑立面，指的是建筑和建筑外部空间直接接触的界面以及其展现出来的形象和构成的方式，或是建筑内外空间界面所处的构件及其组合方式的统称。一般而言，立面个性是建立在造型个性表达的基础上。因为，不同建筑的空间组成与结构特征都是有差异的，这种差异正是个性表达的外露。立面设计的任务就是通过各种手法加强这种个性的表达。

（1）材料选择

旧工业建筑的价值的主要来自旧建筑的原有材料，或许它们的面貌已经破败，但是它们自身带有那个年代的生活气息，处处都能唤起人们对那段岁月的记忆。因此，在对旧工业建筑进行改造时，要采用适当的方法来保留与利用原有的建筑材料。

在旧工业建筑改造中，需要对原有材料进行严格的监测，对其老化程度作出综合的分析，然后决定是否保留这些材料。这些原有材料在旧工业建筑中主要体现在功能性材料和装饰性材料两个方面。功能性材料既包含旧工业建筑的承重结构，也包含其围护结构及其附属构件的材料，是旧建筑改造的物质基础，与改造后建筑的使用安全指数和外立面形态有很大关系。装饰性材料主要是指不参与建筑的功能活动，满足人们视觉感受，向人们传达时代美感的建筑材料，其特有的视觉感受使之成为旧工业建筑改造中的不能缺少的一部分。因此，在旧工业建筑改造中，通过对功能材料和装饰材料的保留与利用，为旧工业建筑改造的精神内涵提供前提条件，使得旧建筑的内容和文化得以延续，保留旧建筑的场所感，为建筑的再循环利用提供可能。

另一方面，在旧工业建筑外立面更新的过程中，对原有建筑材料进行循环利用是积极的，但是原有的材料毕竟是有限的，没有办法全面满足建筑外立面更新的需要，因此需要将一些新材料运用到建筑的外立面更新。选用新材料，能够有效扩大旧工业建筑外立面更新的自由度，但同时也要慎重处理新旧之间的关系。可供选择的新材料多种多样，其选用会影响到建筑的原真性和可读性，以及建筑的安全性。

（2）表皮处理

1）立面的虚实

立面的虚是指行为或视线可以通过或穿透的部分，如空廊、架空层，洞口、玻璃面等。立面的实是指行为或视线不能通过或穿透的部分，如墙、柱等。对于大多数公共建筑，立面上虚实的比重是不同的，有的建筑虚的部分比重大，有的建筑实的比重大，甚至全虚全实的立面处理也不乏其例。即使同一幢建筑，几个面的虚实关系也不会均等，这主要取决于内外条件的各种因素。在具体立面设计中，要巧妙地处理好虚实关系，以取得生动的立面效果。

2）立面的门窗

在平面设计中，各房间根据不同的功能要求，其采光系数应根据相应的设计规范决定窗的最小尺寸。否则，不满足采光功能的窗形式只能使立面设计陷入歧途。

在立面的门窗中，特别要注意门窗上皮的对位处理，从结构圈梁及形式感而言，立面上窗上皮与门上皮应处于同一标高上，尽管门扇必须按人的正常尺度设计，为了与窗上皮有和谐的对位关系，可通过调整门亮子获得。

3）立面的墙面

① 立面上除去门窗洞口以外便是墙体部分，此部分的对于立面的效果影响甚大，表现在墙面的线条。线是建筑造型基本要素之一，不同的线型运用在立面处理上可以产生不同的效果

② 墙面的凹凸。巧妙地处理墙面凹凸关系有助于加强建筑物的体积感。借助于凹凸

所产生的光影变化，不但可改变现代建筑立面的平淡感，而且可大大丰富立面的造型效果。

③ 墙面的转角。角部可以被认为是立面的镶边，或者是面与面转折的结合部，出于结构的稳定需要，东西方传统建筑的转角都是呈封闭形态，并一度得到突出强调和重点装饰。随着建筑材料、建筑技术、设计理论的发展，封闭角的形象越来越弱化，直至摆脱结构约束得到彻底解放，并成为建筑师们更加热衷精雕细琢的部位，在现代建筑的立面设计中呈现多样手法。

④ 墙面的装修。绝大多数公共建筑外立面总要进行适当的装修，不但可保护墙体，而且更在于使建筑物美观。墙面装修主要从外立面设计总效果出发，综合运用材料质感、色彩、细部装饰、图案等因素进行整体处理。

4）立面的比例

所谓立面比例包含了立面整体和立面各构成要素自身的度量关系，以及相互之间的相对度量关系。立面总体比例的把握多数公共建筑呈两种趋向：横向发展的舒展比例，即立面长度尺寸大于高度尺寸；竖向发展的高耸比例，即立面高度尺寸大于长度尺寸。前者表达了建筑的亲切轻快的个性，后者表达了建筑的庄严崇高的个性。

5）立面的尺度

立面上与比例紧密相关的另一个特性是尺度的处理。它是研究立面整体和立面各要素与人体或者与人所习惯的某些特定标准之间的绝对度量关系。尺度之所以重要在于它能真实地反映建筑物的实际体量，也能以虚假尺度歪曲建筑物的实际大小。它能使建筑物看起来大一些，也能使建筑物看起来小一些。

推敲立面尺度要掌握以下原则：处理立面尺度应正确反映建筑物的真实体量，处理立面尺度应与人体相协调，立面上各要素的尺度应统一于整体尺度。

（3）细部设计

1）空间内容对立面轮廓的影响

由于不同的空间内容其空间形态，大小亦有所不同，甚至差别很大，反映在立面轮廓上自然会有起伏变化。但是，立面轮廓并不是完全处于被动地反映地位。从建筑造型考虑，只要不违背空间内容的原则，它可以反作用于空间内容，从而打破传统模式，创造新的立面轮廓形象。

2）空间组合对立面轮廓的影响

形是体的外表显露，体的不同组合会产生不同的形的表达，其形的外轮廓线也自然随之变化。建筑空间的体形关系亦是如此。一幢建筑若空间组合是向竖向发展，则立面轮廓呈高耸形象；若空间组合是向横向发展，则立面轮廓呈舒展形象；若向两个方向发展，则产生对比效果。如多层旅馆建筑的客房层向上进行空间组合，而公共空间（商场、餐饮、娱乐等）向横向进行空间组合，其立面轮廓就会呈大起大落、横竖对比的效果。如果客房层也是向横向发展，则立面轮廓就与前者大不相同。由此可见，即使同类公共建筑由于空间组合方式不同，其立面轮廓也是各不相同的。

3）结构形式对立面轮廓的影响

不同的结构形式各有独特的空间形态，因而形成特有的立面轮廓线。特别是屋顶的结构，由于以天空为背景，其外轮廓线显得格外醒目深刻。

4）局部轮廓对立面轮廓的影响

许多公共建筑利用楼梯间，电梯间冒出屋顶突破天际轮廓线的手法，都是以局部的轮廓线变化求得整体轮廓线的丰富感。在立面设计时，都可以根据需要与可能局部点缀这些小处理，从而大大使立面设计内容生动起来。

5）装饰构架对立面轮廓的影响

如果说用附加细部或体量处理是运用加法丰富立面轮廓线的话，那么利用装饰构架则可看成是减法对立面轮廓产生影响。这就是说，装饰构架可以看成是从立面整体形象中挖除一部分而形成，并产生内轮廓线变化的另一种韵味。这种立面轮廓不能简单地观察外轮廓的形，而应把透空的内轮廓变化与外轮廓的边界看成共同形成建筑物的另一种轮廓类型。有时外轮廓虽然很平直，可是内轮廓却富于变化，同样产生优美的立面效果。

4.4.2 建筑空间设计

（1）夹层的应用

许多公共建筑的底层空间都比较高，但又附有一些小空间的辅助房间。若使这些小空间也占据大空间的面积，势必空间浪费很大。为了使空间得到高效利用，在剖面上可研究夹层的开发与利用。例如，较大商场如果考虑吊顶走设备管道，则层高一般在 6m 左右，此时，可将辅助房间置于夹层之上，而下部空间仍可作为专卖店、精品屋之类的营业空间，使上下两层用途各得其所。

（2）错层的应用

一些公共建筑在平面组合或地形高差较大时，常产生两个功能区域的地面不在同一标高上，在剖面研究中可通过错层方式解决。对于单层建筑，两功能区的高差可采用踏步联系起来。对于多层建筑，可利用楼梯段把不同标高的建筑空间联系起来。甚至有三、四个空间不在同一标高上时，也可利用三跑、四跑楼梯的不同休息平台把它们和谐地联系在一起。当然，这种楼梯形式已经扩大到交通空间的形态。

（3）中庭空间的应用

随着现代都市生活的发展，在各类公共建筑设计中都相继出现了中庭空间形态，也称之为共享空间。它实质上是一个多用途的空间综合体，既是交通枢纽，又是人们交往活动中心，也是空间序列的高潮。无论小型还是大型的中庭都是以动态空间为特征的。空间互相流通，空间体互相穿插。顶界面有绚丽多姿的天窗，底界面有变化多端的小环境，所有这些空间变化只有在剖面设计中加以推敲，才能较全面地反映中庭空间设计的特征。

(4) 将剖面设计作为功能性研究的手段

公共建筑某些技术性功能在平面设计中有时是反映不出来的，必须运用剖面设计的手段加以完善，包括：

1）通过剖面研究视线音质设计

观演建筑的观众厅对视线和音质有着特殊的要求，必须通过剖面研究推敲其形式的合理性，以满足使用功能的要求。

2）通过剖面研究采光设计

良好的采光设计除与平面设计和方位布置有关外，与剖面设计也有直接关系。特别是像博览建筑的陈列厅为了避免直射光、眩光以及不利的反射光和虚像产生，必须通过剖面设计进行认真推敲。

3）通过剖面设计检查结构的合理性

在各层平面完善设计中，我们仅仅对同层房间的平面进行了研究，但上下层各房间的承重体系是否符合传力系统，还需在剖面设计中得到验证。如某日托幼儿园活动单元设计方案，卧室设在活动室的夹层上使空间形态较为活泼。但是，在剖面设计中发现夹层是无法悬挑出来的，说明结构必须给夹层以支撑点，即需设柱子，但又影响活动室的使用。为了保证夹层空间的构思，只能对平面布局进行调整，将卫生间移至夹层下作为结构支撑，使问题得到解决。这种因剖面设计而调整平面布局的情况，在建筑改造设计中是时常发生的。

其次，剖面设计对检查楼梯净空高度是否符合要求也十分重要。尤其底层楼梯平台下作为通道或直跑楼梯踏步面与上方梁下皮的净空是否碰头必须通过剖面仔细计算。如果净空不能保证通行，则需修改平面或楼梯的设计。

4.4.3　建筑环境要求

(1) 建筑采光的要求

建筑采光指的是旧工业建筑改造时为获得良好的光照环境，节约能源，在建筑外围护结构（墙、屋顶）上布置各种形式采光口（窗口）而采取的措施。改造之后的各类建筑应进行采光系数的计算并符合国家对不同建筑的系数标准。有效采光面积计算如下：

1）侧窗采光口离地面高度在 0.80m 以下的部分不应计入有效采光面积。

2）侧窗采光口上部有效宽度超过 1m 以上的外廊、阳台等外挑遮挡物，其有效采光面积可按采光口面积的 70% 计算。

3）平天窗采光时，其有效采光面积可按侧面采光面积的 2.5 倍计算。

(2) 建筑通风的要求

1）建筑物室内应有与室外空气直接流通的窗口或洞口，否则应设自然通风道或机械通风设施。

2）采用直接自然通风的空间，其通风开口面积应符合下列规定：

① 生活、工作的房间的通风开口有效面积不应小于该房间地板面积的 1/20。

② 厨房的通风开口有效面积不应小于该房间地板面积的 1/10，并不得小于 $0.60m^2$，厨房的炉灶上方应安装排除油烟设备，并设排烟道。

3）严寒地区居住用房，厨房、卫生间应设自然通风道或通风换气设施。

4）无外窗的浴室和厕所应设机械通风换气设施，并设通风道。

5）厨房、卫生间的门的下方应设进风固定百叶，或留有进风缝隙。

6）自然通风道的位置应设于窗户或进风口相对的一面。

（3）建筑保温的要求

1）建筑物宜布置在向阳、无日照遮挡、避风地段。

2）设置供热的建筑物体形应减少外表面积。

3）严寒地区的建筑物宜采用围护结构外保温技术，并不应设置开敞的楼梯间和外廊，其出入口应设门斗或采取其他防寒措施；寒冷地区的建筑物不宜设置开敞的楼梯间和外廊，其出入口宜设门斗或采取其他防寒措施。

4）建筑物的外门窗应减少其缝隙长度，并采取密封措施，宜选用节能型外门窗。

5）严寒和寒冷地区设置集中供暖的建筑物，其建筑热工和采暖设计应符合有关节能设计标准的规定。

6）夏热冬冷地区、夏热冬暖地区建筑物的建筑节能设计应符合有关节能设计标准的规定。

（4）建筑防热的要求

1）夏季防热的建筑物

① 建筑物的夏季防热应采取绿化环境、组织有效自然通风、外围护结构隔热和设置建筑遮阳等综合措施。

② 建筑群的总体布局、建筑物的平面空间组织、剖面设计和门窗的设置，应有利于组织室内通风。

③ 建筑物的东、西向窗户，外墙和屋顶应采取有效的遮阳和隔热措施。

④ 建筑物的外围护结构，应进行夏季隔热设计，并应符合有关节能设计标准的规定。

2）设置空气调节的建筑物

① 建筑物的体形应减少外表面积。

② 设置空气调节的房间应相对集中布置。

③ 空气调节房间的外部窗户应有良好的密闭性和隔热性，向阳的窗户宜设遮阳设施，并宜采用节能窗。

④ 设置非中央空气调节设施的建筑物，应统一设计、安装空调机的室外机位置，并使冷凝水有组织排水。

⑤间歇使用的空气调节建筑，其外围护结构内侧和内围护结构宜采用轻质材料，连续使用的空调建筑，其外围结构内侧和内围护结构宜采用重质材料。

⑥建筑物外围护结构应符合有关节能设计标准的规定。

（5）建筑隔声的要求

1）对于改造为结构整体性较强的民用建筑，应对附着于墙体和楼板的传声源部件采取防止结构声传播的措施。

2）有噪声和振动的设备用房应采取隔声、隔振和吸声的措施，并应对设备和管道采取减振、消声处理，平面布置中，不宜将有噪声和振动的设备用房设在主要用房的直接上层或贴邻布置，当其设在同一楼层时，应分区布置。

3）安静要求较高的房间内设置吊顶时，应将隔墙砌至梁、板底面，采用轻质隔墙时，其隔声性能应符合有关隔声标准的规定。

各类主要用房的室内允许噪声级应符合相关现行标准规范的规定。

4.5　工程案例分析

4.5.1　项目概况

（1）项目背景

云南素有“有色金属王国”美誉，可以说云南民族工业史就是一部冶金发展史，云南有色金属矿产资源丰富，千百年来始终是中国人心中的“矿业王国”。云南冶金集团代表着云南百年的冶金工业发展，是省属地方有色金属产业的支柱，1989 年由政府厅局转制组建而成的企业集团。现集团资产总额超过 800 亿元，销售收入超过 400 亿元，拥有全资、控股企业 100 余户（云铝股份、驰宏锌锗 2 家 A 股上市公司），其中所属控股企业昆明重机厂是原机械工业部重点骨干企业，全国“八小重工”之首，历史可追溯到光绪末年 1907 年的云南龙云局（后改设为云南造币厂）和劝工总局，1958 年 8 月 8 日组建成立云南重型机械厂（昆重前身）。

抗战时期重机厂具有国之重器的历史意义，新中国成立后，重机厂为云南的城市建设及西南地区的开发做出了重大贡献。重机厂建筑结构完整，立面完好，具有强烈的工业风格，还有大型机械、模具、零件等机器设备都具有保护利用价值。昆明重工具有历经 58 年工业春秋的时代精神，在云南工业发展历程中非常具有代表性，以全国劳模、优秀共产党员耿家盛、父子劳模、兄弟名匠为代表的大国工匠群体，凝集着所有工人们伟大的敬业精神、奉献精神，承载着几代人对往昔工业时代的记忆和情怀。

昆明八七一文化投资有限公司于 2016 年 7 月注册，属云南冶金昆明重工有限公司全资子公司。昆明八七一文化投资有限公司注册资本 1000 万元，经营范围主要围绕 871 文化创意产业园区的投资、建设和运营开展，现有员工 154 人。

（2）场地概况

昆明 871 文化创意工场位于昆明龙泉路 871 号云南冶金昆明重工有限公司内部，主体区占地面积 640 亩，西临龙泉路，交通便利，如图 4.13 所示。由于原地块是大型国有企业用地，地块较整齐，内部没有城市道路穿越，仅西部的龙泉路是城市支路。地块内部为满足厂区生产需要、符合工业化生产需要的建设道路网系统比较完善、便捷，结构清晰，另有多段废弃铁路支线。

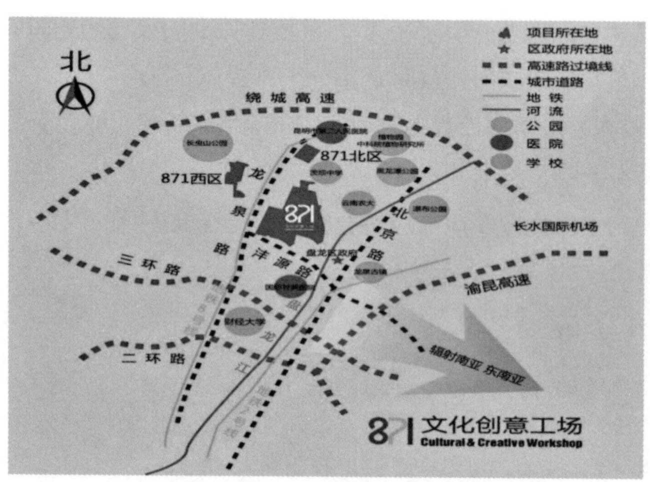

图 4.13　昆明 871 文化创意工场区位图

场地内存在大量生产性工业化元素——吊车、烟囱、铁轨、设备，具有独特的审美价值。沿厂区内道路和废弃铁路有良好的树木绿化，地块外围树林本身具有生态和景观双重效应。从厂区工业建筑遗存现状来看，大跨厂房较多，均为钢筋混凝土结构，屋顶主要是混凝土屋面板，很多配有天窗，厂房结构完好、空间大（屋架下的内部净空高度高）、便于利用，周边场地资源可用度高、遗存丰富。

对厂区的现状评估价值，重点评估厂房的再利用价值，其中厂区核心区的厂房车间具有较高的再利用价值，在城市设计方案中重点围绕它们展开地段中心的规划设计，同时部分铁路支线可根据景观设计需求保留。

（3）规划依据与上一层次规划要求

《云南省“十三五”时期文化产业发展规划》明确提出，重点发展新闻传媒业、出版发行印刷业、歌舞演艺业、影视音像业、文化休闲娱乐业、文化信息传输业、文化创意和设计服务业、会展业、“金木土石布”民族民间工艺品业、珠宝玉石业十大主导产业，建设云南面向《云南省人民政府关于推进文化创意和设计服务与相关产业融合发展的实施意见》提出，做大做强文化创意和设计服务业，大力发展广告服务业、建筑设计服务业及专业服务设计业，加快形成以影视作品本土为主的影视产业体系。重点推动珠宝玉石，加快工艺美术产品、传统手工艺品与现代科技和时代元素融合。

《云南省文化产业发展专项资金管理办法》指出，主要用于支持有示范带动性的重大文化产业项目、重点影视基地项目、文化体制改革、金融资本和文化产业结合项目、文化创意和设计服务与相关产业融合项目、文化产业发展公共服务平台建设等。

《云南文化创意和设计服务业发展（2015—2017）三年行动计划》提出确定广告服务业、数字内容产业新业态、建筑设计服务等专业设计服务业为云南文化创意和设计服务业发展重点。

《昆明市国民经济和社会发展第十三个五年规划纲要》指出，推动文化创意产业与工业设计、旅游度假、会展博览、体育健身、观光农业等相关产业融合，大力发展创意设计业、现代传媒业、演艺业、工艺美术品业等产业，培育发展数字创意、动漫网游、云媒体服务、文化电商等新业态，打造文化创意产业重点园区。

《中共昆明市委、昆明市人民政府关于深化文化体制改革、加快文化产业发展的实施意见》提出，重点扶持、优先发展广播影视业、文化旅游业、文化娱乐业、体育服务业、会展文博业、民族民间艺术品创作业、现代传媒业、艺术教育培训业和文化信息服务业，形成以重点文化产业为主导、相关产业联动发展的格局。

《盘龙区国民经济和社会发展第十三个五年规划纲要（草案）》（2016 年—2020 年），建设现代新昆明建设先行区和辐射南亚、东南亚国际中心城市核心区。重点发展广告服务、文化软件服务、建筑设计服务、专业设计服务等门类，打响“盘龙设计”品牌，培育发展宝玉石产业。

4.5.2　园区规划

核心园区的规划坚持创新、协调、绿色、开放、共享的发展理念，紧紧把握国家“一带一路”倡议，以创新融合为发展主线，以供给侧结构性改革、市场消费需求和品牌建设为抓手，以知识产权保护利用和人力资源开发为保障，提升文化创意产业国际竞争力，进一步发挥文化创意产业在昆明经济发展中的引领和带动作用。规划效果图如图 4.14 所示。

（1）园区规划策略

园区的设计以旧建筑的可持续性改造利用为前提，综合考虑场地开发对于当地生态系统及周围环境的影响，通过详细的园区定位、建筑改造、景观设计和室内设计将能源消耗最小化。归根结底，昆明 871 文化创意工场项目的实施需要解决两个基本矛盾：第一是工业遗址、工业景观的保护与再利用和昆明市新城建设中高强度的土地开发之间的矛盾；第二是单一的空间结构、缺乏规划和组织的传统工业园区和复杂的城市功能之间的矛盾。基于以上分析，根据实际的自然环境和规划条件，对厂区现状进行了分析和整理，并制定了相应的规划策略。

图 4.14　园区规划设计效果图

（2）功能分区规划

根据昆明八七一文化投资有限公司最初的设想，核心园区规划考虑博物馆与会展中心、电影院以及数码公园三大功能主题，打造不同风格的业态，构建昆明印象、创意＋产业链＋消费链核心区，具体功能分区如图 4.15 所示。这三大功能主题均可以利用原有的厂房空间改造而成，作为对昆明重工厂历史的记录和保留。

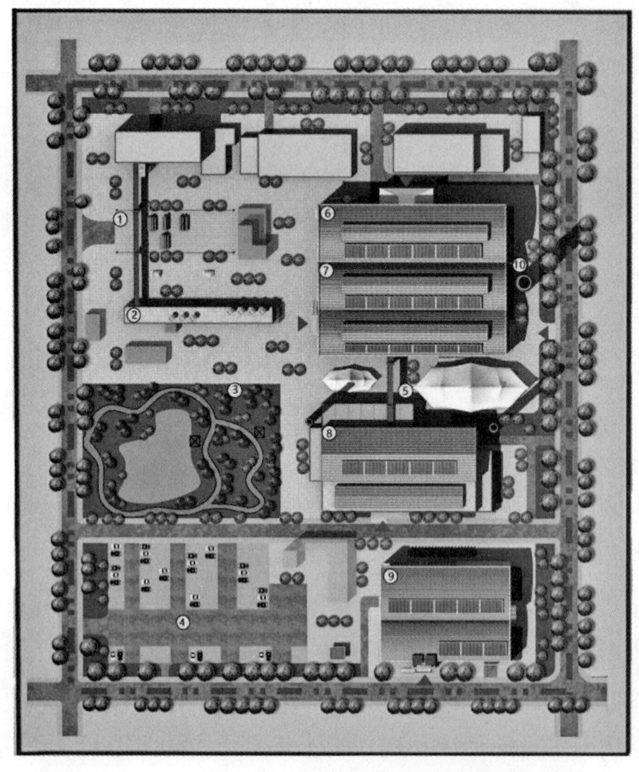

图 4.15　园区功能分区图

一般来说，这就需要对厂区现有的建（构）筑物进行价值评估和分类，以确定保护、改建和拆除的内容。现有厂区最大的特色就是巨大尺度的工业景观、完整的生产流线和功能布局、宏伟的厂房空间和丰富的排架类型所构成的独特工业氛围与场所精神。厂区尽可能地保留和再利用现有的工业遗存并进行合理功能分区划分，显然能够保存更多的场景信息和时代记忆，从而使得整个园区项目具有更加深刻的历史和文化意义。

（3）交通系统规划

交通规划对现场地重新改造整治，同时，结合园区业态，设置地面停车设施集中区，采用小尺度的人行步行窄街，避免车流的干扰，实现人车分流，以充分利于休闲情绪的营造，创造良好的交通环境。而创意工场和三大核心园区也会溶解于昆明的城市环境中，整合出一个多元、复合的城市特色文化社区和创意园区，使之成为城市第二产业向第三产业过渡的孵化器。通过一系列文化、会展、旅游、创意和商业开发策略，使之最终成为一个城市的文化产业发动机和特色旅游目的地，从而引导城市产业结构调整和布局，并在城市环境中长期有效地散发活力和影响力。

文化创意工场的用地紧张，建筑排列比较密集，机动车、非机动车和行人之间的相互干扰较大，可以考虑在园区核心地区实行人车分流，鼓励慢行和步行交通。通过合理分流，减少人车之间的相互干扰，既能提高机动车通行能力又能保障行人安全。但是穿越厂区的主要地段的道路原则上不做拓宽，不鼓励过多使用机动车，可以在尊重园区原貌的基础上对其进行修复更新，合理规划慢行道与车行道，做到二者和谐共存。对园区交通系统的规划主要体现如下：

1）车行交通系统规划

规划利用项目区现有一个出入口连接龙泉路，整体道路成环状连接，能够满足整个项目区车流交通要求。同时设置集中停车设施，满足园区静态停车系统要求，合理疏导车流，实现人车分流。对园区的单项交通规划采用曼哈顿模式，利用高密度的方格路网组织长距离、大范围的单向交通，不仅有利于减少绕行，而且易于识别。

2）慢行交通系统规划

结合集装箱创意集市，打造园区步行交通系统，给行人提供安全、舒适、宜人的环境，打造园区休闲、文化、锻炼的氛围，提升园区整体品质。选择“步行 + 自行车为主体”的发展模式，在核心园区范围内的活动提高步行和自行车出行的比例，改善步行和自行车的出行环境，鼓励和引导绿色出行方式，主要在园区中东侧形成系统完善、环境完善的步行和自行车交通系统，通过灵活的工程及管理措施，保证行人和自行车通行的连续、顺畅。

（4）景观规划

公共区域景观设计要延续工业景观的文脉，在一定程度上部分或局部保留产业建筑和设施的片段，使其成为新的景观环境构成的一部分。一般来说，保留的片段应该是那些具有典型意义的、代表场地历史演进特征的物质遗存，当然其中最多的是有历史价值的产业建筑及其附属建筑。保留原有工业结构的元素，并对这些进行重新阐释。对基于工业废弃地的特殊环境进行更新改造，对工业废弃地既有景观进行更新设计，并解决遗留废弃物的保留、改造、再利用等问题。

在景观效果上，一方面塑造场地特征，最大限度保留昆明重工场地的历史信息；另一方面减少对新材料新能源的索取，符合生态的原则。总体保持地段场地原有物质空间形态和格局肌理，通过局部加建、扩建和改建方式来对场地上原有工业景观进行处理，其中场地上原先废弃的产业建（构）筑物，生产设备及其与生产相关的场地空间关系，如生产流程在场地上的空间分布和结构等。如 871 会展中心（原水压车间）周围主要为人行道路，可利用的原绿化景观较少，在实际调查的基础上，保留厂房东面的植被树木，同时对南面空地进行调整，增加景观植物，使人们在会展中心向电影院（原热处理车间）过渡或者电影院向会展中心过渡的中间增加生机和趣味性，同时也使观影群众眼部得到适度放松与调节。

4.5.3 建筑设计

（1）设计指导思想

1）设计理念

随着时间流逝和历史沉淀，旧工业厂房建筑记载了很多历史，建筑设计也反映了历史的痕迹。通过再生和再利用场地的建筑和景观元素，使之有一定的历史延续性，保留场地的“肌理”，使新旧景观元素在对比和碰撞中产生时间和历史感，创造出不同的体验和使用空间。方案采用“缝合”的途径和“修旧如旧”手法，通过联系公共空间和慢行交通系统将建筑连接成一个有机的整体；采用混凝土、钢、玻璃等现代材料，与原有建筑外观形成对比，使本来机械单一的建筑群从色彩到空间上都充满变化与趣味；修旧如旧，即新肌体采用传统材料与构成方式模拟旧形态，使得建筑风格与原始建筑相统一。复原建筑的原真性，因此选用的材料和风格仍与原有建筑保持一致，使其成为一个整体，无修补痕迹。建筑设计中坚持的主要原则有以下几个方面：

① 保护和保持 871 文化工场的生态系统，维持场地环境的完整性；

② 尽量利用已有的建筑和基础设施；

③ 节约使用材料和提高材料的使用率，使用绿色建筑材料；

④ 室内空间布局将大空间分隔为若干模块，以公共交流空间为主线灵活组合，形成一个个小创意空间，使之成为未来创意设计公司的孵化器；

⑤尽量采用自然通风，满足室内空间的空气质量；

⑥尽量利用自然采光，满足场地建筑照明要求，适时安装节能照明灯；

⑦尽量利用原有水源，节约用水，减少水径流，并将雨水作为一种资源来利用。

2）色彩控制

将园区的建筑色彩进行分类和分析，得出现状的准确情况。可以看出园区以砖红色、橙色为主色调，米灰色、浅灰色为辅色调，建筑改造过程中保持整个厂区的建筑色调和建筑风格。

3）材料控制

整体采用与原厂区相似的材质，尽量避免墙面漆使用，新增构件以木材、低反射玻璃、不锈钢为主。

（2）单体设计

1）热处理车间

热处理车间改造为电影院，改造尽量保存现有结构，现状办公空间充分加以利用，如图 4.16 ～图 4.19 所示。

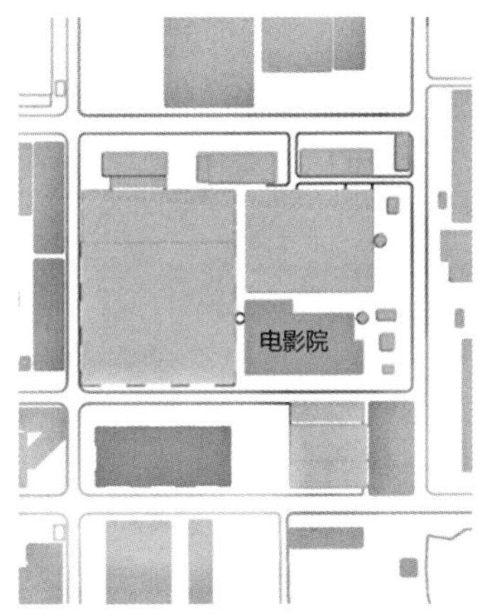

图 4.16　电影院位置图

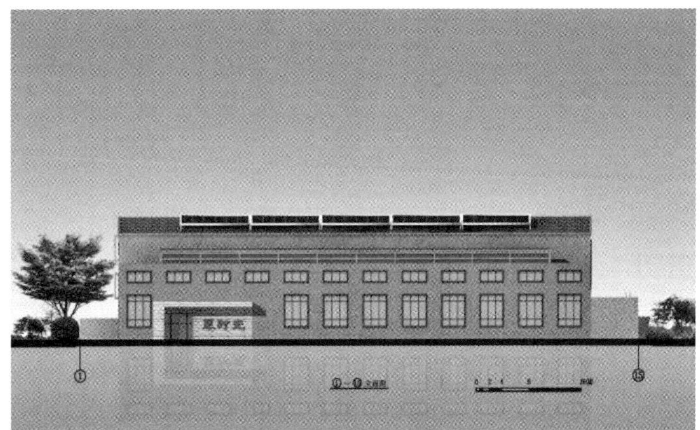

图 4.17　电影院南立面图

图 4.18　电影院东立面图

图 4.19　电影院设计效果图

平面改造：一层布置为：自动售票区、人工售票区、休息区、卫生间，以及六个电影厅。二层布置为三个电影厅，本次设计为北部区域局部两层，并在每层均布置有卫生间，方便观影群众。

立面改造：在尽量保存工业建筑味道的同时，反映建筑功能，立面部分窗户进行了封闭，让观众有良好的观影体验。增加电子显示屏幕，布置海报。大门设置简单大方，很好地衔接了现有建筑立面，同时又有现代感、时尚感。

2）设备处理车间

设备维修车间改造为数码公园，改造充分利用现状，现有办公区域仍作为办公区域，并新加卫生间，通高区域为演员演出中心，以及观众体验中心，如图 4.20 ～图 4.23 所示。

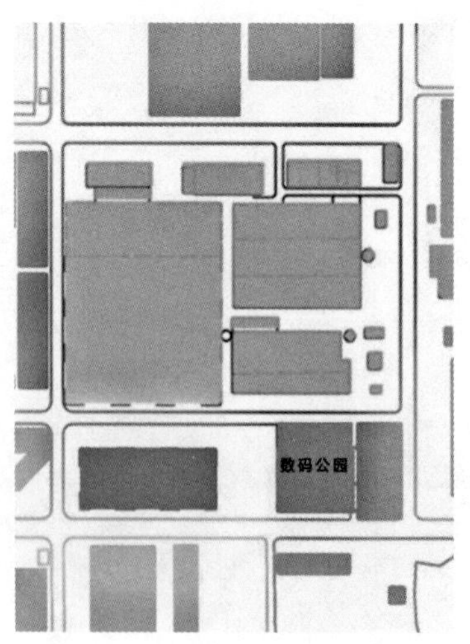

图 4.20　数码公园位置图

图 4.21　数码公园北立面图

图 4.22　数码公园东立面图

图 4.23　数码公园设计效果图

平面改造：一层布置为演员演出中心、观众体验中心、观众引导区、售卖处、休息区、小会议室、贵宾接待区、接待处、卫生间以及办公室。二层布置有成果展览区、售卖处、休息区、设备间、多功能厅、管理、后勤、步行廊道，以及中间新建连廊与现有办公区域进行连接。

立面改造：影视基地的立面布置具有艺术性、变化感，正立面的字母加小构件，丰富立面造型，又不失对原有建筑的保护。门头的制作，主次分明，造型挺拔，与工业建筑的表皮形成对比，但又不影响整个建筑的工业感。

3）水压机车间

水压车间改造为博物馆与会展中心，改造充分利用现状，高效利用空间，如图 4.24 ~ 图 4.27 所示。

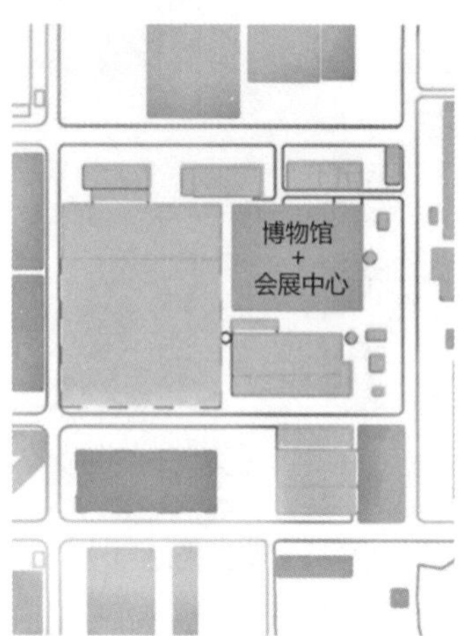

图 4.24　博物馆与会展中心位置图

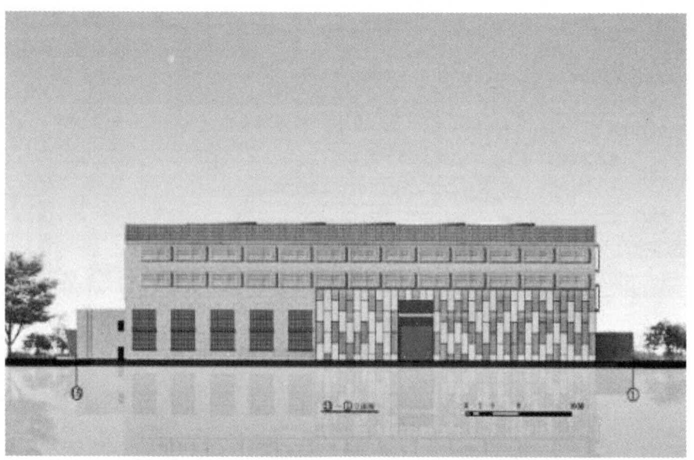

图 4.25　博物馆与会展中心北立面图

图 4.26　博物馆与会展中心东立面图

图 4.27　博物馆与会展中心设计效果图

平面改造：博物馆与会展中心内部采用中间通高、局部增层，以方便游客观赏及大小型会展场地需要。西侧是办公区 + 货运仓库 + 贵宾区。一层是贵宾区和货运区，贵宾区中设置多媒体报告厅、贵宾休息区和洽谈室。二层及三层是办公区。

立面改造：博物馆的入口设计既有工业建筑的厚重感，同时又有博物馆特色的时尚感，造型独特。会展中心的入口设计采用大面积玻璃装饰，既符合会展中心的现代感，又能与工业建筑形成视觉对比。

第 5 章　再生利用项目施工图设计

5.1　基础知识

5.1.1　施工图设计主要内涵

（1）相关概念

施工图，是表示工程项目总体布局、建筑物、构筑物的外部形状、内部布置、结构构造、内外装修、材料做法以及设备、施工等要求的图样。施工图具有图纸齐全、表达准确、要求具体的特点，是进行工程施工、编制施工图预算和施工组织设计的依据，也是进行技术管理的重要技术文件。一套完整的施工图一般包括建筑施工图、结构施工图、给水排水、采暖通风施工图及电气施工图等专业图纸，也可将给水排水、采暖通风和电气施工图合在一起统称设备施工图。

施工图设计为工程设计的一个阶段，在初步设计、技术设计两阶段之后。这一阶段主要通过图纸，把设计者的意图和全部设计结果表达出来，作为施工制作的依据，它是设计和施工工作的桥梁。对于工业项目来说包括建设项目各分部工程的详图和零部件，结构件明细表，以及验收标准方法等。民用工程施工图设计应形成所有专业的设计图纸：含图纸目录，说明和必要的设备、材料表，并按照要求编制工程预算书。施工图设计文件，应满足设备材料采购，非标准设备制作和施工的需要。

施工图设计是对设计方案进一步具体化、明确化，并绘制出正确、完整的可用于指导施工的图样。房屋建筑施工图是将建筑物的平面布置、外形轮廓、尺寸大小、结构构造和材料做法等内容，按照“国标”规定，用正投影的方法，详细准确地画出的图样。

（2）主要分类

施工图按其专业内容和作用的不同也分为不同的图样，一套施工图一般包括：建筑施工图、结构施工图和设备施工图。

建筑施工图简称建施，主要反映建筑物的整体布置、外部造型、内部布置、细部构造、内外装饰以及一些固定设备、施工要求等，是房屋施工放线、砌筑、安装门窗、室内外装修和编制施工概算及施工组织计划的主要依据。建筑施工图是表达房屋的总体布局、房屋的空间组合设计、内部房间布置情况、外部的形状、建筑各部分的构造做法及施工要求等，是房屋建筑施工的主要依据。

结构施工图简称结施，主要反映建筑物承重结构的布置、构件类型、材料、尺寸和构造做法等，是基础、柱、梁、板等承重构件以及其他受力构件施工的依据。结构施工图一般包括结构设计说明、基础图、结构平面布置图和各构件的结构详图等。

设备施工图简称设施，主要反映建筑物的给水排水、采暖通风、电气等设备的布置和施工要求等。设备施工图一般包括各种设备的平面布置图、系统图和详图等。

5.1.2　施工图设计工作流程

对于再生利用项目，其施工图设计流程如图 5.1 所示。在确定设计方案的时候，需要根据既有建筑的状况来确定，以达到再生利用的目的。

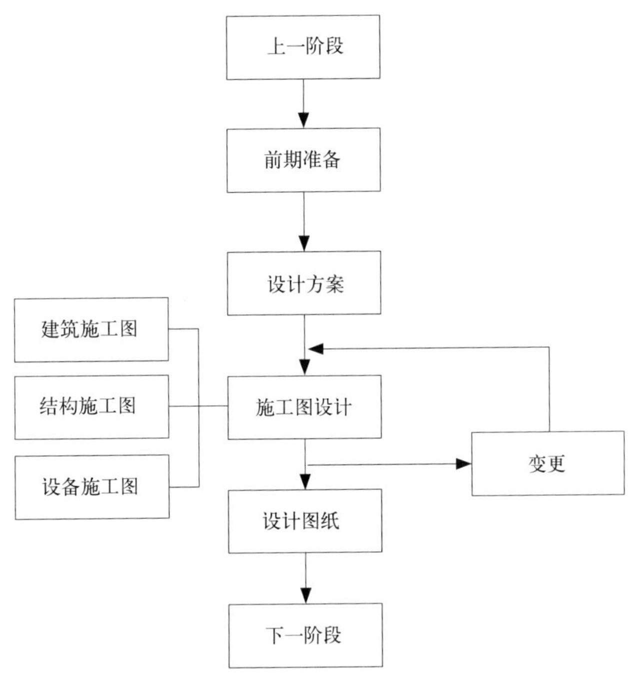

图 5.1　施工图设计工作流程

(1) 前期准备

1) 设计任务书解读

设计任务书是建筑方案设计的指导性文件。设计任务书对建筑方案设计工作提出了明确的要求、条件、规定以及必要的设计参数等。设计任务书的主要内容包括项目名称、立项依据、规划要求、用地环境、使用对象、设计标准、房间内容、工艺资料、投资造价、工程相关参数及其他要求。解读设计任务书的目的在于对项目设计条件进行分析，明确建筑的功能要求、空间特点、环境特点、经济技术因素等。对设计任务书的充分解读有助于建筑师目标明确地进行工作。

2）设计信息的收集

设计任务书只是建筑设计信息的一部分，在充分解读设计任务书的基础之上，还应掌握更加全面的设计第一手资料，获得更充足的设计依据。设计信息收集的途径很多，主要包括实例调研、咨询业主、问卷调查、现场踏勘、调查研究、阅读文献、研究规范、案例分析等。

3）设计条件的分析

① 外部设计条件分析

外部设计条件分析主要指对建筑方案设计的宏观背景的分析，主要包括对再生利用项目当地的历史文化、经济条件、技术条件、气候条件的综合分析，还包括对再生利用项目的保存状况、城市区位、交通设施、基础设施、区域未来发展规划等外部条件的分析。充分分析外部设计条件的利与弊，能够为后续的建筑方案设计工作提供直接的依据。

② 内部设计条件分析

内部设计条件是由里及外制约设计走向的因素，它决定建筑的功能布局原则、空间组织方式等。内部设计条件在很大程度上受到原有结构的制约，因此，主要侧重于对功能需求的分析和对技术要求的分析。

（2）设计方案

在前期准备的基础上，结合规范及相关研究成果，准确定位，反复调整，将各种构思转化成切实准确的功能布局与造型，并应与原结构布局、水电管网、周围生态等保持协调，与材料供应商进行沟通、咨询与交流，全面综合的考虑方案的现实性与建造性，在此基础上建立一系列可行的设计方案。

每个方案完成后交由业主比选，确定最终的设计方案。

（3）施工图设计

这一阶段主要通过图纸，把设计者的意图和全部设计结果表达出来，作为施工制作的依据，它是设计和施工工作的桥梁。包括再生利用项目各分部工程的建筑施工图、结构施工图以及设备施工图。

5.1.3 施工图设计成果表达

对于施工图设计的成果，即为各类施工图纸。

（1）建筑施工图部分

建筑施工图一般包括施工总说明、总平面图、建筑平面图、建筑立面图、建筑剖面图及墙身、楼梯、门、窗等详图等。

（2）结构施工图部分

结构施工图包含以下内容：结构总说明、基础布置图、承台配筋图、地梁布置图、各层柱布置图、各层柱配筋图、各层梁配筋图、屋面梁配筋图、楼梯屋面梁配筋图、各层板配筋图、屋面板配筋图、楼梯大样、节点大样。

（3）设备施工图

设备施工图有给水排水、采暖通风、电气照明等设备的平面布置图、系统图和施工详图。

5.2　建筑施工图设计

对于再生利用项目，其建筑施工图的设计与一般建设项目的施工图设计不同，其设计受到再生项目原有建筑的影响，例如很多旧工业建筑项目再生过程中，往往对原有的厂房建筑不拆除，而是对其加以改造，使其不仅具有自身特色，而且满足使用要求，同时既经济又环保。

5.2.1　建筑施工图设计概述

建筑施工图主要内容一般包括首页图、建筑总平面图、平面图、立面图、剖面图及墙身、楼梯、门、窗等详图。但对于再生利用项目的这些图的设计，往往受到原建筑的影响，必须在原有建筑的基础上进行设计。

（1）首页图

首页图是建筑施工图的第一张图纸，主要内容包括图纸目录、设计说明、工程做法和门窗表。图纸目录说明工程由哪几类专业图纸组成，各专业图纸的名称、张数和图纸顺序，以便查阅图纸。设计说明是对图样中无法表达清楚的内容用文字加以详细的说明，以及设计人员对施工单位的要求。工程做法表主要是对建筑各部位构造做法用表格的形式加以详细说明。门窗表是对建筑物上所有不同类型的门窗统计后列成的表格，以备施工、预算需要。

（2）建筑总平面图

主要是表达新建、改建房屋的位置、朝向、与原有建筑物的关系，以及周围道路、绿化和给水、排水、供电条件等方面的情况。作为新建房屋施工定位、土方施工、设备管网平面布置，安排在施工时进入现场的材料和构件、配件堆放场地、构件预制的场地以及运输道路的依据。

总平面图是用正投影的原理绘制的，图形主要是以图例的形式表示，下面给出了部分常用的总平面图图例符号，如图 5.2 所示。

（3）建筑平面图

建筑平面图反映新建建筑的平面形状、房间的位置、大小、相互关系、墙体的位置、厚度、材料、柱的截面形状与尺寸大小，门窗的位置及类型。是施工放线、砌墙、安装门窗、室内外装修及控制工程预算的重要依据，是建筑施工中的重要图纸。

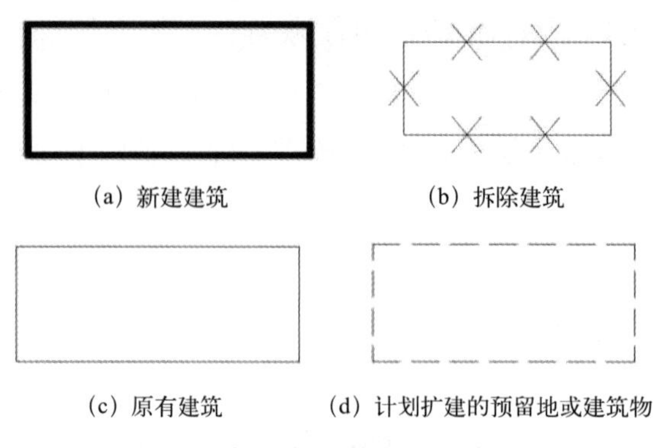

图 5.2 常用的总平面图图例符号

一般情况下，房屋有几层，就应画几个平面图，并在图的下方注明相应的图名，由于多层房屋其中间层构造、布置情况基本相同，画一个平面图即可。

屋顶平面图是从建筑物上方向下所做的平面投影，主要是表明建筑物屋顶上的布置情况和屋顶排水方式。

建筑平面图常用比例有 1∶50、1∶100 或 1∶200，其中 1∶100 使用较多。

(4) 建筑立面图

在与建筑立面平行的铅直投影面上所做的正投影图称为建筑立面图，简称立面图，立面图主要反映房屋各部位的高度、外貌和装修要求，是建筑外装修的主要依据。

立面图的命名方式有三种：

用朝向命名建筑物的某个立面面向那个方向，就称为那个方向的立面图。

按外貌特征命名，将建筑物反映主要出入口或比较显著地反映外貌特征的那一面称为正立面图，其余立面图依次为背立面图、左立面图和右立面图。

用建筑平面图中的首尾轴线命名，按照观察者面向建筑物从左到右的轴线顺序命名，施工图中这三种命名方式都可使用，但每套施工图只能采用其中的一种方式命名。

(5) 建筑剖面图

假想用一个或一个以上的铅垂剖切平面剖切建筑物，得到的剖面图称为建筑剖面图，简称剖面图。建筑剖面图用以表示建筑内部的结构构造、垂直方向的分层情况、各层楼地面、屋顶的构造及相关尺寸、标高等。

剖切的位置：常取楼梯间、门窗洞口及构造比较复杂的典型部位。

剖面图的数量：根据房屋的复杂程度和施工的实际需要而定。

剖面图的名称：必须与底层平面图上所标的剖切位置和剖视方向一致。

(6) 建筑详图

建筑平面图、立面图、剖面图表达建筑的平面布置、外部形状和主要尺寸，但因反映的内容范围大、比例小，对建筑的细部构造难以表达清楚，为了满足施工要求，对建筑的细部构造用较大的比例详细地表达出来，这样的图称为建筑详图，简称详图，有时也叫做大样图。详图的特点是比例大，反映的内容详尽，常用的比例有 1∶50、1∶20、1∶10、1∶5 等。

5.2.2 建筑设计说明

再生利用项目的建筑设计总说明是对整个建筑设计部分的概括性说明和对一些图纸部分不能表达的加以解释，主要包括以下内容。

（1）本工程施工图设计的依据性文件、批文和相关规范。

（2）项目概况。

内容一般应包括建筑名称、建设地点、建设单位、建筑面积、建筑基底面积、建筑工程等级、设计使用年限、建筑层数和建筑高度、防火设计建筑分类和耐火等级、人防工程防护等级、屋面防水等级、地下室防水等级、抗震设防烈度等，以及能反映建筑规模的主要技术经济指标，如车库的停车泊位数等。

（3）设计标高。

本子项的相对标高与总图绝对标高的关系。

（4）用料说明和室内外装修。

墙体、墙身防潮层、地下室防水、屋面、外墙面、勒脚、散水、台阶、坡道、油漆、涂料等的材料和做法，可用文字说明或部分文字说明，部分直接在图上引注或加注索引号；室内装修部分除用文字说明以外亦可用表格形式表达，在表上填写相应的做法或代号；较复杂或较高级的再生项目应另行委托室内装修设计；凡属二次装修的部分，可不列装修做法表和进行室内施工图设计，但对原建筑设计、结构和设备设计有较大改动时，应征得原设计单位和设计人员的同意。

（5）对采用新技术、新材料的做法说明及对特殊建筑造型和必要的建筑构造的说明。

（6）门窗表及门窗性能（防火、隔声、防护、抗风压、保温、空气渗透、雨水渗透等）、用料、颜色、玻璃、五金件等的设计要求。

（7）幕墙工程（包括玻璃、金属、石材等）及特殊的屋面工程（包括金属、玻璃、膜结构等）的性能及制作要求，平面图、预埋件安装图等以及防火、安全、隔音构造。

（8）电梯（自动扶梯）选择及性能说明（功能、载重量、速度、停站数、提升高度等）。

（9）墙体及楼板预留孔洞需封堵时的封堵方式说明。

（10）其他需要说明的问题。

5.2.3 建筑施工图纸

（1）建筑总平面图

1）概述

再生利用项目改造的总平面图是待改造建筑在基地范围内的总体布置图，将改造建筑四周一定范围内的新建、拟建、原有和拆除的建筑物、构筑物连同其周围的地形地物状况，用水平投影的方法和相应的图例所画出的图样，即为总平面图（或称总平面布置图）。它反映拟改建房屋与原有建筑的平面形状、位置、朝向以及与周围环境之间的关系。

总平面图是新建房屋的施工定位、土方施工以及室内外水、暖，电等管线布置和施工总平面设计的主要依据。

2）图示内容

① 图名、比例。

② 使用国标规定的图例，表明各建筑物和构筑物的平面形状、名称和层数，以及周围的地形地物和绿化等的布置情况。

③ 表明再生项目建设区的总体布局：用地范围、各建筑物及构筑物的位置（原有建筑、拆除建筑、新建建筑、拟改造建筑）、道路、交通等的总体布局。

④ 确定新建、改造建筑物的平面位置：根据原有房屋和道路定位，若新建、改造建筑周围存在原有建筑、道路，此时新建房屋定位是以新建房屋的外墙到原有房屋的外墙或到道路中心线的距离。

⑤建筑物首层室内地面、室外整平地面的绝对标高：要标注室内地面的绝对标高和相对标高的相互关系。

⑥指北针和风玫瑰图：根据图中所绘制的指北针可知新建、改造建筑物的朝向，风玫瑰图可了解再生项目地区常年的盛行风向（主导风向）以及夏季风主导风方向，有的总平面图中绘出风玫瑰图后就不绘指北针。

⑦水、暖、电等管线及绿化布置情况：给水管、排水管、供电线路尤其是高压线路，采暖管道等管线在建筑基地的平面布置。

⑧补充图例，对于国标中缺乏规定或不常用的图例，必须在总平面图中绘制清楚，并注明其名称。

（2）建筑平面图

1）概述

建筑平面图是房屋的水平剖面图（屋顶平面图除外）。用一假想的水平剖切平面沿门窗洞的位置将房屋剖切开，将剖切面以上部分移去，对剖切面以下部分所作的水平正投影图，称为建筑物平面图，简称平面图。

建筑平面图主要表示房屋的平面形状、水平方向各部分的布置和组合关系、门窗的类型和位置、墙和柱的布置以及其他建筑构配件的位置和大小等。建筑平面图是施工放线、砌墙和安装门窗等的依据，是施工图中最基本的图样之一。

一般来说，房屋有几层就应画几个平面图，并在图的下方注明相应的图名和比例，如底层平面图、二层平面图……，但对于中间各层，如果布置完全相同，可将相同的楼层用一个平面图表示，称为标准层平面图。此外还有屋顶平面图（对于较简单的房屋可以不画），它是屋顶的水平正投影图。如房屋的平面布置左右对称时，可将两层平面画在一起，左边画出一层的一半，右边画出另一层的一半，中间用一对称符号做分界线，并在该图的下方分别注明图名。在比例大于 1 : 50 的平面图中，被剖切到的墙、柱等应画出建筑材料图例，装修层也应用细实线画出。在比例为 1 : 100、1 : 200 的平面图中被剖切到的墙、柱等的建筑材料图例可用简化法（如砖墙涂红、钢筋混凝土涂黑等），装饰层不画。比例小于 1 : 200 的平面图可不画建筑材料图例。

① 首层平面图

绘制此图时，应将剖切平面选在房屋的一层地面与从一楼通向二楼的休息平台之间，且要尽量通过该层上所有的门窗洞。对于旧工业建筑来说，一般只有一层，只需剖到窗户上向下投影既可。

② 中间标准层平面图

由于房屋内部平面布置的差异，对于多层建筑而言，应该有一层就画一个平面图。其名称就用本身的层数来命名，例如“二层平面图”或“四层平面图”等。但在实际的建筑设计过程中，多层建筑往往存在许多相同或相近平面布置形式的楼层，因此在实际绘图时，可将这些相同或相近的楼层合用一张平面图来表示。这张合用的图，就叫做“标准层平面图”，有时也可以用其对应的楼层命名，例如“二至六层平面图”等。一些旧工业建筑改造后往往在其内部增层，这时候就需要作中间标准层平面图，增层层数 一般不超过三层。

③ 顶层平面图

房屋最高层的平面布置图，也可用相应的楼层数命名。

④ 其他平面图

除了上面所讲的平面图外，建筑平面图还应包括屋顶平面图和局部平面图。对于一些旧工业建筑，由于在改造过程中需要其顶部围护结构进行更换，因此不仅需要作内部增层的最高层的顶部平面图，还需作厂房顶部平面图。

2）图示内容

建筑平面图内应包括剖切面和投影方向可见的建筑构造、构配件以及必要的尺寸、标高等。

① 图名、比例。平面图常用的比例为1 : 50、1 : 100、1 : 200。

② 纵横定位轴线及其编号。

③ 各房屋的组合、分隔和名称，墙、柱的断面形状及尺寸等。

④ 门、窗的布置及其型号。

⑤其他构件如台阶、花台、阳台、雨篷等的位置、形状和尺寸，以及厨房、厕所、盥洗间等的固定设施的布置等。

⑥平面图中应标注的尺寸和标高。

⑦详图索引符号。

⑧底层平面图中应表明剖面图的剖切位置、剖视方向及编号，表示房屋朝向的指北针。

⑨屋顶平面图中应表示出屋顶形状、屋面排水情况及屋面以上的构筑物或其他设施，如天沟、女儿墙、屋面坡度及方向、楼梯间、水箱间、天窗、上人孔、消防梯等。

（3）建筑立面图

1）概述

建筑立面图是在与房屋立面相平行的投影上所做的正投影图，简称立面图，它主要反映房屋的外貌、立面装修及做法。

房屋有多个立面，通常把反映房屋的主要出入口及反映房屋外貌主要特征的立面图称为正立面图，其余的立面图相应地称为背立面图和侧立面图。有时也可按房屋的朝向来为立面图命名，如南立面图、北立面图、东立面图和西立面图等。有定位轴线的建筑物，一般宜根据立面图两端的轴线编号来为立面图命名，如①～⑧轴立面图等，房屋立面如果有一部分不平行于投影面，如圆弧形、折线形、曲线形等，可将该部分展开到与投影面平行，再用正投影的方法绘出立面图，但应在图名后加注“展开”二字。对较简单的对称房屋，在不影响构造处理和施工的情况下，立面图可绘制一半，并在对称处画对称符号。由于比例较小，立面图中许多细部，如门窗等，往往只用图例表示。

2）图示内容

建筑立面图内应包括投影方向可见的建筑外轮廓线和建筑构造、构配件、墙面做法以及必要的尺寸和标高等。

① 建筑立面图需要做出室外地面线、房屋的勒脚、台阶、花池、门、窗、雨篷、阳台、室外楼梯、墙体外边线、檐口、屋顶、雨水管、墙面分隔线等内容。

② 标注建筑物立面上的主要标高。一般需要标注的标高尺寸有：室外地坪的标高，台阶顶面的标高，各层门窗洞口的标高，阳台扶手、雨篷上下皮的标高，外墙面上突出的装饰物的标高，檐口部位的标高，屋顶上水箱、电梯机房、楼梯间的标高。

③ 注出建筑物两端的定位轴线及其编号。

④ 注出需详图表示的索引符号。

⑤用文字说明外墙面装修得材料及其做法。

（4）建筑剖面图

1）概述

假想用一垂直于外墙轴线的铅垂剖切平面将房屋剖开，把留下的部分投影到与剖切平面平行的投影面上，所得到的正投影图称为建筑剖面图，简称剖面图。

建筑剖面图主要表示房屋内部的结构形式和构造方式、分层情况、各部位的联系及其高度、材料、做法等。在施工过程中，建筑剖面图是进行分层、砌筑内墙、铺设楼板、屋面板和楼梯以及内部装修等工作的依据。建筑剖面图与建筑平面图、建筑立面图相互配合，表示房屋全局，是施工图中最基本的图样。

剖面图的数量应根据房屋的复杂程度和施工中的实际需要而定。剖面图的剖切位置，应根据图样的用途或设计深度，在平面图上选择能反映全貌、构造特征，以及有代表性或有变化的部位剖切，选择在内部结构和构造比较复杂的部位，如门窗洞、楼梯等处，对于排架结构的旧工业建筑，还需做出各列柱处的剖面图。剖切面一般为横向，即平行于侧面，必要时也可为纵向，即平行于正面。剖面图的图名应与平面图上所标注的剖切符号编号一致，如 1-1 剖面图、2-2 剖面图等。1-1 剖面图的剖切位置一般是通过房屋的主要出入口、门厅和楼梯等部位，也是房屋内部结构和构造比较复杂以及变化较多的部位。

剖面图中的建筑材料图例、装修层、楼地面面层线的表示原则及方法，与平面图一致。

2）图示内容

建筑剖面图内应包括剖切到的和投影方向可见的建筑构造，构配件及必要的尺寸，标高等。

① 图名、比例。剖面图常用的比例为 1∶50、1∶100、1∶200。剖面图的比例一般与平面图相同，但为了将图示内容表达得更清楚，也可采用较大的比例，如 1∶50。

② 墙、柱及其定位轴线。

③ 剖切到的构配件，如室内外地面、各层楼面、屋顶、内外墙及其门窗、梁、楼梯梯段与楼梯平台、雨篷、阳台等。一般不画出地面以下的基础。

④ 未剖切到的可见构配件，如看到的墙面及其轮廓、梁、柱、阳台、雨篷、门、窗、踢脚、台阶、雨水管，以及看到的楼梯段和各种装饰等。

⑤竖直方向的尺寸和标高尺寸主要标注室内外各部分的高度尺寸，包括室外地坪至房屋最高点的总高度、各层层高、门窗洞口高度及其他必要的尺寸。标高主要标注室内外地面、各层楼面、地下层地面与楼梯休息平台、阳台、檐口或女儿墙顶面、高出屋面的水箱顶面、烟囱顶面、楼梯间顶面、电梯间顶面等处的标高。

⑥楼地面、屋顶的构造、材料与做法可用引出线说明，引出线指向所说明的部位，并按其构造的层次顺序，逐层加以文字说明；也可另画剖面节点详图或在施工说明中注明，或注明套用标准图或通用图（须注明所套用图集的名称及图号）。在 1∶100 的剖面图中也可只示意性地表示其厚度。

⑦详图索引符号。

（5）建筑详图

1）概述

在施工图中，对房屋的细部或构配件用较大的比例（如 1∶20、1∶10、1∶5、1∶2、1∶1 等）

将其形状、大小、材料和做法等，按正投影的方法、详细而准确地画出来的图样，称为建筑详图，简称详图。详图也称大样图或节点图。

建筑详图是建筑平、立、剖面图的补充，是房屋局部放大的图样。详图的数量视需要而定，详图的表示方法，视细部构造的复杂程度而定。详图同样可能有平面详图、剖面详图。当详图表示的内容较为复杂时，可在其上再索引出比例更大的详图。详图的特点是比例较大、图示详尽清楚、尺寸标注齐全、文字说明详尽。详图所画的节点部位，除在有关的平、立、剖面图中绘注出索引符号外，还需在所画详图上绘制详图符号和注明详图名称，以便查阅。

2）外墙身详图

外墙身详图实际上是外墙身剖面的局部放大图，它详尽地表示了从基础以上到屋顶各主要节点，如防潮层、勒脚、散水、窗台、门窗顶、地面、各层楼面、屋面、檐口、楼板与墙的连接，外墙的内外墙面装饰等的构造和做法，是施工的重要依据。外墙身详图的常用比例为 1∶20。

外墙身详图通常绘制成外墙剖面节点详图。因比例较大，对于多层房屋，若中间各层的情况一致，构造完全相同，可只画出底层、顶层和一个中间层来表示。画图时，往往在窗洞中部以折断线断开，外墙身详图成为几个节点详图的组合。但在标注尺寸时，标高应在楼面和门窗洞上下口处用括号加注没有画出的楼层及相应的门窗洞上下口的标高，折断窗洞口的高度尺寸应按实际尺寸标注。

有时，也可不画整个墙身的详图，而在建筑剖面图外墙上各节点标注索引符号，将各个节点的详图分别单独绘制。

外墙身剖面详图的线型要求与建筑剖面图的线型基本相同，但因比例较大，需画出建筑材料详图。

3）楼梯详图

楼梯是多层房屋上下交通的重要设施，由楼梯段、平台和栏板（或栏杆）组成，楼梯段简称梯段、包括踏步和斜梁。平台包括平台板和平台梁。踏步的水平面称为踏面，竖直面称为踢面。

楼梯详图主要表示楼梯的类型、结构形式、各部位的尺寸及做法，是楼梯施工放样的主要依据。

楼梯详图一般包括楼梯平面图、楼梯剖面图及踏步、栏板详图等。其中楼梯平面图和楼梯剖面图的比例要一致，常用 1∶50。楼梯详图一般分建筑详图与结构详图，分别绘制，并分别编入“建施”和“结施”中；但当楼梯结构较简单时，也可将楼梯的建筑详图和结构详图合并绘制，编入“建施”和“结施”均可。

楼梯建筑详图的线型及表达方法与相应的建筑平面图和建筑剖面图相同。

5.3　结构施工图设计

5.3.1　结构施工图设计概述

结构施工图是关于承重构件的布置，使用的材料，形状，大小，及内部构造的工程图样，是承重构件以及其他受力构件施工的依据。 一般情况下，结构施工图包含以下内容:结构总说明、基础布置图、承台配筋图、地梁布置图、各层柱布置图、各层柱配筋图、各层梁配筋图、屋面梁配筋图、楼梯屋面梁配筋图、各层板配筋图、屋面板配筋图、楼梯大样、节点大样。但对于旧工业建筑的改造，一般情况下只用作各种结构布置图，只有当改造时荷载变化特别大才要求配筋图等作结构验算。

在房屋设计中，除进行建筑设计，画出建筑施工图外，还要进行结构设计。即根据建筑各方面的要求，进行结构选型和构件布置，再通过力学计算，决定房屋各承重构件（下图中的梁、墙、柱及基础等）的材料、形状、大小，以及内部构造等等，并将设计结果绘成图样，以指导施工，这种图样称为结构施工图，简称“结施”。承重构件所用材料，有钢筋混凝土、钢、木及砖石等。

建筑结构的分类可以从以下两方面进行

1）按主要承重构件的材料不同，可分为：

木结构——承重构件全部为木材。

砖木结构——墙用砖砌筑，梁、楼板、屋架都为木料制成。

砖混结构——墙用砖砌筑，梁、楼板、屋面都为钢筋混凝土构件。

钢筋混凝土结构——柱、梁、楼板、屋面都为钢筋混凝土构件。

钢结构——承重构件全部为钢材。

对于一般旧工业建筑主要是钢筋混凝土结构。

2）按结构形式的不同，分为砌体结构、排架结构、网架结构、框架结构、剪力墙结构（包括框—剪、全剪和简体结构）。结构不同，其施工图纸也不尽相同，本节以常用的框架结构说明结构施工图。

房屋结构中的基本构件种类繁多，布置复杂，为了便于绘制和查阅，构件名称一般用代号表示，代号后应用阿拉伯数字标注该构件型号或编号。常用构件代号见表 5.1。预应力钢筋混凝土构件代号，应在构件代号前加注“Y—”，如 Y—KB 表示预应力钢筋混凝土空心板。

常用构件代号　　　　表 5.1

序号	名称	代号	序号	名称	代号	序号	名称	代号
1	板	B	19	车档	CD	37	框架柱	KZ
2	屋面板	WB	20	承台	CT	38	构造柱	GZ

续表

序号	名称	代号	序号	名称	代号	序号	名称	代号
3	空心板	KB	21	圈梁	QL	39	设备基础	SJ
4	槽形板	CB	22	过梁	GL	40	桩	ZH
5	折板	ZB	23	连系梁	LL	41	挡土墙	DQ
6	密肋板	MB	24	基础梁	JL	42	地沟	DG
7	楼梯板	TB	25	楼梯梁	TL	43	柱间支撑	ZC
8	盖板或沟盖板	GB	26	框架梁	KL	44	垂直支撑	CC
9	挡雨板或檐口板	YB	27	框支梁	KZL	45	水平支撑	SC
10	屋架	WJ	28	屋面框架梁	WKL	46	梯	T
11	吊车安全走道板	DB	29	檩条	LT	47	阳台	YT
12	墙板	QB	30	雨篷	YP	48	梁垫	LD
13	天沟板	DGB	31	托架	TJ	49	预埋件	M-
14	梁	L	32	天窗架	CJ	50	天窗端壁	TD
15	屋面梁	WL	33	框架	KJ	51	钢筋网	W
16	吊车梁	DL	34	钢架	GJ	52	钢筋骨架	G
17	单轨吊车梁	DDL	35	支架	ZJ	53	基础	J
18	轨道连接	DGL	36	柱	Z	54	暗柱	AZ

绘图时根据图样的用途，被绘物体的复杂程度，选用表 5.2 中的常用比例，特殊情况下也可选用可用比例。

绘图比例要求 表 5.2

图名	常用比例	可用比例
结构平面图基础平面图	1∶50、1∶100 1∶150、1∶200	1∶60
圈梁平面图、总图中管沟、地下设施等	1∶200、1∶500	1∶300
详图	1∶10、1∶20	1∶5、1∶25、1∶4

建筑结构专业制图，选用表 5.3 中所表示的图线。

绘图线型要求　　表 5.3

名称		线型	线宽	一般用途
实线	粗	————	b	螺栓、主钢筋线、结构平面图中的单线结构构件线、钢木支撑及系杆线，图名下横线、剖切线
	中	————	$0.5b$	结构平面图及详图中剖到或可见的墙身轮廓线、基础轮廓线、钢、木结构轮廓线、箍筋线、板钢筋线
	细	————	$0.25b$	可见的钢筋混凝土构件的轮廓线、尺寸线、标注 引出线，标高符号，索引符号
虚线	粗	— — — — —	b	不可见的钢筋、螺栓线，结构平面图中的不可见的单线结构构件线及钢、木支撑线
	中	— — — — —	$0.5b$	结构平面图中的不可见构件、墙身轮廓线及钢、木构件轮廓线
	细	— — — — —	$0.25b$	基础平面图中的管沟轮廓线、不可见的钢筋混凝土构件轮廓线
单点长画线	粗	—·—·—	b	柱间支撑、垂直支撑、设备基础轴线图中的中心线
	细	—·—·—	$0.25b$	定位轴线、对称线、中心线
双点长画线	粗	—··—··—	b	预应力钢筋线
	细	—··—··—	$0.25b$	原有结构轮廓线
折断线			$0.25b$	断开界线
波浪线			$0.25b$	断开界线

5.3.2　结构设计说明

包括抗震设计与防火要求，地基与基础，地下室，钢筋混凝土各结构构件，砖砌体，后浇带与施工缝等部分适用的材料类型、规格、强度等级，施工注意事项等。很多设计单位已把上述内容一一详列在一张“结构说明”图纸上供设计者选用。具体包括以下方面。

（1）工程概况

（2）结构设计的主要依据

1）结构设计所采用的现行国家规范、标准及规程（包括标准的名称、编号、年号和版本号）；

2）建筑物所在场地的岩土工程勘察报告；

3）场地地震安全性评价报告及风洞试验报告（必要时提供）；

4）建设单位提出的与结构有关的符合相关标准、法规的书面要求；

5）初步设计的审查、批复文件。

（3）图纸说明

1）图纸中标高、尺寸的单位；

2）设计标高 ±0.000 所对应的绝对标高；

3）当图纸按工程分区编号时，应有图纸编号说明。

（4）建筑的分类等级

1）建筑结构的安全等级和使用年限，混凝土结构构件的环境类别和耐久性要求，混凝土结构的施工质量控制等级；

2）建筑的抗震设防类别、抗震设防烈度（设计基本地震加速度、设计地震分组、场地土类别及结构阻尼比）和钢筋混凝土结构的抗震等级；

3）地下室及水池等防水混凝土的抗渗等级；

4）人防地下室的类别（甲类或乙类）及抗力级别；

5）建筑的耐火等级和构件的耐火极限。

（5）设计采用的荷载（作用）

1）楼（屋）面均布荷载标准值（面层荷载、活荷载、吊挂荷载等）及墙体荷载、特殊荷载（如设备荷载）等；

2）风荷载（基本荷载及地面粗糙度、体型系数、风振系数等）；雪荷载（基本雪压及积雪分布系数等）；

3）地震作用、温度作用及防空地下室结构各部位的等效静荷载标准值等。

（6）主要结构材料

1）结构所采用的材料，如混凝土、钢筋（包括预应力钢筋）、砌体的块材和砌筑砂浆等结构材料，应说明其品种、规格、强度等级、特殊性能要求、自重及相应的产品标准；

2）成品拉索、预应力结构构件的锚具、成品支座（如各类橡胶支座、钢支座、隔震支座等）、阻尼器等特殊产品的参考型号、主要性能参数及相应的产品标准；

3）钢结构所用材料（包括连接材料）。

（7）地基与基础

1）地基的处理方式；

2）基础类型。

5.3.3 结构施工图纸

（1）结构平面布置图

楼层结构平面布置图是假想用一水平剖切平面沿楼板面将房屋剖开后所作的楼层结构的水平投影图。它主要用来表示每层的梁、板、柱、墙等承重构件的平面布置，或现浇楼板的构造与配筋，以及它们之间的结构关系。它是安装各层楼面的承重构件、制作圈梁和局部现浇板的施工依据。一般房屋有几层，就应画出几个楼层结构平面布置图，但对于结构布置相同的楼层，可只画一个标准层的楼层结构平面布置图。

楼层结构平面布置图中可见的墙、柱、梁轮廓线用中粗实线绘制，不可见的墙、柱、梁轮廓线用中粗虚线绘制，剖到的钢筋混凝土柱用涂黑表示，板的轮廓线用细实线表示。

图中的构件如果能用单线表示清楚时，也可用单线表示。梁、屋架、支撑等可用粗点画线表示其中心位置。楼梯间或电梯间因另有详图，可在平面图上用两条交叉的对角线表示。

一般情况下图示内容包括以下几点：

① 图名、比例：楼层结构平面布置图的常用比例为 1 : 50、1 : 100 和 1 : 200。

② 定位轴线及其编号：楼层结构平面布置图中的定位轴线及其编号应与建筑平面图一致。

③ 墙、柱、梁等构件的位置和编号，门窗洞口的布置。

④ 预制板的跨度方向、数量、代号、型号或编号。

⑤现浇板的钢筋配置。

⑥圈梁或门窗洞过梁的编号。

⑦轴线间尺寸和构件的定位尺寸，各种梁、板的底面结构标高。

⑧有关剖切符号或详图索引符号。

⑨施工说明，附注注明选用预制构件的图集编号、各种材料强度等级、板厚等。

图 5.3 为某旧工业厂房的柱网布置图。

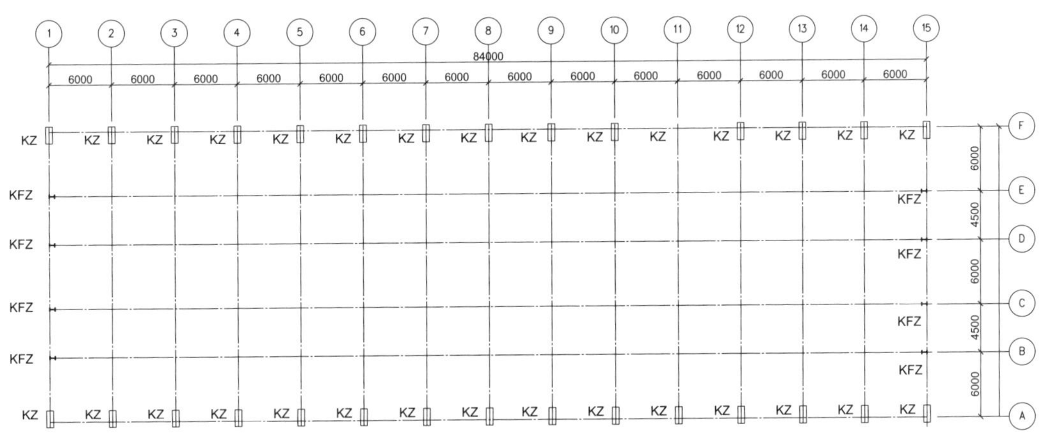

图 5.3　某旧工业厂房柱网布置图

（2）构件详图

在改造过程中，使用的各构件都需要按照设计的来，一般情况下，构件有混凝土构件、钢构件、木构件，这里以混凝土构件为例加以说明。

图 5.4 所示的是一单跨钢筋混凝土简支梁的配筋图，梁的两端搁置在砖墙上。从梁的断面图和立面图可知，该梁的断面形状为矩形，梁宽 150mm，梁高 300mm，梁长 3840mm。

1-1 断面表示梁跨中的情况，2-2 断面表示梁端部的情况。从 1-1 断面图可知，梁的下部配置了三根受力筋，其中 1-1 断面表示梁跨中的情况，2-2 断面表示梁端部的情况。

从 1-1 断面图可知，梁的下部配置了三根受力筋，其中 ① 号钢筋两根，配置在梁下部的两角处，是直径为 12mm 的 Ⅰ 级钢筋；② 号钢筋一根，配置在梁下部的中间，是直径为 14mm 的 Ⅰ 级钢筋；梁的上部两角处配置了两根架立筋 ③ 号钢筋，是直径为 8mm 的 Ⅰ 级钢筋；④ 号钢筋是箍筋，矩形，它是直径为 6mm 的 Ⅰ 级钢筋，每隔 150mm 放置一个。其中 ② 号钢筋为弯起钢筋，在接近于梁的两端支座处弯起（梁高小于 800mm 时，弯起角度为 45°；梁高大于 800mm 时，弯起角度为 60°）。在 2-2 断面图中，除 ② 号钢筋已弯至上部外，其他没有变化。此外，钢筋的品种、直径、根数、间距等，一般也是在断面图的编号引出线上注明。

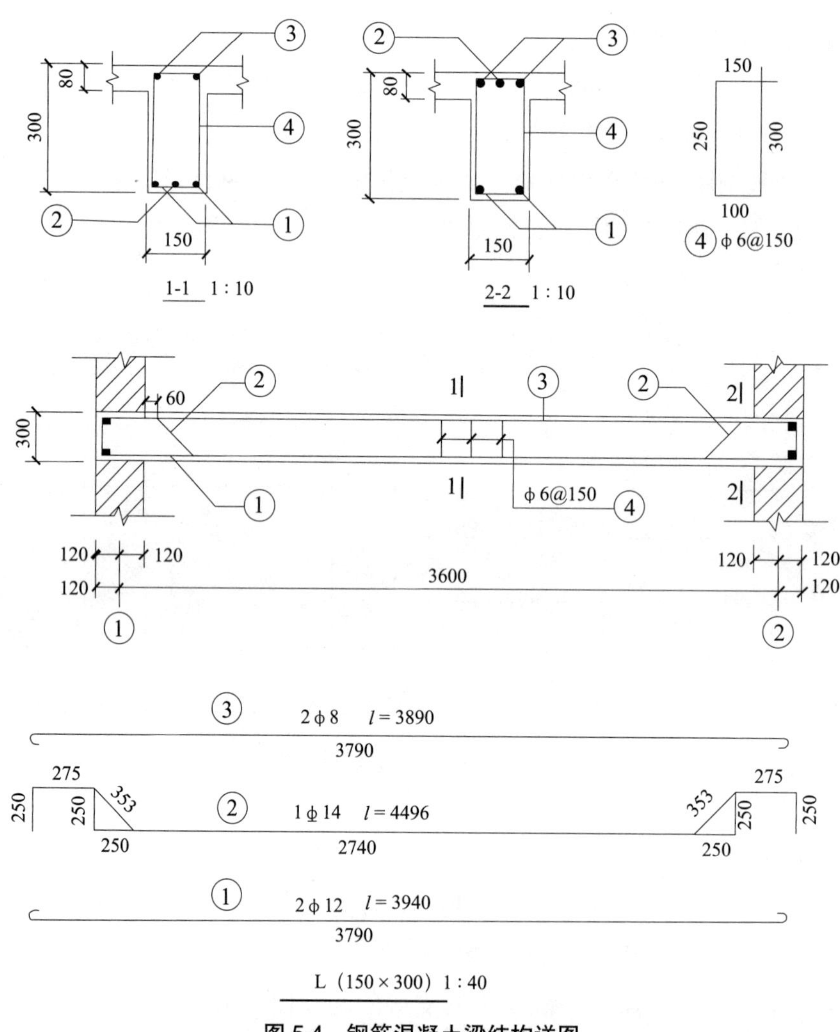

图 5.4 钢筋混凝土梁结构详图

在完成详图的绘制后，还需在图的图面上做一个材料表，用以表达详图中的材料信息。

5.4　设备施工图设计

5.4.1　给水排水施工图设计

（1）概述

给水排水工程包括给水工程和排水工程两个方面，是现代化城市及工矿企业建设必要的市政设施。给水工程是指自水源取水后，经自来水厂将水净化处理，再由管道输配水系统把净水送往用户的配水龙头、生产装置和消火栓等设备；排水工程是指污水或废水由排泄工具输入室外污水窨井，再由污水管道系统排向污水处理厂，经处理后排入江河湖泊等工程。给水排水工程都由各种管道及其配件和水的处理、贮存设备等组成。

给水排水施工图按其作用和内容来分，有以下几种：

室内给水排水施工图：此类图一般有管道平面布置图、管道系统轴测图、卫生设备或用水设备等安装图。室内给水、排水管道平面布置图主要是表示室内给水排水设备和给水、排水、热水等管道的布置。为了说明管道空间联系情况和相对位置，通常还把室内管网画成轴测图。它与平面布置图一起是室内给水排水施工图的重要图样。

室外管道及附属设备图：为说明一个市区或一个厂（校）区或一条街道的给水排水管道的布置情况，就需要在该区的总平面图上，画出各种管道的平面布置，这种图称为该区的管网总平面布置图。有时为了表示敷设在室外地下的各种管道埋置深度及高程布置，还配以相应的管道的纵剖面图和横剖面图等。管道的附属设备图是指如管道上的阀门井、水表井、管道穿墙、排水管相交处的检查井等构造详图。

水处理工艺设备图：这类图样是指自来水厂和污水处理厂的总平面布置图、高程布置图等。如水厂内各个构筑物和连接管道的总平面布置图、反映高程布置的流程图，还有取水构筑物、投药间、水泵房等单项工程平面图和剖面图等；另外还包括各种水处理构筑物，如沉淀池、过滤池、曝气池、消化池等全套图样。

为了统一给水排水专业制图规则，保证制图质量，提高制图效率，做到图面清晰、简明、符合设计、施工、存档要求，适应工程设计需要，国家制定了《建筑给水排水制图标准》GB/T 50106—2010。常用绘图比例见表 5.4。

常用绘图比例　　表 5.4

名称	比例	备注
区域规划图 区域位置图	1 : 50000、1 : 25000、1 : 10000 1 : 5000、1 : 2000	宜与总图专业一致
管道纵断面图	纵向：1 : 200、1 : 100、1 : 50 横向：1 : 1000、1 : 500、1 : 300	
水处理（站）平面图	1 : 500、1 : 200、1 : 100	
水处理构筑物、设备间、卫生间、泵房平面图	1 : 100、1 : 50、1 : 40、1 : 30	

续表

名称	比例	备注
建筑给水排水平面图	1 : 200、1 : 150、1 : 100	宜与建筑专业一致
建筑给水排水轴测图	1 : 150、1 : 100、1 : 50	宜与相应图样一致
详图	1 : 50、1 : 30、1 : 20、1 : 10、1 : 5、1 : 2、1 : 1、2 : 1	

（2）设计总说明

1）工程概况：需写明工程名称、工程地点、建筑层数、建筑面积等信息；

2）设计依据：注明建筑专业提供的条件图及甲方提供的相关资料，建设单位提供的技术要求及相关资料以及设计参考的各种国家规范，例如《建筑给水排水设计规范》GB 50015—2003（2009 年版）；

3）设计范围：室内给水系统、室内排水系统、屋面雨水系统、室内消防栓给水系统、喷淋系统等需注明；

4）系统设计：包括生活给水系统、生活污水排水系统、雨水排水系统、消防栓系统、自动喷洒灭火系统等；

5）管材及接口；

6）阀门及附件；

7）管道敷设；

8）管道试压：管道安装完毕后应根据设计规定对管道系统进行强度、严密性实验，以检查管道系统及连接部位的工程质量；

9）防腐及油漆；

10）管道冲洗；

11）节能；

12）其他：例如标注单位的说明等。

（3）室内给水排水施工图

室内给水排水工程图是房屋设备施工图的一个重要组成部分，它包括设计总说明、给水排水管网平面布置图、给水排水系统图、详图等几部分、主要用于解决室内给水及排水方式、所用材料及设备的规格型号、安装方式及安装要求、给水排水设施在房屋中的位置以及与建筑结构的关系、与建筑中其他设施的关系等一系列内容，是重要的技术文件。

1）给水排水管网平面布置图：室内给水排水管网平面布置图主要是表示给水排水管道及设备的安排和布置，是室内给水排水工程图的重要图样，也是绘制其他室内给水排水工程图的重要依据。包括给水管网平面布置图和排水管网平面布置图。就中小型工程而言，由于其给水、排水情况相对比较简单，可以把给水平面布置图和排水平面布置图合并画在同一张图上，为防止混淆，有关管道和设备的图例应区分标注。对于其他较复杂的工程，其给水管网平面布置图和排水管网平面布置图应分开绘制，可分别绘制生活给水平面布置图、生产给水平面布置图、消防喷淋给水平面布置图、污水排水平面布置图、雨水排水平面布置图等。平面布置图应分层绘制。若各楼层管道的平面布置相同，则可只画出底层给水排水管网平面布置图、标准层给水排水管网平面布置图和屋顶给水排水管网平面布置图。

平面布置图中的房屋图是一个辅助内容，只是起一个陪衬作用，重点应突出管道布置和卫生设备，所以房屋建筑平面图的墙身和门窗等构造的线型，一律都画成细实线，也不必标注门窗代号。各种卫生器具的图例也用细实线绘制。各种管道不论直径大小，一律用宽度为 b 的粗单线表示。这样可使图样更为清晰明确。

为了充分显示房屋建筑与室内给水排水管道及设备间的布置和关系，又因为室内管道与室外管道相连，所以底层平面布置图，必须单独画出一个完整的房屋平面图，如图 5.5 所示。此图因限于篇幅只画出厕所部分有关给水排水内容的平面图。

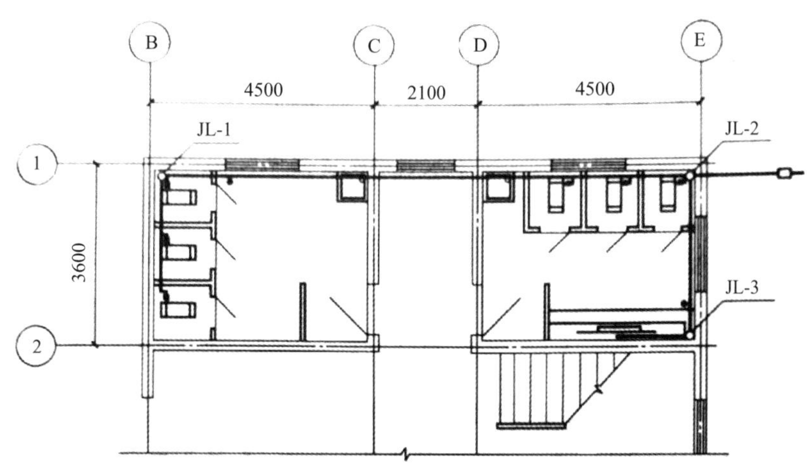

图 5.5　某建筑底层给水排水平面图

在大型的工业与民用建筑中，如各种不同性质的管路系统较多，则应按照规范选择相应的管路代号，在管线中间注上相应的汉语拼音字母代号。如果管路种类不多，可以用不同的线型来表示。如给水管用粗实线表示，排水管用粗虚线表示。立管在平面图中可以小圆圈表示。

给水管网平面布置图主要表示给水管道、卫生器具、管道附件等的平面布置。排水管网平面布置图主要表示排水管道、地漏、卫生器具的平面布置。每层卫生设备平面布置图的管路，是以连接该层卫生设备的管路为准，而不是以楼面作为分界线的。

2）管系轴测图：由于平面布置图只能反映两个方向的向度，为了更清楚地表明管道间的布置和连接情况，除了绘制管道平面布置图外，还应绘制给水排水轴测图，也称系统，通常画成正面斜等测图。管道布置方向应与平面图一致，并按比例绘制，轴测图的绘图比例一般与平面图布置图相同。局部管道按比例不易表示清楚时，可不按比例绘制。通常把房屋的高度方向作为 *OZ* 轴，*OX* 和 *OY* 轴的选择则以能使图上管道简单明了、避免管道过多地交错为原则。

3）安装详图室内给水排水管网平面布置图及管网轴测图，只表示了管道的连接情况、走向和配件的位置。这些图样比例较小，而且配件的构造和安装情况均用图例表示。为了便于施工，对构配件的具体安装方法，需用较大的比例（一般为 1 : 25 ~ 1 : 5）画出其安装详图。

详图主要有水表井、消火栓、水加热器、检查井、卫生器具、穿墙套管、管道支架、水泵基础等设备。对于设计和施工人员，必须熟悉各种设备的安装详图，并使平面布置图与管系轴测图上的有关安装位位置和尺寸与安装详图一致，以免施工安装时引起差错。

（4）室外管网平面布置图

室外管网平面布置图主要是用来表示新建建筑物室内给水排水管道与室外管网的连接情况，常用比例为 1 : 500 ~ 1 : 1000，也可取与该区建筑总平面图相同的比例。在室外管网平面布置图中只画出局部室外管网的干管，以能说明与给水引入管和排水排出管的连接情况即可。管道均可用粗单线表示，但各种管道可用不同线型来区别，如用粗实线表示给水管道，用粗虚线表示排水管道，用粗单点画线表示雨水管道，用中实线画出建筑物的轮廓线。水表、消火栓、检查井、化粪池等附属设备，则可用给水排水工程的专业图例，用 0.25*b* 的细线画出。

5.4.2 暖通施工图设计

（1）概述

随着国民经济的发展，人们对居住和工作地点的生产、生活环境要求越来越高。所以建筑物的采暖、通风和通过空调来调节人居环境就显得越来越重要。

1）供暖系统分类、组成：供暖就是用人工方法向室内供给热量，以创造适宜的生活条件或工作条件的技术。供暖系统都是由热媒制备（热源）、热媒输送和热媒利用三个部分组成。根据三个部分的相互位置不同又分为局部供暖系统和集中供暖系统，局部供暖系统中三个部分在构造上都在一起，如烟气供暖（火炉、火坑等）、电热供暖和燃气供暖等；集中供暖系统，是指热源和散热设备分别设置，用热媒管道相连接，由热源各个建筑物或房间供给热量，如采用锅炉、供热管道、散热器等供暖。根据供暖系统散热的方式不同可分为对流供暖和辐射供暖。对流供暖主要以对流换热方式供暖，因散热设备是散热器，又称为散热器供暖系统；辐射供暖是以辐射传热为主的供暖方式。

集中供暖系统按所用热媒不同有以下几种形式：

① 热水供暖系统是以热水作为热媒的供暖系统。按照系统循环动力的不同分为重力（自然）循环系统和机械循环系统；按照供回水方式的不同分为单管系统和双管系统；按照管道敷设方式的不同分为垂直式系统和水平式系统；按照热媒温度的不同分为低温水供暖系统和高温水供暖系统。

② 蒸汽供暖系统是以蒸汽作为热媒的供暖系统。按照供汽压力的大小，分为高压蒸汽供暖（压力高于 70kPa）、低压蒸汽供暖（压力等于或低于 70kPa）真空蒸汽供暖（压力低于大气压），因真空蒸汽供暖要使用真空泵装置，系统复杂，比较少用按照蒸汽干管布置的不同分为上供式、中供式、下供式三种；按照立管的布置特点，分为单管式和双管式，我国绝大多数蒸汽供暖系统采用双管式；按照回水动力不同，分为重力回水和机械回水两种。其中高压蒸汽供暖系统都采用机械回水方式。

③ 热风供暖系统是以热风作为热媒的供暖系统。主要由通风机、空气加热器等组成的联合机组向室内送出暖风的供暖系统，室内空气在通风机作用下被抽入机体，流经空气加热器被加热后又送回室内，以维持室内的采暖温度。

2）通风系统分类、组成：通风就是把室内被污染的空气直接或净化后排至室外，把新鲜空气补充进来，从而保持室内的空气环境符合卫生标准和满足生产工艺的要求。

不同类型的建筑对室内空气环境要求不尽相同，因而通风装置在不同的场合的具体任务及其结构形式也完全不一样。

一些发热量小而污染轻微的小型工业工厂的厂房，通常只要求保持室内空气清洁新鲜，并在一定程度上改善室内气象参数——空气的湿度、相对湿度和流动速度。为此，一般只需采取一些简单的措施，如通过门窗孔口换气，利用穿堂风降温，利用风扇提高空气的流速。在这些情况下，无论对进风还是排风，都不进行处理。

在工业生产中有许多车间，伴随着工艺过程散发出大量的热、湿、各种工业粉尘以及有害气体。对这些有害物如不采取防护措施，将会污染和恶化车间的空气及大气，危害人们的健康，影响生产的正常进行、损坏机器设备及建筑结构，危及周围的动、植物正常生长；另外，许多工业粉尘和气体还是值得回收的原料。因此，就要对工业有害物采取有效的防护措施，消除其对工人健康和生产的危害，创造良好的劳动条件。同时尽可能对它们回收利用，化害为利，并切实做到防止大气污染。这样的通风叫做“工业通风”。

通风与空调设备的主要功能是排除生活房间或生产车间的余热、余湿、有害气体、蒸汽和灰尘等，并送入处理过的新鲜空气，创造舒适的生活和生产环境，达到生活或生产工艺的要求。通风与空调工程通常可分为工业通风和空气调节两大系统。

工业通风主要是对生产中出现的粉尘、高温、高湿及有害气体等进行控制，从而保持一个良好的生产工作环境。通风系统可分为自然通风和机械通风。自然通风是利用房间内外冷热空气的密度差异和房间迎风面、背风面的风压高低来进行空气交换的机械通风是使用通风设备向厂房（房间）内送入或排出一定数量的空气。

3）空调系统分类、组成：空气调节（简称空调）就是控制室内空气的温度、湿度、清洁度和流动速度等，使其符合一定要求的工程技术。空调工程按照要求的不同有以下几种：要求空气温度和相对湿度恒定在一个较小的范围内的空调工程，称为“恒温恒湿”空调，常用于机械工业的精加工车间；不要求空气温、湿度恒定，只求冬暖夏凉来满足人体舒适要求的空调，称为舒适性空调；不仅要求恒温、恒湿，而且对空气中所含尘量和尘粒大小也有严格要求的空调，称为净化空调，如电子工业的光刻、扩散、制版等处所要的空调；无菌空调（用于医疗上的手术室等）；除湿为主的空调（用于地下建筑和洞库等）。

空调系统的分类：

① 按系统的运行压力不同分为低压系统、中压系统和高压系统。

② 按空气处理设备的布置情况分为集中式、半集中式和全分散式空调系统。

集中空调系统，又称“中央空调”，是指空调处理设备（包括风机、冷却器、加热器、加湿器、过滤器等）集中在一个专用的空调机房内，空气经过处理后通过管道送入各个房间，多用于一些大型的公共建筑，如宾馆、影剧院、商场、精密车间等。

半集中空调系统，是指除集中处理室外，尚有分散在各空调房间内的二次处理设备（或称末端设备），且通常设有冷、热交换器，它又分为诱导式和风机盘管式两种。

全分散式空调系统，是指没有集中的空调机房，完全采用组合式空调机组在空调房间内或附近就地处理空气的一种局部空调方式。适用于空调房间较小且分散的场合，空调机组有窗式空调机、壁挂空调机、立柜式空调机及恒温恒湿机组等。

（2）采暖工程施工图

1）室内采暖系统施工图

室内采暖系统施工图主要由目录、说明书、采暖平面图、采暖系统图、节点图等组成。

① 目录：标注单位工程名称、图号的编码、图纸名称及数量、图纸规格等内容。

② 说明书：以文字方式叙述热媒性质、压力、系统总耗热量及系统的阻力损失、采用管材材质与种类、散热器形式、阀门型号、管道连接方式、强度试验要求、保温做法、疏水器型号和特殊要求或做法、补偿器的类型及型号等。

③ 首层、标准层、顶层或每层的采暖系统平面图：平面图标注出采暖于管的位置、走向、管径、散热器布置的位置和数量、补偿器和固定支架的位置、自动排气阀（或集气罐）的型号及位置、室内地沟敷设检查口的位置、疏水器位置等。

④ 采暖系统图：要反映管道立体布置情况，是补充平面图无法表示清楚的图纸。系统图又称透视图，可反映立支管的连接方式和管径、立支管阀门的位置、支管与散热器的连接方法、管道的标高、管道的坡度与坡向、主干管上做分支管道的三维空间连接方法、散热器的安装高度和连接方法、自动排气阀（集气罐）安装位置和标高等内容。在施工中可与平面图相互参照，以便更准确地完成设计者的意图。

⑤节点大样图：局部管道布置较为复杂时，或建筑物屋顶上设有膨胀水箱时，可增

加大样图，将局部放大表示清楚，以便于施工者操作。

2）室外采暖管道施工图

室外采暖管道施工图主要包括有图纸目录、说明书、管道平面图、管沟剖面图、各种热力和阀门井节点大样图等。

① 图纸目录及说明书：图纸目录主要是图纸编号及名称。说明书中主要是表述管道输送热媒的性质、工作压力、管道材质、减压阀、疏水器、调压板等规格与型号一览表，补偿器的型号类型和预拉伸量，保温层的厚度及做法，热力入口的做法或参照的图集名称等内容。

② 管道平面图：平面图中可表示出管道系统敷设方法。当地沟敷设时，平面图的内容主要需标注建筑物的平面坐标和各建筑物间相对位置；管沟的走向和坡向；管沟中心与建筑物的距离；每栋建筑物热力入口位置；各类热力井和阀门井的位置与编号；补偿器的位置、编号和固定支架的位置；管道管径；沟内管道的根数（不论管道在地沟内如何排列，其敷设的根数均应在平面图中表示出来）；标注出每根管道的起始点的标高（均以绝对标高标注）、变坡点和接出分支管道的起点标高；管道的坡度和坡向（或注出终点的标高）等。

当室外管网采用架空敷设时，平面图中标注管道平面布置和走向；管径；补偿器位置和与固定支架的间距；管架（或管墩）编号；管道根数和标高；检修平台的位置；分支管道连接方法；管架坐标或与建筑物相对尺寸等内容。

③ 管沟剖面图：当采用管沟敷设时，还需增加管沟剖面图，管沟剖面图可表示出地沟断面尺寸；管道在沟内排列的方式和顺序；管道排列间距和与地沟壁的相对尺寸；活动支架和固定支架的类型和做法；型钢的规格，当地沟断面变化时，应做出剖面图表示管道在沟内相对位置。

④ 节点大样图：在多根管道交叉时，平面图中无法表示清楚的，如阀门井、热力井、检修平台等处其管道具体连接方式，或多根管道交叉时的位置及标高均可采用节点大样图作为辅助施工用图。大样图为了更清楚表示出具体的安装尺寸、标高，一般均放大比例画出。

(3）通风工程施工图

通风施工图由基本图、详图及文字说明等组成。基本图包括通风平面图、剖面图、原理图和系统轴测图；详图包括大样图、节点图和标准图，当详图采用标准详图或其他工程的图样时，在图样的目录中应附有说明。文字说明包括图样目录、设计施工说明、设备及材料表等，如设计所采用的气象资料、工艺标准等基本数据，通风系统的划分方式，通风系统的保温、油漆等统一做法和要求，以及风机、水泵、过滤器等设备的统计表等。

1）平面图：它是施工图中最基本的一种图，是施工的主要依据。平面图主要表示建筑物以及设备的平面布局，管路的走向分布及其管径、标高、坡度坡向等数据。它包括系统平面图、冷冻机房平面图、空调机房平面图等。在平面图中，一般风管用双线绘制，水、汽管用单线绘制。

2）剖面图：它是在平面图上能够反映系统全貌的部位垂直剖切后得到的，剖面图主要表示建筑物和设备的立面分布，管线垂直方向上的排列和走向，以及管线的编号、管径和标高。

3）原理图：它是综合性的示意图，又称流程图。原理图是用示意性的图形表示出所有设备的外形轮廓，用粗实线表示管线。图中反映系统的工作原理、介质的运行方向，设备的编号、建（构）筑物的名称及系统的仪表控制点（度、压力、流量等的测点），另外还可以在施工过程中协调各个环节的进度，安排好各个环节的试运行和调试的程序。

4）系统轴测图：它是以轴测投影绘出的管路系统单线条的立体图。图中反映管线的分布情况，完整地将管线、部件及附属设备之间的相对位置的空间关系表达出来，此外，还注明管线、部件及附属设备的标高和有关尺寸。系统轴测图一般按正等测或斜等测绘制，水、气管道及通风、空调管道系统图均用单线绘制。

5）大样图：它是为了详细表明平、剖面图中局部管件和部件的制作、安装工艺，将此部分单独放大，用双线绘制成图。一般在平、剖面图上均标注有详图索引符号，根据详图索引符号可将详图和总图联系起来看。

6）节点图：它是为了清楚地表示某一部分管道的详细结构及尺寸，对平面图及其他施工图中不能表达清楚的某点图形的放大。

7）标准图：它是一种具有通用性的图样。标准图中标有成组管道设备或部件的具体图形和详细尺寸，但它不能作为单独的施工图样，而只能作为某些施工图的组成部分。

8）图样目录：所有完成的施工图样按一定的图名和顺序逐项归纳编排成图样目录。根据目录可以了解整套图样的大致内容。

9）设计施工说明主要表达的是在施工图样中无法表达清楚，而在施工中施工人员必须知道的技术、质量方面的要求。它无法用图的形式表达，只能用文字形式来表述，包括工程的主要技术数据，如建筑概况、设计参数、系统划分及施工、验收、调试、运行等方面的有关事项。

10）设备及材料表可明确表示所选用设备的名称、型号、数量、各种性能参数及安装地点等内容，并要清楚表达各种材料的材质、规格、强度要求等。

（4）空调工程施工图

空调施工图与通风施工图相似，有文字部分和图样部分。文字部分包括图样目录、设计施工说明、设备及主要材料表。图样部分包括基本图和详图，其中基本图包括平面图、剖面图、空调系统轴测图、原理图等；详图包括系统局部或部件的放大图、加工图、施工图等，如详图中采用了标准图或其他工程图样，则在图样目录中须附有说明；施工说明包括主要施工方法、技术要求、技术参数、质量标准以及采用标准图等。

1）图样目录：包括工程中使用的标准图样或其他工程图样目录，以及该工程的设计。在图样目录中必须完整列出该工程设计图样名称、图号、工程号、图幅大小、备注等。

2）设计施工说明包括采用的气象数据、空调系统的划分及具体施工要求等。

3）设备与主要材料表中给出所需设备与主要材料的型号、数量等。

4）平面图包括建筑物各层面的空调系统、空调机房和制冷机房的平面图等。

① 空调系统平面图说明空调系统的设备、风道、冷热媒管道、凝结水管道的平面布置。

其中风管系统用双线绘出，包括风管系统的构成、布置及风管上各部件、设备（如异径管、三通接头、四通接头、弯管、检查孔、测定孔、调节阀、防火阀、送风口、排风口等）的位置。水管系统用单线绘出，包括冷、热媒管道、凝结水管道的构成、布置及水管上各部件、设备（如异径管、三通接头、四通接头、弯管、温度计、压力表、调节阀等）的位置；并且注明冷、热管道内的水流动方向、坡度。图中还包括各种管道、设备、部件的名称、型号、规格以及它们的定位尺寸、大小尺寸和设备基础的主要尺寸等。

② 空调机房平面图包括空气处理设备，如按标准图集或产品样本要求所采用的空调器组合段代号、空调箱内风机、加热器、表冷器、加湿器等设备的型号、数量及定位尺寸。还有与空调系统平面图类似的风管系统、水管系统和尺寸标注。

③ 冷冻机房平面图包括制冷机组型号与台数、冷冻水泵、冷凝水泵的型号与台数、冷（热）媒管道的布置以及各种设备、管道和管道上的配件（如过滤器、阀门等）的尺寸大小和定位尺寸。

5）剖面图：它是与平面图相对应的，用来说明平面图上无法表明的情况。与平面图对应，空调施工图中剖面图主要有空调系统剖面图、空调机房剖面图、冷冻机房剖面图等。在平面图上标有剖面的位置，剖面图与平面图的内容基本一致，区别主要是在剖面图上还标有设备、管道及配件的高度。

6）系统轴测图：此图采用三维坐标从总体上表明系统的构成情况及各种设备的尺寸、型号、数量等。系统图可以采用单线绘制，也可采用双线绘制。工程上较多采用单线绘制。

7）原理图：原理图主要包括系统的原理和流程空调房设计参数、冷热源、空气处理和输送方式；控制系统之间的相互关系；系统中管道、设备、仪表、部件；整个系统控制点与测点间的联系；控制方案及控制点参数用图例表示仪表、控制元件的型号等。

5.4.3　电气施工图设计

（1）概述

在现代建筑中，电气施工图越来越复杂也越来越重要，电气施工图按照其在工程中的作用不同可做如下分类：

1）供电总平面图：标出在总平面图中的位置、建筑物名称；变、配电站的位置、编号和容量；画出高低压线路走向、回路编号、导线及电缆型号规格、架空线路的杆位、路灯、庭院灯和重复接地位置等。

2）变、配电站图：主要是变、配电站平面布置图，即画出高、低压配电柜、变压器、母干线、柴油发电机房、控制箱、直流电源及信号屏等设备平面布置和主要尺寸。必要时应画出主要剖面图。还有高低压供电系统图，在图中注明设备型号、配电柜及回路编号、开关型号、设备容量、计算电流、导线型号规格及敷设方式、用户名称、二次回路方案编号。

3）动力平面图和系统图：注明配电箱编号、型号、设备容量、干线、设备容量、干线型号规格及用户名称。在系统图中标出各类用电设备的负荷计算。

4）照明平面布置图和系统图：在照明平面图中应该标出灯具数量、型号、安装高度和安装方式。照明配电系统图中要标出控制设备的整定保护值和各支路相序，以便比较，尽量使三相负荷平衡。

5）建筑防雷平面图：画出接闪器（避雷网）、引下线和接地装置平面布置图，并注明材料规格。高层建筑要标明均压环焊接和均压带数量及做法。

6）主要设备及材料表：列表注明设备及材料名称、型号、规格、单位和数量。以便于编制工程设计概算。

7）火灾自动报警及消防联动控制系统、设计系统组成及保护等级的确定。火灾探测器、报警控制器及手动报警按钮等设备的选择。火灾自动报警与消防联动控制要求、控制逻辑关系及监控显示方式。火灾紧急广播及火警专用通信的概述。线路敷设方式及防火措施。消防主、备电源供给，接地方式、阻值的确定。采用电脑控制火灾报警时，需说明与保安、建筑设备电脑管理系统的接口方式、配合方式及配合关系。

电气施工图的图示特点是采用正投影法绘制。在画图时要选取合适的比例，细部构造配以较大比例详图并加以文字说明。由于电气构配件和材料种类繁多，常采用国标中的有关规定和图例来表示。电气施工图和其他图样一样，要遵守统一性、正确性和完整性的原则。统一性，是指各类工程图样的符号、文字和名称要前后一致；正确性，是指图样的绘制要准确无误，符合国家标准，并能正确指导施工；完整性，是指各类技术元件齐全。一套完整的电气施工图主要包括以下内容目录、电气设计说明、电气系统图、电气平面图、设备控制图、设备安装大样图（详图）、安装接线图、设备材料表等。对不同的建筑电气工程项目，在表达清楚的前提下，根据具体情况，可作适当的取舍。

（2）室内电气照明施工图

室内电气照明施工图是以建筑施工图为基础（建筑平面图用细线绘制），并结合电气接线原理而绘制的，主要表明建筑物室内相应配套电气照明设施的技术要求，在做设计时主要考虑以下几方面。

1）图样目录及设计说明：图样目录表明电气照明施工图的编制顺序及每张图的图名、便于查阅。设计说明中主要说明电源来路、线路材料及敷设方法，加料及设备规格、数量、技术参数、供货厂家、施工中的有关技术要求等。

2）电气原理图：电气照明施工图具有很强的原理性，其接线原理应按电工学的有关规定执行。电气原理图主要表明下列内容：

① 建筑物内的配电系统的组成和连接原理；

② 各回路配电装置的组成，用电容量值；

③ 导线和器材的型号、规格、根数、敷设方法，穿线管的名称、管径；

④ 各回路去向；

⑤线路中设备、器材的接地方式。

3）电气照明施工平面图

电气照明施工平面图是在建筑平面图的基础上绘制而成的，设计时需考虑以下方面：

① 电源进户线的位置，导线规格、型号、根数，引入方法（架空引入时注明架空高度，从地下敷设引入时注明穿管材料、名称、管径等）。

② 配电箱的位置（包括主配电箱、分配电箱等）。

③ 各用电器材、设备的平面位置、安装高度、安装方法、用电功率。

④ 线路的敷设方法，穿线器材的名称、管径，导线名称、规格、根数。

⑤从各配电箱引出回路的编号。

⑥屋顶防雷平面图及室外接地平面图，还有反映防雷带布置平面图，选用材料、名称规格、防雷引下方法，接地极材料、规格、安装要求等。

5.5　工程案例分析

5.5.1　项目概况

红博·西城红场由哈尔滨西城红场购物中心有限责任公司建设，位于中国黑龙江省哈尔滨市哈西新区核心地段，与哈尔滨新的交通枢纽——哈尔滨西客站直线距离仅500m，地块东侧为哈西大街，南临中兴大道，西侧为和谐大道，北侧为北兴街，周边写字间、高端住宅林立。建筑功能以展览、商业为主。

哈尔滨西城红场 A-01 地块 2 号厂房，总建筑面积为 7037.70m^2，建筑基底面积为 4130.20m^2，建筑高度为 16.65m（室外设计地面至屋面檐口），建筑设计标高为 ±0.000m，相当于绝对标高 160.70m，首层层高为 6.6m，二层层高为 6.3m（至屋架底），本工程为 3 类建筑，设计使用年限为 50 年，结构形式为钢框架结构，抗震设防烈度为 6 度。

设计范围包括建筑、结构、暖通、给水排水、电气专业的建筑单体设计，不包括总图的景观、道路工程。本工程为改建建筑，原为工业厂房现改为商业卖场，保留建筑为原有门式钢架结构，红砖外墙，及预制屋面，增加一层（采用钢框架结构）并对外立面进行改造。内装修工程由建设单位另行委托具有相应设计资质的设计公司进行深化设计。本文以建筑施工图设计为例进行介绍。

5.5.2 设计说明

（1）设计依据

1）建设单位提供的设计委托任务书及建设单位认定的建筑方案。

2）建设审批单位及相关部门批准的本工程设计文件。

3）建设单位提供的规划图、线测图。

4）工程地质报告。

5）设计执行的主要法规和所采用的主要标准：《民用建筑设计通则》GB 50352—2005；《高层民用建筑设计防火规范》GB 50045—95（2005 年版）；《建筑设计防火规范》GB 50016—2006；《商店建筑设计规范》JGJ 48—88；《建筑灭火器配置设计规范》GB 50140—2005；《公共建筑节能设计标准》GB 50189—2005；《屋面工程技术规范》GB 50345—2012；《无障碍设计规范》GB 50763—2012；《公共建筑节能设计标准黑龙江省实施细则》DB 23/1269—2008。

（2）建筑防火设计

1）建筑防火类别：超高层公共建筑裙房

2）耐火等级：二级

3）防火分区：每层分为一个防火分区，每个防火分区均小于 5000m^2。与中央采用防火墙分隔，门窗洞口设甲级防火门窗及特级防火卷帘分隔。

4）防烟分区：每个防烟分区面积小于 500m^2，排烟、排烟口的布置及防烟分区详见风施。

5）安全疏散：

① 安全出口：本工程地上安全出口均分散布置，一层沿外墙设置外门，二层在建筑四角设置 4 隔疏散楼梯，且安全出口之间的距离不小于 5.0m。

② 疏散距离：设备用房位于两个安全门之间的房间疏散门至最近的外部出口货楼梯间的疏散距离均小于 40m；位于袋形走道两侧及尽端的房间疏散门至最近的外部出口或楼梯间的疏散距离均小于 20m，房间内的疏散距离均不大于 15m，展览、商业其室内任一点至最近的疏散口的直线距离不超过 37.50m。

③ 疏散宽度及疏散楼梯：一层外墙四周均设外门，疏散总宽度 14.50m，满足疏散宽度及疏散距离的要求。二层设有 4 部疏散楼梯，楼梯总净宽为 6.00m，二层展览、商业建筑面积为 2155m^2。各部分使用人数为咖啡、书吧固定座位 88 个，使用人数为 132 人（等

候人数按 0.5 计算)、儿童工坊（93 人，按每人使用面积 1.5m^2 计算)、艺术衍生品店（180 人)、画廊（243 人)、办公（30 人)、其他工作、使用人员 150 人，合计使用人员 828 人，满足要求（按《建筑设计防火规范》5.3.17 条，每 100 人按 0.65m 计算)。

6）灭火器配置：

建筑灭火器配置场所危险等级为中危险级，火灾种类为 A 类，修正系数按 0.5 取值，选用手提式磷酸铵盐干粉灭火器。建筑灭火器配置详见各层平面图图纸。

7）防火构造措施：

① 防火分区之间采用耐火极限不低于 3h 的防火墙、火灾时能自行关闭甲级防火门及耐火极限不低于 3.0h 的特级防火卷帘分隔。防火卷帘应安装在建筑的承重构件上，卷帘上部如不到顶，上部空间应用耐火极限与墙体相同的防火材料封闭。上部封堵做法详见 07J905-1 第 47 页节点 65。

② 本工程中防火门均应在关闭后能从任何一侧手动开启；用于疏散走道、楼梯间等常开的防火门应具有自动关闭的功能，双扇门应设顺序器，同时增设释放器和信号反馈功能。

③ 管道穿过隔墙、楼板时应采用不燃烧材料将其周围的缝隙填塞密实。

④ 依据中华人民共和国公安部、住房和城乡建设部联合发布的《民用建筑外墙保温系统及外墙装饰防火暂行规定》的通知（公通字 [2009]46 号文件要求对相关部位进行防火设计)。

⑤外墙内保温采用 60 厚阻燃型挤塑板保温，燃烧性能为 B1 级。

（3）砌体工程

1）外墙（由外至内)：使用原建筑外墙（370 红砖）内增设 60 厚阻燃型挤塑板保温层。

2）内墙：200 厚空心页岩陶粒混凝土砌块或 240 厚装饰用标准砖。

3）空心页岩陶粒混凝土砌块密度 800kg/m^3，阻燃型挤塑板密度为 32kg/m^3，红砖密度为 800kg/m^3。

4）本工程选用外墙内保温体系，做法参照国家标准图集《墙体节能建筑构造》06J123-F 系统设计。

（4）屋面工程

1）本工程屋面防水等级为Ⅱ级，按不上人屋面设计。

2）屋面防水层选用：屋面采用 3+3mm 厚 SBS 改性沥青防水卷材（Ⅱ）型，保温材料选用 100 厚阻燃型挤塑板（32kg/m^3）分两层错缝铺设，屋面与外墙交界处设置 500 宽岩棉防火隔离带，隔汽层采用 3mm 厚 SBS 改性沥青防水卷材。

3）屋面排水采用有组织内排水形式，具体详屋顶平面及水施图。

（5）门窗工程

1）门窗比例的选用应遵照《建筑玻璃应用技术规程》JGJ 113 和《建筑安全玻璃管

理规定》发改运行[2003]2116号及地方主管部门的有关规定。

2）门窗的加工要满足当地主管部门要求的抗风压性能、气密性、保温性等各项物理指标的要求。

外窗传热系数 $K \leqslant 2.0$W/（$m^2 \cdot K$），气密性不低于6级，外门传热系数 $K \leqslant 2.5$W/（$m^2 \cdot K$）。

外窗抗风压性能不低于4级，水密性不低于3级，隔音性能不低于3级，保温性能为6级。

3）门窗立面均表示洞口尺寸，门窗加工尺寸按照装修面层厚度及现场实测洞口尺寸，由承包商予以调整，门窗加工前要重新核对门窗数量及分格。

4）门窗分格时，单块玻璃面积≥1.5m^2时，采用安全玻璃。

5）本工程外门采用深灰色金属烤漆断冷桥玻璃保温外门；设备机房采用成品甲级防火门；用于划分防火分区为特级防火卷帘（耐火极限为3.0h）。

（6）幕墙工程

1）玻璃幕墙的设计、制作和安装应执行《玻璃幕墙工程技术规范》JGJ 102。

2）金属与石材幕墙的设计、制作和安装应执行《金属与石材幕墙工程技术规范》JGJ 133。

3）本工程玻璃幕墙采用明框玻璃幕墙，传热系数 $K \leqslant 2.0$W/（$m^2 \cdot K$）。

4）本工程的幕墙立面图仅表示立面形式、分格、开启方式、颜色和材质要求。

5）幕墙工程应由具有相关资质的厂家依据建筑设计图纸进行二次设计。二次设计经施工图单位核准、建设单位确认后，由厂家配合施工。幕墙支撑体系与结构支撑体系同步协调施工。

6）幕墙工程应满足防火墙两侧、窗间墙、窗坎墙的防火要求，同时满足外围护结构的各项物理、力学性能要求。

（7）防水、防潮措施

1）本工程中卫生间内隔墙在距楼板200mm高范围内设C20素混凝土，遇门口断开，同墙同厚。

2）卫生间、变电所配电室等墙面、地面做防水防潮处理；地面设置1.5mm厚聚氨酯涂膜防水层，墙体周边上返300mm，门洞口处地面向外延300mm。与相邻房间分隔的墙面抹20厚1∶2.5水泥砂浆内掺防水剂。

3）凡设有地漏房间应做防水层，图中未注明整个房间做坡度者，均在地漏周围1m范围内做1%坡度坡向地漏。

（8）外装修工程

1）外装修设计和做法索引见立面图及墙身详图。幕墙及构架分格需进行二次设计，应由具有资质的厂家进行设计，经建设单位和设计单位认可后，与施工单位共同配合完成设计。

2）外装修选用的各项材料及其材质、规格、颜色等均由施工单位提供样板，经建设和设计单位确认后，进行封样，并据此验收。

（9）内装修工程

1）本工程内装修均由建设单位另委托装修设计单位进行二次设计，施工图中不进行设计。室内进行二次维修的工程应执行现行《建筑内部装修设计防火规范》GB 50222，楼地面部分执行现行《建筑地面设计规范》GB 50037。

2）楼地面构造交接处和地坪标高变化处除图中另有注明处外均位于齐平门扇开启面处。

（10）室外工程

室外台阶、坡道及平台采用浅灰色剁斧花岗岩铺面。

（11）无障碍设计

1）本工程分别在入口、卫生间、电梯进行无障碍设计。

2）本工程主要入口设置无障碍坡度为 1∶15 的坡道。

3）室内通道及各房间入口所使用的门均为平开门，门净宽不小于 0.8m。

（12）电梯

1）无机房乘客电梯 1 部，设计载重量为 800kg，速度 0.5m/s，液压升降货梯 1 部，设计载重量为 5000kg，速度 0.5m/s。

2）本工程建设单位未提供产品样本，本设计参照图集设计，电梯井道平面尺寸，顶层高度，机房高度以及速度，门洞定位尺寸，载重量等参数必须由建设单位选定的电梯厂家设计人员对相关电梯技术参数，经复核确认无误之后方可施工。

（13）节能设计

1）设计依据：《民用建筑热工设计规范》GB 50176—93；《公共建筑节能设计标准》GB 50189—2005；《公共建筑节能设计标准黑龙江省实施细则》DB 23/1269—2008；《建筑外门窗气密、水密、抗风压性能分级及检测方法》GB/T 7106—2008；《建筑幕墙物理性能分级》GB/T 15225—94。

2）气候分区及围护结构的热工性能限制：严寒地区 A 区。

3）建筑节能设计概况：围护结构的热工性能计算：外墙平均传热系数 K=0.4W/m^2·K；屋面传热系数 K=0.29W/m^2·K；建筑形体系数：0.154；外窗传热系数 K=0.2W/m^2·K；窗（含外门）墙面积比：西向 0.50，南向 0.34，北向 0.34。各朝向窗墙比限值均为 0.7。

4）其他计算数据详见建筑节能报告。

5）建筑节能措施：冷桥部位粘贴 30 厚挤塑板保温；门斗顶板下及侧壁均粘贴 30 厚挤塑板保温。

（14）建筑构配件

1）室内楼梯扶手高度（自踏步前缘线量起）0.9m，室内楼梯间的栏杆高度为900mm，当室内楼梯靠梯井一侧水平扶手长度超过 0.5m 时，其高度不应小于 1.05m。室内回廊临空栏杆高度不低于 1.1m。

2）本工程隔音要求较高，对设备机房和对隔音要求高的房间的四壁及顶棚做隔音处理。设备与基础（设备管道与顶棚）连接采用柔性连接（具体措施由厂家负责）。

（15）其他施工中注意事项

1）途中所选用的标准图中对结构工种的预埋件、预留洞，如楼梯、平台栏杆、建筑配件等构件建筑配件等的窗洞与预埋件与各工种密切配合后确认无误后方可施工。砌筑墙留洞待管道设备安装完毕后用 C20 细石混凝土封堵密实。

2）各管道穿屋面、楼地面及墙面时应预埋套筒，按规定做法施工。厂家应在楼板施工前，根据使用要求提供具体尺寸及安装工艺，以便施工单位及时与设计单位沟通，调整楼板留洞尺寸。

3）两种材料的墙体交界处，应根据饰面材质在饰面前加钉金属网或在施工中加贴玻璃丝网格布防止裂缝。所有穿透墙面的设备箱体背面均设 20×20 网孔钢丝网后抹灰。

4）预埋木砖及贴临墙体的木质面均做防腐处理；露明铁件均做除锈处理后刷樟丹防锈漆两遍再施工。

5）所有油漆工程均先满披腻子、刮平、用砂纸磨光后刷油、一底二度成活。

6）楼板预留洞待设备管线安装完毕后用 C20 细石混凝土封堵密实；通风道为砌块时，应采用拉箱砌筑密实，确保内表面光滑。

7）施工中应严格按照国家各项施工质量验收规范执行。

8）本设计未尽之处应与设计单位协商或按照国家有关规范进行处理。

9）本设计待规划、消防、环卫、施工图审查等部门审查通过之后方可进行施工。

10）在施工中需要变更请务必与设计单位协商，尤其是与建筑造型有关的构造务必按图施工，不得擅自更改。

5.5.3 设计图纸

（1）建筑平面图

首层平面图、二层平面图、屋顶平面图分别如图 5.6 ～图 5.8 所示。

（2）建筑立面图

建筑立面图如图 5.9 所示。

（3）建筑剖面图

建筑剖面图如图 5.10 所示。

（4）建筑详图

部分建筑详图如图 5.11 所示。

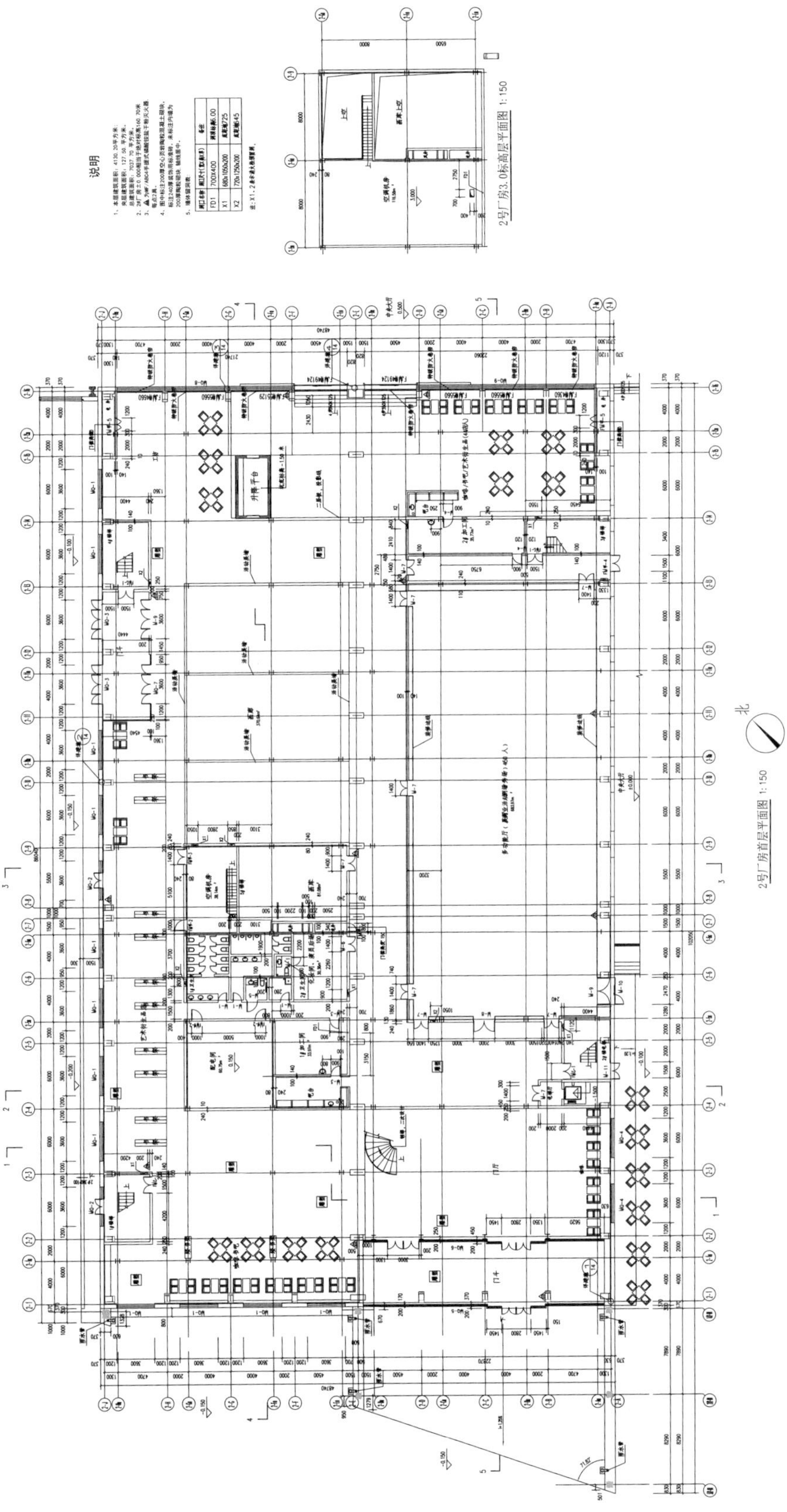

2号厂房3.0标高层平面图 1:150

2号厂房首层平面图 1:150

图 5.6　首层平面图

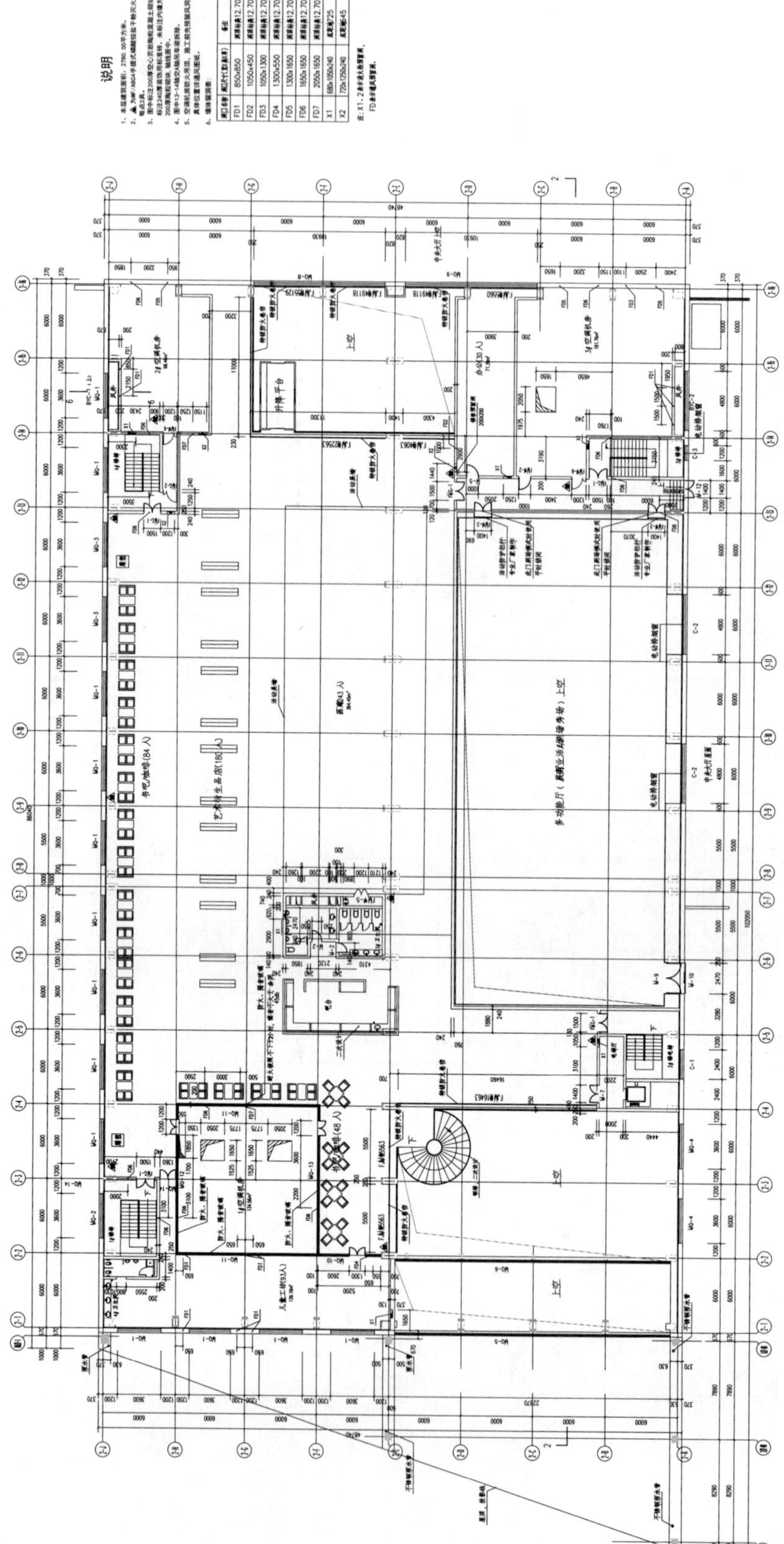

图 5.7 二层平面图

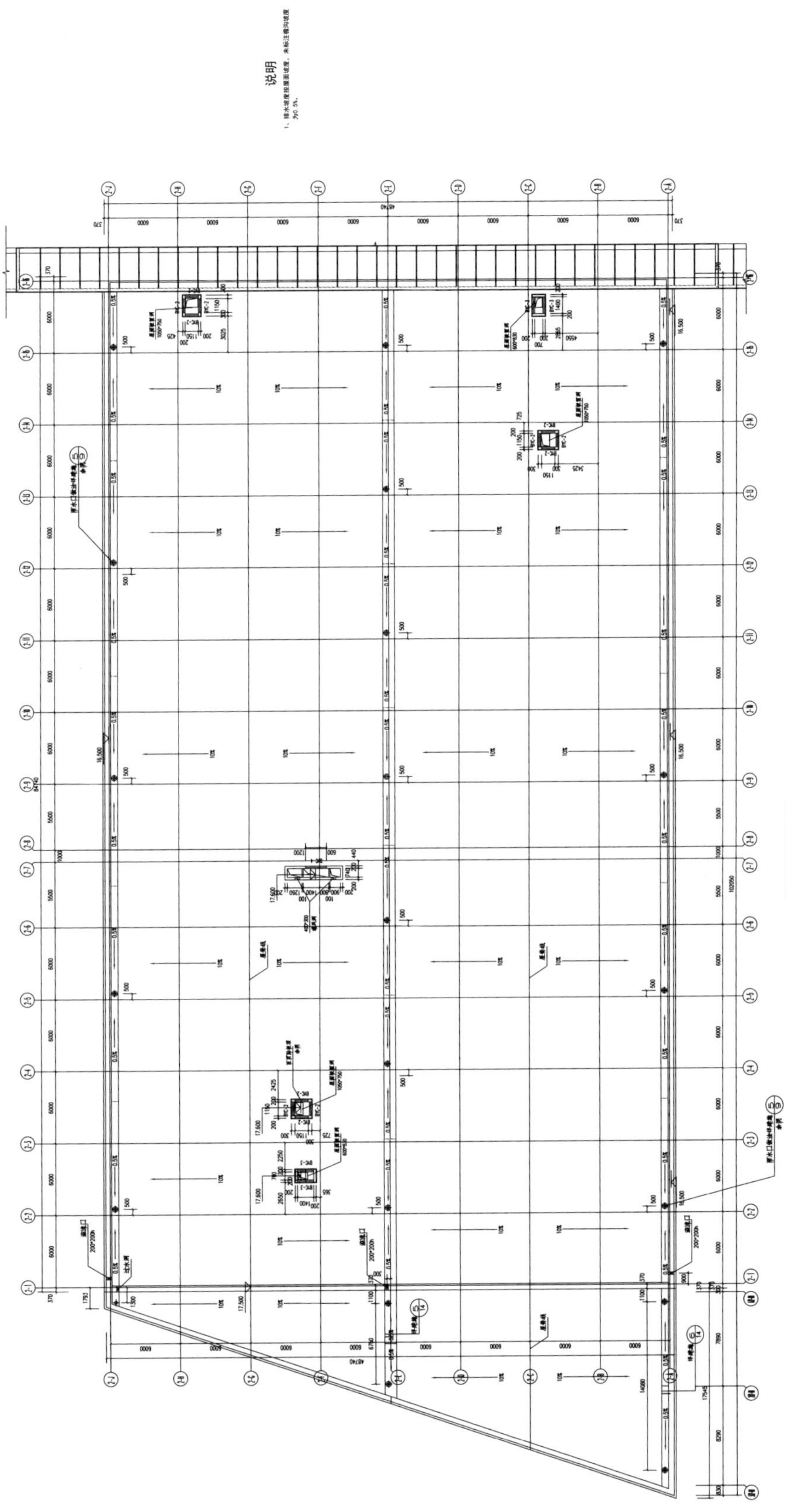

图 5.8　屋顶平面图

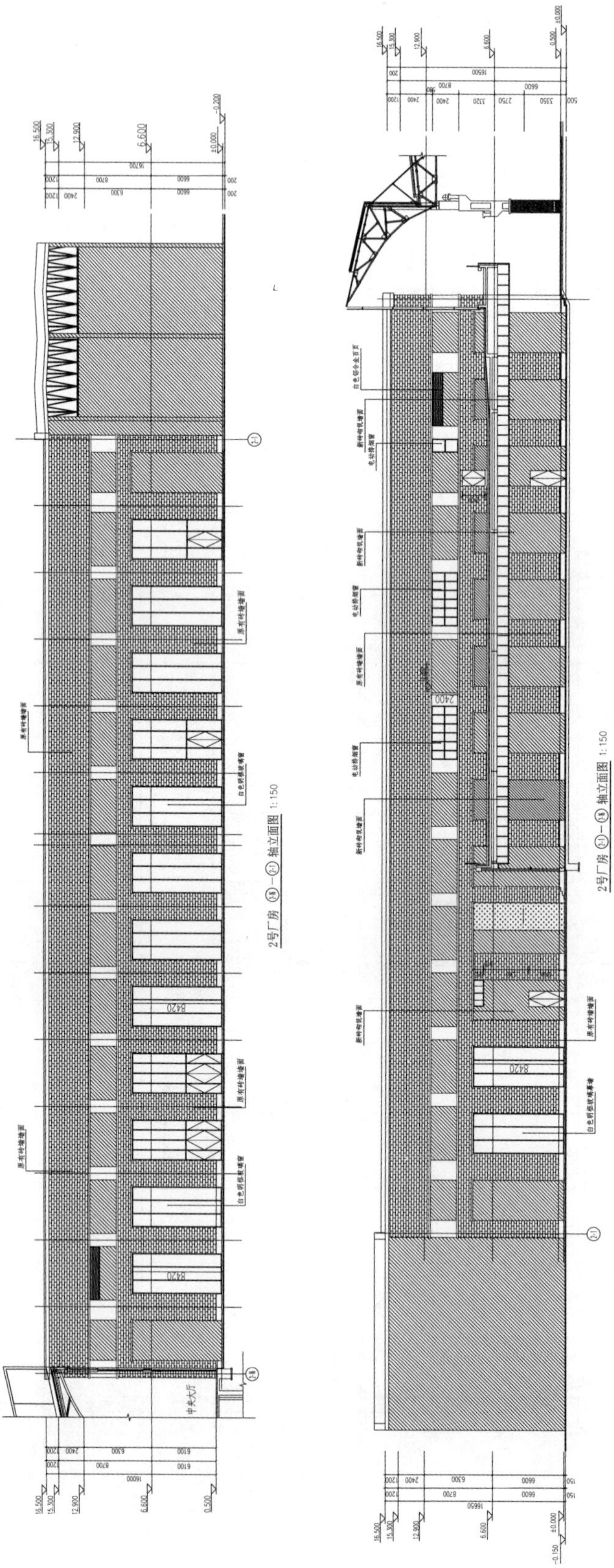

2号厂房 ⑱—㉑ 轴立面图 1:150

2号厂房 ㉑—⑱ 轴立面图 1:150

图 5.9 立面图（一）

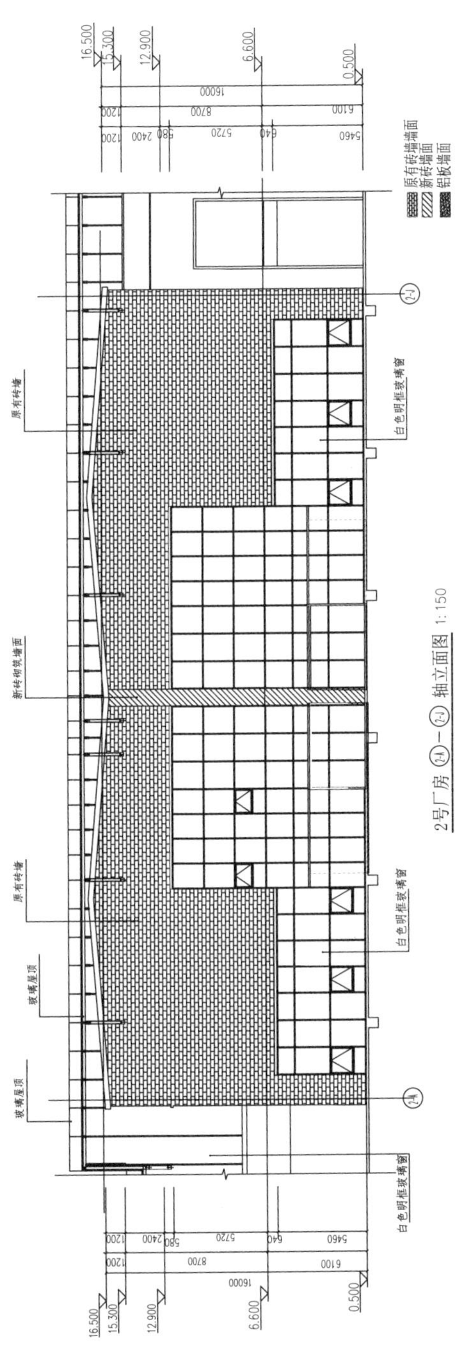

2号厂房 ②-A — ②-J 轴立面图 1:150

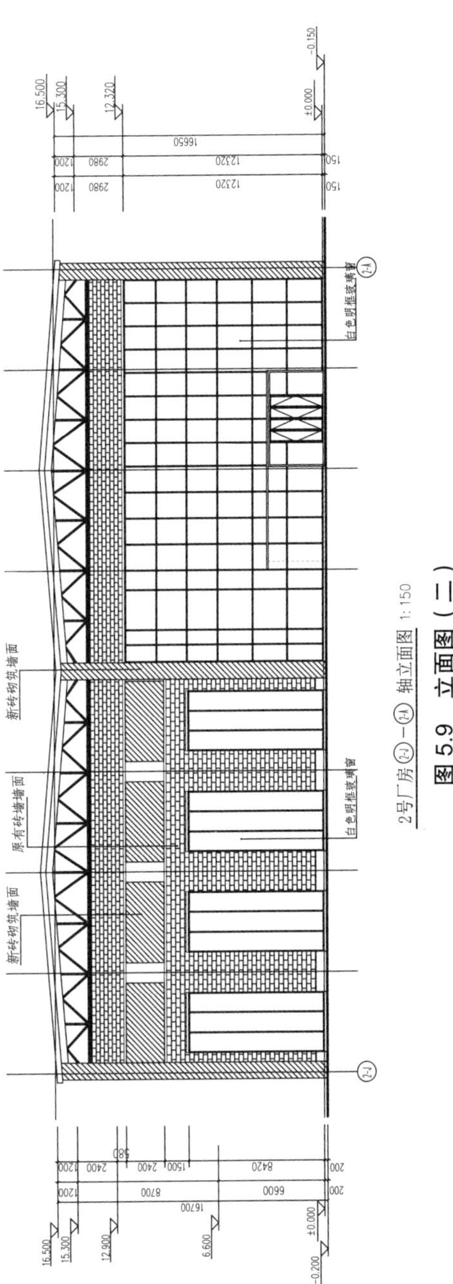

2号厂房 ②-J — ②-A 轴立面图 1:150

图 5.9　立面图（二）

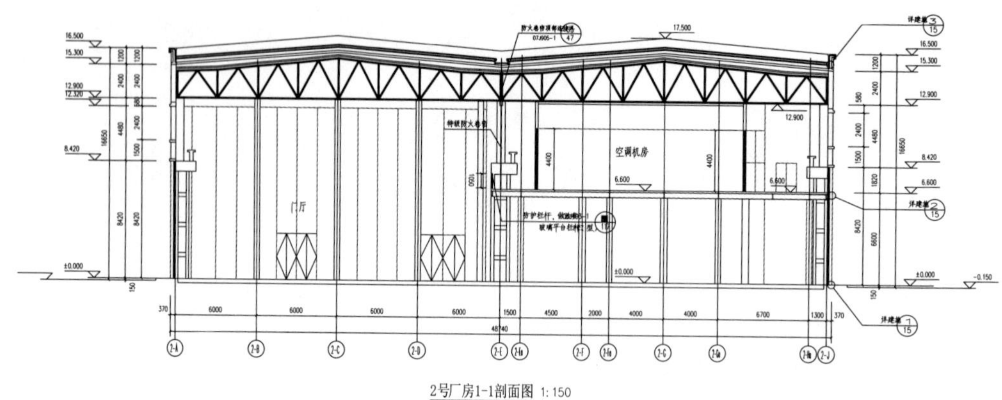

2号厂房1-1剖面图 1:150

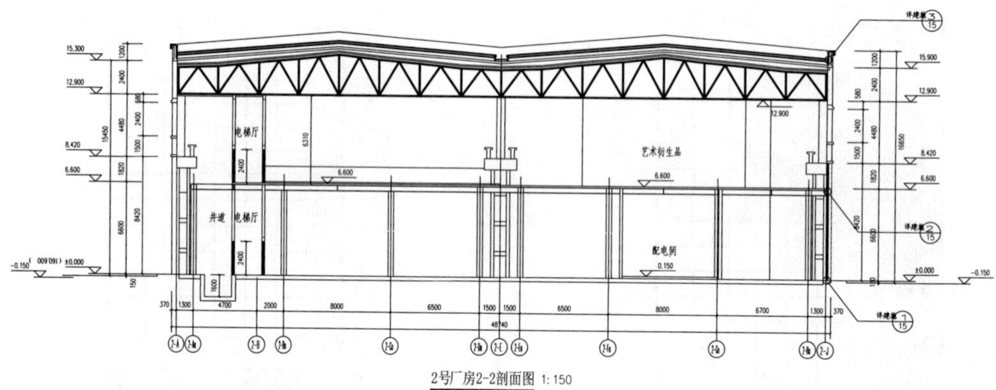

2号厂房2-2剖面图 1:150

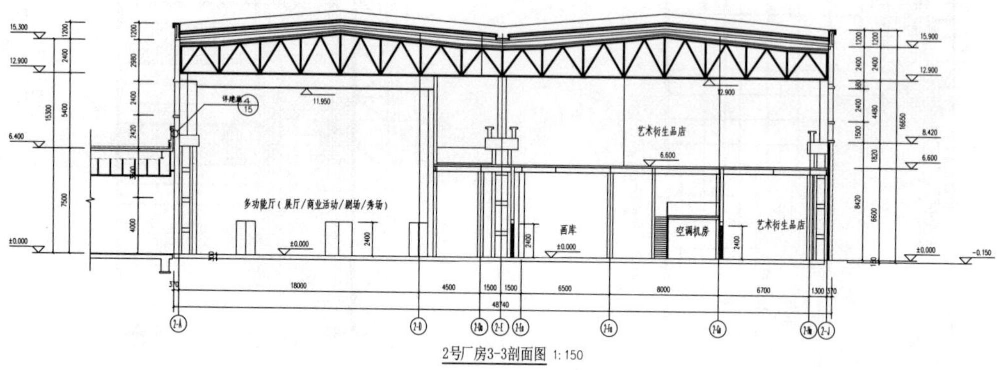

2号厂房3-3剖面图 1:150

图 5.10　剖面图（一）

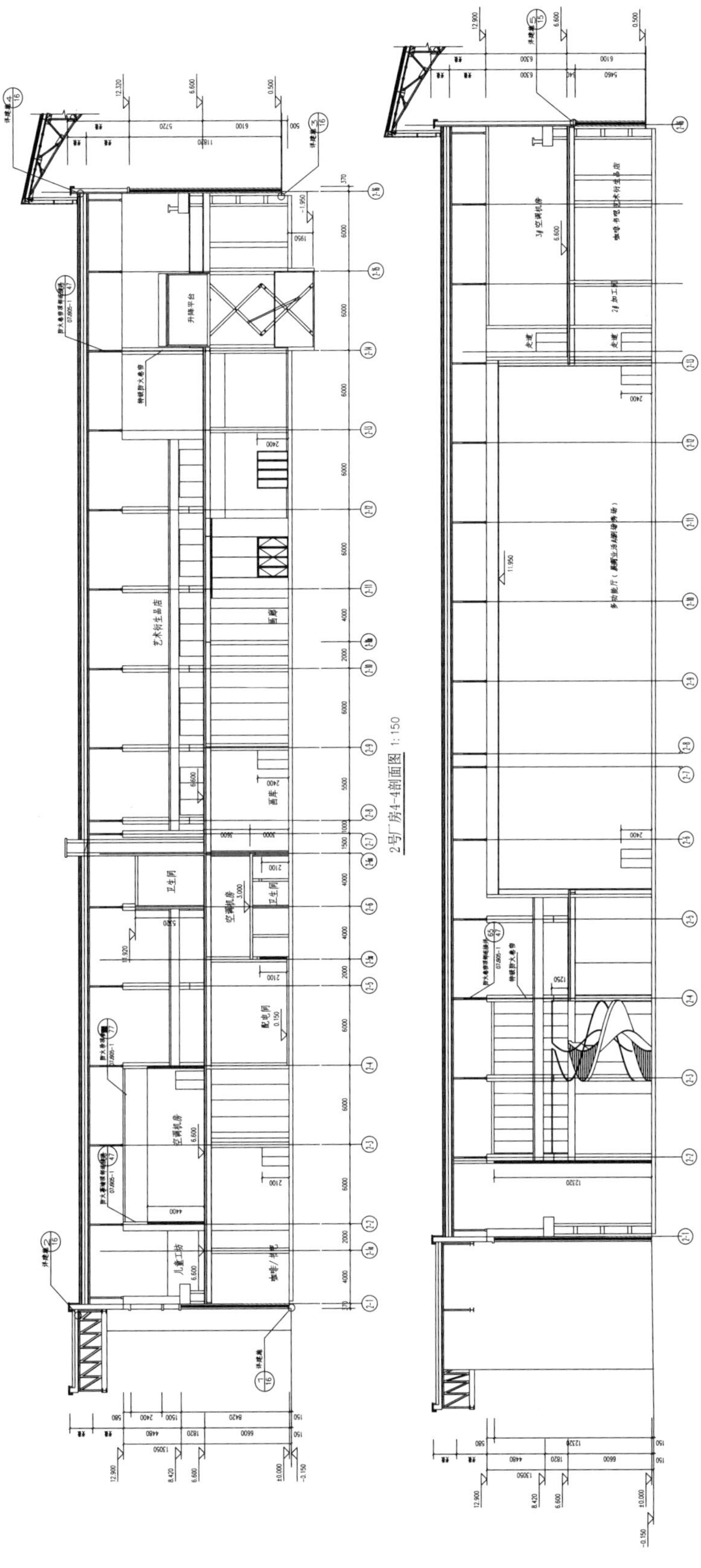

2号厂房4-4剖面图 1:150

2号厂房5-5剖面图 1:150

图 5.10　剖面图（二）

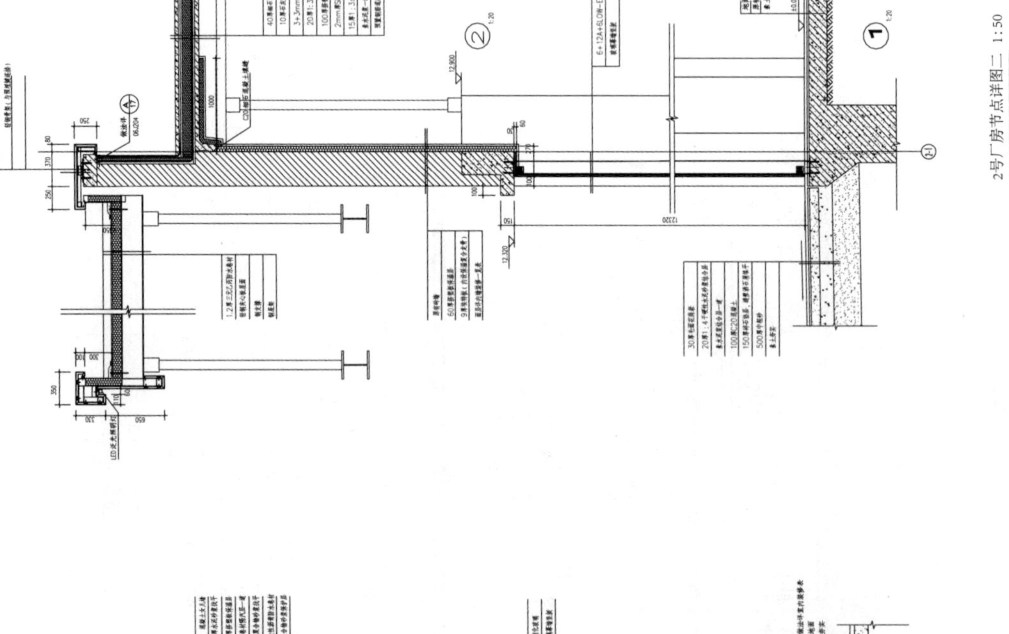

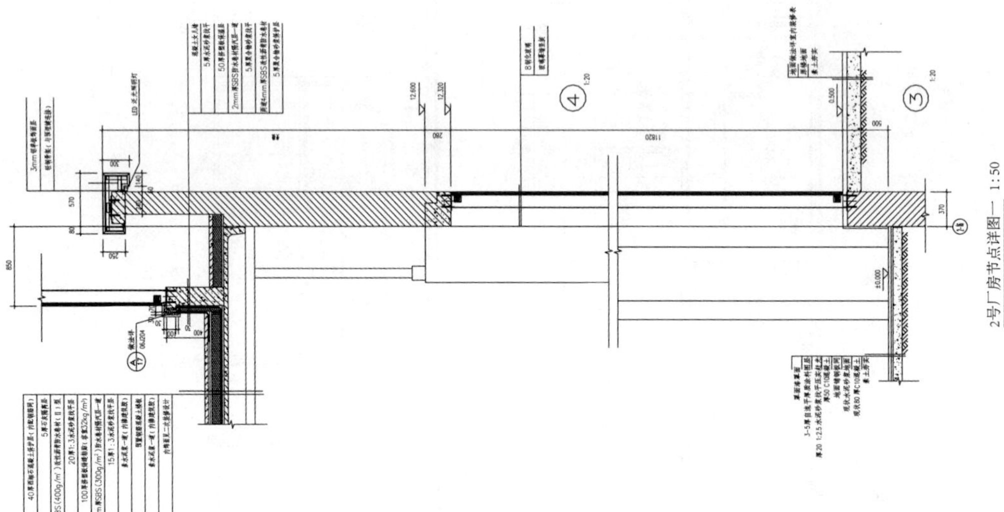

图 5.11 建筑详图

第 6 章　再生利用项目建造与管理

6.1　基础知识

6.1.1　建造与管理主要内涵

（1）相关概念

建造与管理是指通过一定的组织形式，以质量、进度、成本和安全管理等为工程项目的核心目标的管理活动。对包括项目建议书、可行性研究、项目决策、设计、设备询价、施工、签证、验收等过程进行计划、组织、指挥、协调和控制，以达到保证工程质量、缩短工期、降低成本的目的。

旧工业建筑再生利用建造与管理是以再生利用项目为管理对象的项目管理，是在一定的约束条件下，以最优的实现工程项目目标为目的，按照其内在的逻辑规律对再生利用项目进行有效的计划、组织、协调、指挥控制的系统管理活动。

（2）主要内容

建造与管理工作贯穿再生利用项目施工全过程，每个环节的内容都有不同。再生利用项目建造与管理的主要内容包括施工前期准备、施工过程管理和项目竣工验收。

1）施工前期准备

施工前期准备是在施工之前，对需要的技术、物资、原材料进行准备，以满足施工需要，包括组织图纸会审与技术交底、审查施工组织设计、施工场地准备等。

2）施工过程管理

施工过程管理贯穿于施工全过程，是保证项目质量和安全的关键阶段，主要包括质量管理、成本管理、进度管理、安全管理等内容。

3）项目竣工验收

项目竣工验收是指项目按批准的设计文件内容建设完成，由有关部门组织对项目的完成情况进行的综合评价和鉴定工作。工程项目的竣工验收是施工全过程的最后一道程序，也是工程项目管理的最后一项工作。它是建设投资成果转入生产或使用的标志，也是全面考核投资效益、检验设计和施工质量的重要环节。

（3）基本特点

再生利用项目建造与管理具有以下特点：

1）再生利用项目管理是一种全过程的综合性管理

项目的生命周期是一个有机的生长过程。项目的各个阶段既有明显的界限，又互相有机衔接、不可间断，这就决定了再生利用项目管理应该是项目生命周期全过程的管理。

2）再生利用项目管理是一种约束性强的管理

再生利用项目的约束条件既是项目管理的约束条件又是不可逾越的限制。再生利用项目管理的特定目标和时间限制、既定的功能需求以及质量标准及预算额度，决定了其约束条件的约束强度比其他管理的强。再生利用项目的重要特点在于管理者必须在一定的时间内，在善于运用有限的条件而又不能超越这些条件的情况下，完成既定任务达到预期的目标。

再生利用项目管理与常规的工程项目不同，它的危险性与管理内容比常规的工程项目管理要丰富。

6.1.2 建造与管理工作流程

再生利用项目建造与管理工作按施工准备阶段、施工作业阶段、竣工阶段分述如下。施工准备阶段主要进行图纸审查与技术交底，之后进行施工方案设计、工期计划编制，即施工组织设计。开工之前要完成施工场地准备，材料进场等事宜。在施工进程中做好各项管理工作（质量管理、成本管理、进度管理、安全管理）。施工完毕之后进行竣工验收,各项指标均合格即可交付甲方。旧工业建筑再生利用项目建造与管理工作流程如图 6.1 所示。

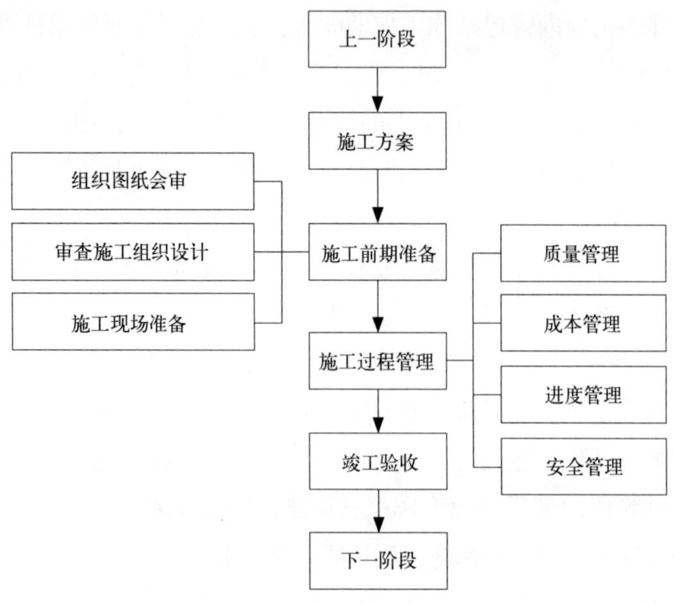

图 6.1 建造与管理工作流程

6.1.3　建造与管理成果表达

再生利用项目的不同阶段所涉及的内容不同，所形成的成果形式与内容也大不相同。

（1）施工前期准备阶段成果表达

1）图纸会审与技术交底

图纸的会审一般由建设单位主持，由设计单位和施工单位参加，施工单位根据自审记录以及对设计意图的了解，提出对设计图纸的疑问和建议；最后在统一认识的基础上，对所探讨的问题逐一地做好记录，形成“图纸会审纪要”，由项目单位正式行文，参加单位共同会签、盖章，作为与设计文件同时使用的技术文件和指导施工的依据，以及建设单位与施工单位进行工程结算的依据。

在旧工业建筑再生利用施工的过程中，如果发现施工的条件与设计图纸的条件不符，或发现图纸中仍然有错误，或因为材料的规格、质量不能满足设计要求，或因为施工单位提出了合理化建议，需要对设计图纸进行及时修订时，应遵循技术核定和设计变更的签证制度，进行图纸的施工现场签证。如果设计变更的内容对拟建工程的规模、投资影响较大时，要报请项目的原批准单位批准。在施工现场的图纸修改、技术核定和设计变更资料，都要有正式的文字记录，归入拟建工程施工档案，作为指导施工、竣工验收和工程结算的依据。

因此在这一环节主要形成图纸会审纪要与图纸的施工现场签证等文件。

2）审查施工组织设计

施工组织设计由施工单位编制，由总监理工程师批准后实施。施工组织设计的审定，由施工单位主持，召集建设单位、监理单位、设计单位参加审核。

施工组织设计编制并审核后，应报上级管理部门（或建设管理单位）进行审批，等待审批意见。

3）施工场地准备

施工现场准备的任务，主要是给拟建工程的施工创造有利的施工作业条件和物资保证条件。实现“三通一平”、“五通一平”、“七通一平”，并完成施工临时设施建设，进行材料、设备等的准备工作。这一阶段的成果表达大部分为实体建设。

（2）施工过程管理成果表达

这一阶段的管理工作大都基于各项规章制度或控制体系之上。而针对不同的再生利用项目，它们各自的结构形式与再生过程不同，因而对质量、成本、进度、安全这四项管理工作的要求程度不同。

各项管理工作最终主要通过各类报表以及检查表而得到表现。以安全管理为例，施工现场定期安全检查即形成安全检查表以对施工现场的安全状况有主要的把控。

（3）竣工验收

竣工验收是在建设单位遵循一定的程序与规范下进行的，在竣工验收期间需要进行大量的检验、检查，这种检验、检查有一些是在现场实测，有一部分则是通过各类检查表或者检查记录来进行验收。主要包括以下几种：图纸会审记录、技术交底记录、工程变更单（图）、施工组织设计；开工报告、工程竣工报告、工程保修书等；重大质量事故分析、处理报告；材料、设备、仪表等的出厂的合格证明，材料书或检验报告；施工记录；竣工图纸；检验合格记录等。

6.2　施工前期准备

6.2.1　组织图纸会审

同新建项目类似，旧工业建筑再生利用项目在开工前，建设单位向有关部门送审初步设计及施工图。初步设计文件审批后，根据批准的建设计划，组织施工图设计。施工图是进行施工的具体依据，图纸会审是施工前的一项重要准备工作。

图纸会审是指工程各参建单位（建设单位、监理单位、施工单位等相关单位）在收到施工图审查机构审查合格的施工图设计文件后，在设计交底前进行全面细致的熟悉和审查施工图纸的活动。图纸会审工作一般在施工单位完成自审的基础上，由建设单位主持，设计单位、施工单位、监理单位等有关人员共同参加。对于复杂的再生利用项目，应先组织技术部门的各专业技术人员预审，将问题汇总，并提出初步处理意见，做到在会审前对设计心中有数。会审的各方都应充分准备，认真对待，对设计意图及技术要求彻底了解，并能发现问题，提出建议与意见，提高图纸会审的工作质量，在施工之前完成对图纸上的差错、缺陷纠正和补充。

通过图纸会审，重点应解决以下问题：理解设计意图和建设单位对工程建设的要求；审查设计深度是否满足指导施工的要求，采用新技术、新工艺、新材料、新设备的情况，工程结构是否安全合理；审查设计方案及技术措施中贯彻国家及行业规范、标准的情况；根据设计图样要求，审查施工单位组织施工的条件是否具备，施工现场能否满足施工需要；审查图样上的工程部位、高程、尺寸及材料标准等数据是否准确一致，各类图样在结构、管线、设备标注上有无矛盾，各种管线走向是否合理，与地上建筑、地下构筑物的交叉有无矛盾等，如发现错误，应提出更正，避免影响工期及增加投资；施工承包单位应检查图样上标明的工作范围与合同中注明的有无差异，如因差异较大将影响工期及造价时，应向监理工程师提出“工程变更”，若图样所描述的工程超出合同规定的工作范围应属“额外工程”，在费用和工期上应与建设单位另行协商。

图纸会审时要有专人作好记录，会后做出会审纪要，注明会审时间、地点、主持单位及参加单位、参会人员。会审纪要经参加会审的单位签字认同后，一式若干份，分别送交给有关单位执行或存档，这将作为竣工验收依据文件的组成部分。

在图纸会审的基础上，按施工技术管理程序，应在单位工程或分部、分项工程施工前逐级进行技术交底。技术交底应包括项目工艺要求、质量标准、技术安全措施、规范要求和采用的施工方法。

6.2.2　审查施工组织设计

建设单位应在施工承包合同中明确审查施工组织设计的权力，在下达开工指令前应委托监理工程师对施工组织设计进行审查。审查的内容包括：施工方案、施工进度计划、施工平面图及材料、劳动力、设备需用计划等。

（1）施工方案的审查

施工方案是施工组织设计的核心，方案确定的优劣直接影响到现场的施工组织及工期。施工方案的审查重点包括主要施工方法、施工机械、施工流向、施工顺序、各项施工技术组织措施等。

（2）施工进度计划的审查

施工进度计划反映完成工程项目的各施工过程的组成、施工顺序、逻辑关系及完成所需要的时间，同时也反映各施工过程的劳动组织及配备的施工机械台班数。施工进度计划应采用网络计划技术编制，应合理地利用流水作业和交叉作业，以获得最优的施工组织效果。施工进度计划编制后，即可编制各种资源的需要量计划。

施工进度计划应符合招标文件及施工合同中对工期的要求，必须具备真实性和科学性。真实性要求承包商根据现场的施工条件和组织管理能力进行编制，真实反映承包商按进度计划组织施工的可能性；科学性要求施工进度计划安排得既合理，又符合施工合同的要求，确保工程质量。因此，建设单位应要求监理单位细致、认真地审核承包商的施工进度计划。审查要点见表 6.1。

施工进度计划审查要点　　**表 6.1**

审查项目	具体内容
工期	计划工期及阶段工期目标是否符合合同规定的要求；计划工期完成的可靠性，计划是否留有余地
施工顺序	各施工过程的施工顺序是否符合施工技术与组织的要求
持续时间	主导施工过程的起止时间及持续时间安排是否正确合理
技术间歇	应有的技术和组织间歇时间是否安排，并且是否符合有关规定的要求
交叉作业	从施工工艺、质量与安全要求，审核平行、搭接、立体交叉作业的施工项目安排是否合理
需要提供的场地与交通	建设单位提供的施工场地与进度计划所需的场地供需是否一致；各承包商施工场地的利用是否相互干扰，影响进度；运输路线的数量、距离及路况是否满足进度计划的要求
资源	劳动力、材料、机械及水、电、气等的需要量是否落实及均衡利用

（3）施工平面图的审查

施工平面图是安排和布置施工现场的基本依据，也是施工现场组织文明施工和加强科学管理的重要条件。在施工的不同阶段，现场的施工内容不同，要求具备反映相应内容的施工平面图。施工平面图的审查重点包括以下几方面：

1）施工平面图的内容是否全面。施工平面图应以主体工程为目标，统筹安排、合理布置施工现场。其内容应包括：在施工用地范围内，一切已建及拟建的建筑物、构筑物和各管线的平面位置及尺寸；移动式起重机开行路线及轨道铺设，固定式垂直运输设施的平面位置，各类起重机的工作幅度；为施工服务的生产、生活临时设施的位置、大小及相互关系。

2）空间利用是否合理。应节约用地、统筹兼顾布置临时设施，既要有利于生产、管理，方便生活，也要减少临时设施的费用。

3）料场、取弃土方、拆除的废弃物及可再利用物品的堆放地点、运输路线等安排是否合理。应尽量缩短运距，减少二次搬运。

4）安全、消防、环保等方面要求是否满足。施工平面布置应遵守国家有关法规，如劳动保护技术安全、防火条例、市容卫生和环境保护等。

（4）材料、劳动力、设备需用计划的审查

主要审查建设项目所需的材料、劳动力和设备是否能得到供应，主要建筑材料的规格、型号、性能、技术参数及质量标准能否满足工程需求；材料、劳动力、设备供应计划是否与施工进度计划相协调，能否保证施工进度计划的顺利实施。

（5）质量措施的审查

工程质量的优劣，不仅影响建设项目使用期的长短及建设单位对建设资金的回收，还将危及人们生命和财产的安全。质量措施的审查包括以下内容：

1）通过图样会审对设计质量作进一步的审查。

2）施工组织设计质量的审查。

3）保证材料、物资供应质量的措施审查。包括主要建筑材料的规格型号、性能技术参数及质量标准是否符合要求，采取必要的检验措施，检验合格后方可进场入库。

4）各种材料、机具与设备的保管措施，各种预制构件、成品、半成品的质量合格证明及堆放方法，大型专用设备制造、运输及到场后质量措施的审查。

5）施工阶段质量措施的审查。包括建立施工前图纸会审技术交底的制度，执行技术标准、规范和操作规程的措施，土建与各专业施工中交叉作业的配合措施，采用新结构、新工艺、新技术、新材料进行施工操作的质量保证措施，隐蔽工程、各分部分项工程质量验收制度，冬、雨期施工的质量保证措施，施工日志和现场施工记录制度，竣工检查验收制度。

6.2.3 施工场地准备

建设单位应协助施工承包单位做好现场准备工作，并委托监理工程师对施工承包单位的施工现场准备工作进行检查和监督。

（1）施工临时道路及管线

主要应检查以下内容：施工道路是否满足主要材料、设备及劳动力进场需要，各种材料能否减少二次搬运，直接按施工平面图运到堆放地点；施工给水与排水设施的能力及管网的铺设是否合理及满足施工需要；施工供电设施应满足用电量需要，做到合理安排供电，不影响施工进度。为了节约投资，施工道路及各种管线的敷设与改造应尽量利用永久性设施。

（2）施工临时设施的建设

根据工程规模、特点及施工管理要求，对施工临时设施应进行平面布置规划，并报有关部门审批。临时设施的规划与建设应尽量利用原有的建筑物与设施，做到既能满足施工需要，又能降低成本。

临时设施可分为生产设施、办公和生活设施。生产设施主要包括水平与垂直运输设施、搅拌站、原材料堆场与库存设施、各类加工厂与车间等；办公和生活设施主要包括用于施工管理的各类办公室、休息室、宿舍、食堂等。临时设施的规模与布置应满足施工阶段生产的需要，同时还应满足防火与施工安全的要求。

（3）落实施工安全与环保措施

落实安全施工的宣传教育措施和有关的规章制度；审查易燃、易爆、有毒、腐蚀等危险物品管理和使用的安全技术措施；现场临时设施工程应严格按施工组织设计确定的施工平面图布置，并且必须符合安全、防火要求；落实土方与高空作业、上下立体交叉作业、土建与设备安装作业等的施工安全措施；施工与生活垃圾、废弃水的处理应符合当地环境保护的要求。安全生产、文明施工是实现高速度、高质量、高效率、低成本目标的前提。

（4）材料设备准备

1）建筑材料与构件

施工前应认真核算材料、构件的品种、规格和数量，按需要量计划保证如期送到现场，并符合质量要求。存储量应保证正常施工和存储经济的原则，存储的堆场、仓库布置应符合施工平面图的要求。

2）施工机械与模具

施工机械配备是大中型项目建设的必要保证。应根据施工进度计划所需的时间、类型、数量，协助承包单位组织施工机械进场，所缺或不配套的机械可通过采购或租赁方式解决。在施工之前，应对所使用的施工机械完成安装与调试，并做好易损零配件的供应。施工模具的数量与规模应满足施工需要，施工模具要合理堆放。

3）永久设备与金属结构

永久设备制造与金属加工是完成建设项目的重要工作内容，应进一步落实加工制造厂商，组织进厂制造，以保证按施工进度要求，组织进场安装。

6.3 施工过程管理

6.3.1 质量管理

旧工业建筑再生利用项目的质量不仅仅决定项目本身能否满足工程的设计要求和业主的使用要求，同时必定也影响着周边众多产业的发展。在旧工业建筑再生利用过程中，监督和预防质量事故进行质量管理是业主管理的基础，可以规范现场施工、保障工程质量，对保证项目功能性和安全性、提高业主经济效益具有重要的意义。如图 6.2 所示，再生利用施工质量管理过程包括如下几个关键的环节。

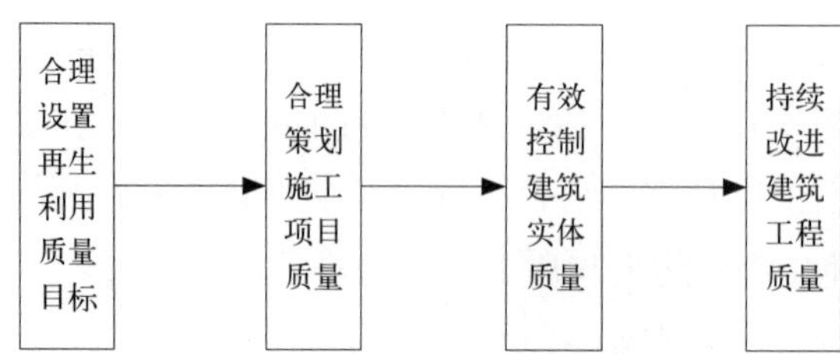

图 6.2 再生利用施工质量管理过程

（1）质量管理重点

在旧工业建筑再生利用过程中，由于要保存原有建筑的部分风格，并保护某些工业遗产文化，导致施工过程和施工难度相对于其他建设项目略有不同，如旧工业建筑地基基础处理过程中，需考虑是否会破坏原有结构等。在建筑施工过程中质量控制重点主要分为：钢筋工程质量控制、模板工程质量控制和混凝土工程质量控制。在旧工业建筑再生利用过程中则将质量控制重点集中在地基基础处理、结构加固改造和围护结构改造方面，将建筑施工过程中的质量控制具体到某一点，这也导致旧工业建筑再生利用施工过程具体化和实际化。

为了使再生利用项目质量管理得到强化，对于再生利用项目过程中的各个阶段的施工控制的重点进行明确，从而将整个的再生利用项目质量管理控制分为了再生利用项目的事前控制、再生利用项目的事中控制以及再生利用项目的事后控制。

再生利用项目的质量控制的目的就是通过质量控制体系对于工程施工过程进行不断的评价，从而进行验证与纠错。再生利用项目施工质量控制方法如图 6.3 所示。

1）再生利用项目过程事前质量控制

再生利用项目过程质量的事前控制指的是建筑工程在进行正式的施工以前实施的质量控制，对再生利用项目的准备工作控制是再生利用项目过程质量的事前控制的重点。

事实上，在建筑工程整个的施工过程中，再生利用项目的准备工作始终贯穿其中。

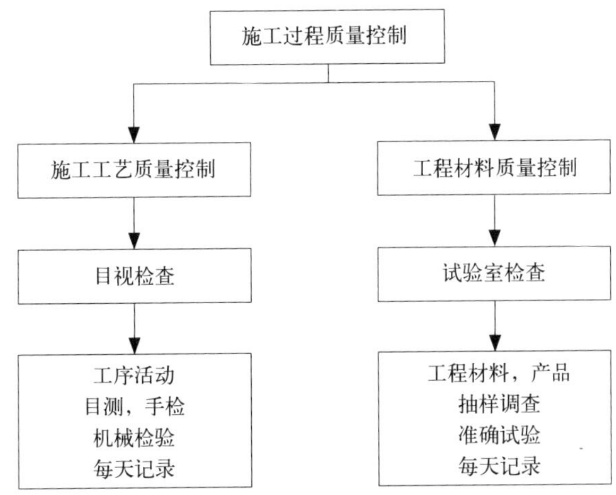

图 6.3　再生利用项目施工质量控制

2）再生利用项目过程事中质量控制

再生利用项目过程质量的事中控制指的是对于再生利用项目过程中的质量控制。对于再生利用项目过程中进行全面的施工控制，对于工序的质量进行重点的控制是再生利用项目过程质量的事中控制的策略。再生利用项目过程质量的事中控制采用的手段包括：检查工序的交接，对于质量的预控有计划，有方案才能进行项目的施工；对材料进行试验，对于隐蔽的工程进行验收，对于采用的各种技术措施有交底，记录图纸的会审，对于成品采用相应的保护措施，对于设计有变更的需要有手续等。

3）再生利用项目过程事后质量控制

再生利用项目过程质量的事后控制主要指的是当再生利用项目完成之后进行的对于已经形成的产品的质量控制。主要是对建筑工程竣工验收资料的准备，对于建筑工程进行初步的验收和进行自检；基于国家的相关规范标准对建筑质量进行评定，对于建筑工程中已经完成的分项工程，分部工程进行质量的检验，对于竣工的建筑工程进行验收。

全面质量管理的具体操作中，传统的工程质量管理以分工为主，将每一项管理都落实到人头，相应地会根据质量管理问题追究相应的责任人。工程建设中实施全面质量管理，就是将企业建立成为一个有机整体，注重不同工作环节之间的协调，将质量管理从整体的角度实施，不再局限于某一个部门，而是需要全程管理、全员参与和全面管理三个层面的管理，将质量管理注入工程建设的全过程中。

(2) 质量管理方法

在建筑工程质量保证方法中，全面质量管理法是常用也最为有效的一种管理方法，其主要特征体现在全员参加、全过程进行和全面性方面。所谓的全面质量主要是指建筑工程产品质量以及施工质量等多部分的质量，借助质量的有效维护来达到提升建筑工程经济利润的目的。从整体上来看，全面质量管理主要包括如下四个阶段：

1）计划阶段。在开展全面质量管理计划的过程中，需要结合建筑工程市场需求和用户需求来开展，确保全面质量管理计划的实用性和合理性，尽可能地满足用户的使用需求；

2）执行阶段。在全面质量管理执行之前，需要做好全体参与建筑工程人员的教育培训工作，借此来提升全面质量管理执行力度；

3)检查阶段。在全面质量检查的检查阶段，需要对全面质量检查在实际执行过程中，是否满足计划阶段的预期结果来进行全面检查，及时发现和处理全面质量管理执行过程中出现的各种问题，确保建筑工程的质量可以满足相关方面的各种技术标准和规范需求；

4）处理阶段。处理阶段的主要任务是要对全面质量管理执行过程中所得到的检查结果进行全面处理，如果全面质量管理取得了比较理想的检查成果，可以将相应的检查结果进行标准化处理，这样可以为后续全面质量管理的执行工作提供必要的指导和参考借鉴。

6.3.2 成本管理

（1）成本组成要素

旧工业建筑再生利用成本指再生利用项目从实施到完成期间所需全部费用的总和，不仅包括资金，还有所需的全部资源，如人、材料、机械设备等。成本组成如图 6.4 所示，

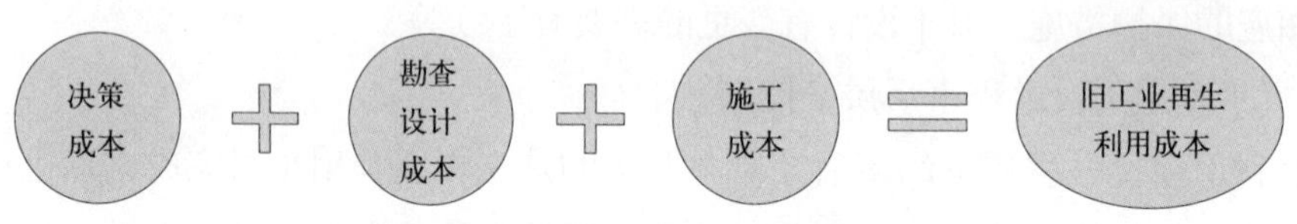

图 6.4 旧工业建筑再生利用成本组成

1）决策成本

项目决策作为项目形成的第一阶段，是指在项目决策期间发生的费用总和。该成本是为搜集项目的第一手资料所花费的代价，对项目的建成具有巨大的影响。对于再生利用项目而言，此阶段应进行大量的市场调查，充分掌握与项目再生利用相关的资料，从而对项目进行准确的可行性研究。

2）项目勘察设计成本

勘察工作以决策阶段的可行性研究报告为依据。依据可行性研究报告和勘察结果对再生利用项目进行具体设计，在此期间发生的费用总和就是项目的勘察设计成本。此成本为再生利用项目的进一步实施奠定了基础，是再生利用项目实施的保障。

3）项目施工成本

项目施工成本是指在施工过程中为完成项目的全部工作所耗费的各项费用的总和。按照建筑安装的费用划分，包括人工费、材料费、机械设备使用费、企业管理费等。项目施工成本是项目总成本的主要组成部分，对再生利用项目的成本管理具有很大的影响，在旧工业再生利用项目的成本管理中应该重视施工成本的管理。

（2）成本管理方法

成本管理所依据的条约应该是甲方以及相对的承包商等，项目管理的关键因素在于能够将工程管理控制的重点放在双方同时严格按照合约行事。承包商对于项目的工程作业现场应该定期进行管理，从管理中将效益提升上来，在不破坏项目质量的同时，保证项目的时效性好。

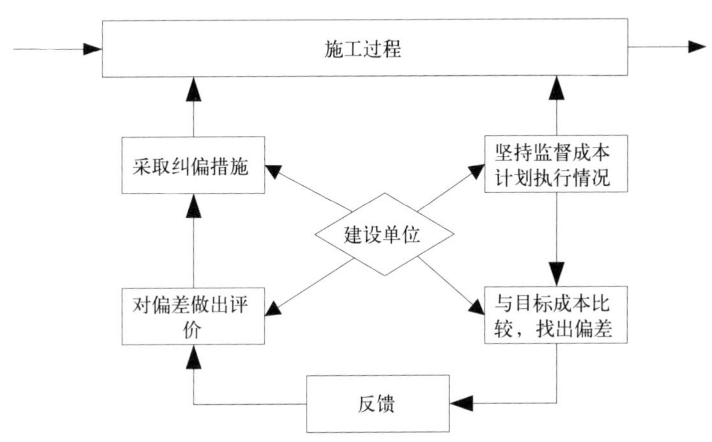

图 6.5　再生利用项目成本控制原理

施工阶段的成本控制是不断循环的动态控制过程，在施工阶段随时收集产生的大量数据和信息，实时进行实际成本与目标成本的比较，若发现成本偏差超出允许的范围，则及时采取纠偏措施，并根据项目实际成本状况，对近期的未来成本进行预测，使得实际成本不断接近成本控制的目标的过程。再生利用项目成本控制的原理如图 6.5 所示。

1）科学合理地制定施工组织设计

项目承包公司是实践工程项目的主要责任方，在项目的前期准备上至关重要，需要采用多领域、多层次的对应方法，将相关的详细施工细节尽可能的计算到位，并对公司所在施工单位的相关工作人员进行严格把关，尽可能的提高施工现场人员的工作质量，传播良好的工作观念，贯彻诚实、敬业、脚踏实地的工作态度，这样就能在保证质量且缩短工期的前提下，将经济效益提升上来。

2）建立成本管理责任制

部门内部的工程和技术员工需要针对全部任务的完成情况进行良好的掌控，基于确保一个时间段完成项目成本的控制，特别是使用部分先进的工艺方法来减少项目实践的费用。在此环节里面必须掌握全部项目实践环节，尤其是在参考了合同的内容后进行综合操作，工作者必须将自己对项目的整个实践环节进行综合的报道。客观处理需要解决还有赔偿的事项。针对建设单位而言，关键必须要完善任务预估，了解各个款项的支出还有需要运用的范围，适时完成资金管理。

3）建立以项目经理为核心的项目控制体系

项目经理肩负的任务就是必须将工程进度严格把关、抓好施工质量还有控制费用等，特别是统筹兼顾所有过程成本管理方面。为早期的项目建设做好准备工作，全面的整合工程建设环境、技术难度、持续时间，预计人工成本和材料成本，以及预计施工出现的问题和容易遇到的故障，控制项目任务的变量在一定范围之内，完成整个项目的基础预算。最后以建筑市场的收益预测和公司上层来决定最终获得参数的价格。

4）建立劳务分包负责制

① 管理制度是一定要完善的，可以采取劳务分包的做法，这一切都是有实际的根据的。而这一切都是促进管理工作不断完善的方面。

② 加强施工环节的管理，这就需要创建一个好的管理团队，利用劳务分工将员工的工作情况进行一个良好的反馈，对员工的工作情况进行跟踪定位。避免出现工期延误的情况。

③ 在劳务分工的实行中，设置实名制环节。这可以使劳务分工更加的巩固。编制一个花名册，让员工对号入座，每个员工的最低要求就是通过三级教育。在施工过程中，定期给员工发放工资。

④ 将每个员工的出勤率、进出场情况、工资支付情况等把握到位。

⑤承包公司需要采用一定的合法的手段使自己的切身利益争取到位，这是各行各业必须做到的。

5）加强建设工程施工合同管理

在工程施工环节的管理办法必须依据实际情形的不同做出调整，只有在不断地完善中，管理成本才能真正降低，合约履约审查制度也是需要重点关注的对象，提高合约履约率，并加强对工程进度的监管。一旦发现问题，做到快速应对，才能形成一个最佳的招投标循环。将项目的费用控制在一定范围内。

6）积极面对设计变更

施工过程中，施工图纸的变更肯定会导致成本的提高。由此避免设计发生改变，一定着重把握因为涉及改变所造成的私自提高工程标准、任意增加建设内容增大建设规模这些情况发生。但是针对早就产生的设计变更，必须积极审核变更造成的费用变更。

7）对现场签证实施严格控制

现场签证是工程施工环节里面一个长期性的工作，成本管理脱离控制通常是因为现场签证失误导致的。因此，这就需要项目技术人员和项目经济员工互相协助，不仅要保证“随做随签”，还需要实现：

① 签证量化，将签证单上的各项项目记录到位，做到各项支出有证据可查；

② 签证的范围在自己所属的分内，不要脱离实际轨道进行签证；

③ 一些隐蔽项目的签证需要严格把关；

④ 一旦发现工程方的相关衡量工具出现了伪造的情况必须严肃对待，甚至及时解除与施工承包之间的关系。

8）制定预算控制计划

① 人工费的控制与管理。注重完善工作团队组织有利于完成对人工费的管理还有控制。针对怠工浪费的情况一定要严肃处理,除此之外还需要创建能够实施的人员奖惩体系。

② 材料费控制管理。完成材料费的控制和管理重点是材料的运输及采购，另外保管角度要保证成本的有效控制，根据每个阶段整个过程成本管理规划，在进入施工现场时，材料的保存位置也一定是最佳的，这样就不会需要多次转移，产生机械成本和人工成本，这样才能减少材料成本的消耗量。

③ 机械费控制管理。根据合适的项目选择合适的机械来完成施工项目，在机械设备使用完成后，还要进行保养和修护，这样才能确保机械的使用寿命和利用率。减少机械成本的支出率。

6.3.3 进度管理

在项目实施过程中，对项目实施进展情况进行检查分析并做出适当的调整从而保证项目能够按照预定的目标进行的活动称之为项目进度控制。此项活动的目的是为了确保项目能够按照预定的目标进行，并且对项目实施阶段当前所面临的重点进行监控，从而找到并分析其对项目进度的影响偏差，进而采取相应的措施确保其能够按照进度计划进行。

在落实进度计划的过程中，要进行实地考察，检查并核实工程的进度是否依照计划的内容顺利开展，如果产生差异，要分析其诱因，并立刻采取措施改善。进度控制的具体内容可用图 6.6 表示。

（1）进度控制原理

在对项目进度控制过程中，根据不同的情况，可选择不同的控制原理对此项工作进行分析。一般而言主要有五种控制原理，分别是弹性原理、动态控制原理、网络计划技术原理、封闭循环原理、信息原理。

弹性原理是指在项目进度影响因素多、周期长的情况下，其中一些因素已被人们所掌握并能够根据经验对其影响与可能出现的情况进行预先估计，从而对此类因素进行重点分析。在编制进度计划时，可对这些因素留有适当的余地，从而利用其存在的弹性为整个项目来缩短工期，实现预期所要的目标。

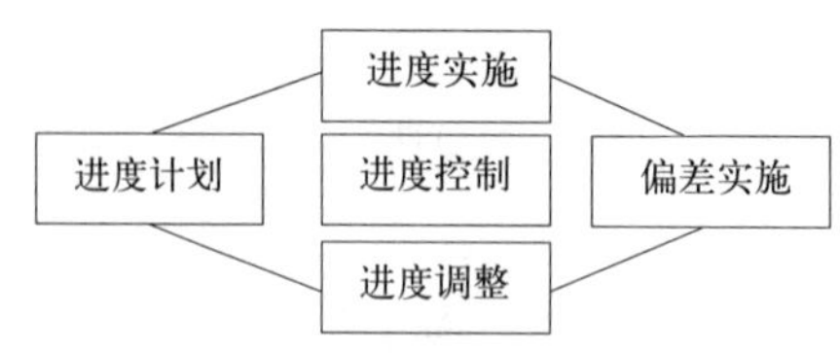

图 6.6 项目进度控制

项目的施工过程既是一个动态过程也是一个循环过程。对此即可对项目实施过程进行监控，如发现项目实际进度按照预期进行，即说明两者吻合，而如果其进度存在偏差，滞后或是超前，即可从中寻找原因并采取相应的措施来解决使其恢复正常。由于在新的因素干扰之下可能又会出现新的问题，对此整个施工过程进度控制是一个动态循环的过程，可采用动态循环的控制方法对其进行控制。

网络计划技术是一种有效、科学的进度管理方法，能够对整个项目进行按制、管理和优化，特别是对于一些大型复杂的项目，是项目进度控制的计算及理论基础。

对于项目进度控制而言，其整个过程是一个计划、实施、检查、调整、再计划的过程。需要对信息进行收集分析，从中找到施工计划进度与实际进度存在的偏差，从而对其进行调整，总体而言是一个循环封闭的过程。

对于项目进度计划而言，在任何一阶段，都需要信息为其提供决策依据，因此信息原理也是决定项目进度控制的重要原理之一。

(2) 常用项目进度控制方法

① 横道图比较法

横道图比较法是在项目实施过程中对相应的进度信息进行收集，通过整理分析形成横道线与计划横道线进行对比的一种较为直观的方法。通过图中的实际对比，能够较为清晰的找到两者时间存在的差异，从而为决策者提供明确的调整信息，是一种经常使用的便捷、简单的方法。不过此种方法存在缺陷，其要求各项任务都必须在匀速情况下进行且完成任务量都相同。

②S 形曲线比较法

S 形曲线比较法也能够在图上直观的对计划进度与实际进度进行对比分析。首先是由控制人员事先将计划进度绘制成 S 形曲线，在施工过程中，按照既定的时间将检查得到的实际结果绘制到计划 S 形曲线上，即可得到实际与计划进度 S 形曲线，通过对比可得到想要的信息，如图 6.7 所示。通过二者的比较，如果发现实际工程进度点在计划 S 形曲线的右侧则表示此时的实际进度落后于计划进度，反之则相反。而如果其正好落在其上，则表示两者的进度相同。预测工程进度如果按照原计划进度进行，则表示其工期

的拖延预期值是 ΔT。

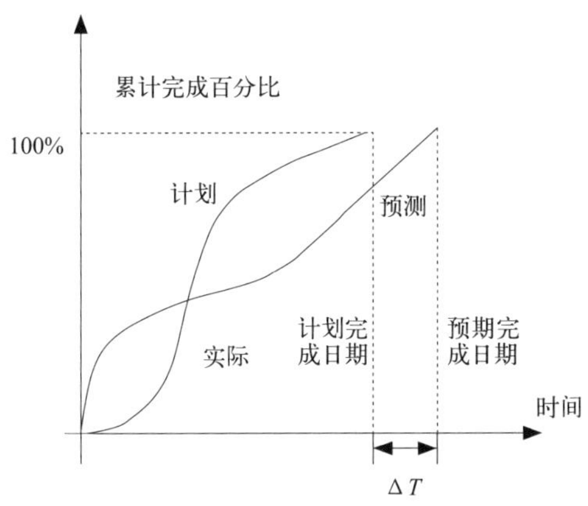

图 6.7 S 形曲线比较法示意图

③ 挣值法

挣值法（Earned Value）是现阶段国内外企业项目管理十分通用的一种费用—进度联合绩效监控方法，通过对未完成工作的费用进行预算与已完成的工作所用的费用进行对比分析，即可得到有关实际进度和计划进度费用之间的偏差，从而很明确的掌握项目进度和成本执行的具体情况。此种方法的优势在于其能够将绩效、成本与时间资源作为一个整体来进行考虑，通过预算测评指出其存在的差异，同时还能够对绩效、计划进度等进行监控，从而确保整个项目的支出，适当情况下还可以迅速对其进行调控纠正。相比于其他进度控制方法，挣值法能够较好的兼顾成本与进度两个指标，通过预算来对项目进度进行衡量，是项目管理者强有力的工具。

6.3.4 安全管理

旧工业建筑再生利用作为房屋使用的一种新的业态形式，其改造全过程既具有一般改造工程安全管理的共性，又具有必须单独强化的个性。与其他改建项目相同，旧工业建筑再生利用项目设计和施工的缺陷易造成先天质量问题，同时服役环境的影响、使用过程的维护也均为必须重视的安全管理问题，但旧工业建筑改建后的使用功能相较原始设计发生了巨大的变化，其建筑结构、构造、装修也不同程度需要进行较大的改变，这成为旧工业建筑再生利用在安全管理方面须单独研究的个性问题。

（1）实行安全教育制度

安全教育的思想本质是道德思想基础，主要包括有尊重人、关心人、爱护人，国家实施的有关安全教育的主要主体内容就是依据劳动合同法实行对劳动者的保护方针，积极的实现安全教育的全面化和正规化，将安全教育纳入到最基本的施工培训教育中，实现具有中国特色的安全管理教育。

① 安全知识教育：认真贯彻落实“三级安全教育制度”，施工企业要在每一个季度、每个月开展不同级别的安全教育，提升操作人员的安全意识，增强自身安全保护技能；项目经理对项目部管理人员进行每月的安全生产教育；项目部专职安全管理人员每周对施工现场各工种进行班前安全知识培训教育。新进场施工人员要进行上岗前安全教育，并有安全培训记录。操作人员对其使用的机械设备、工种的操作技能要熟悉掌握，有关的安全操作规程要全面了解，操作工人要定期填写技能安全保护记录表。

② 实施全面的技术交底制度：当施工过程中，有些新技术、新工艺、新设备要更新使用时，要进行及时的技术交底工作。在每一次指派任务时，要把责任和任务分摊到个人，并记录在资料中，交付项目资料部统一管理。班组长，项目负责人，项目经理等要每天对工作人员的上岗进行检查交底，施工需要的技术书面材料要明确简单，清楚可行，并且还要有针对性，双方要进行交底签字。

③ 所有参加施工的工人和管理人员，进入施工现场戴好安全帽。现场要有安全宣传标语，交通和安全出入口要有醒目的警示牌。

安全教育和培训中还需要包括有安全法制教育内容。法律知识是劳动者必须了解的知识，有关施工的生产法律法规，施工事故的责任制度，法律对于施工的相关规定，安全管理制度，奖励与处罚的基本措施等。

安全教育的具体内容见表 6.2。

安全教育内容　　表 6.2

类别	重要性	内容
安全思想教育	安全生产的思想基础	尊重人、关心人、爱护人的思想教育 党和国家安全生产劳动保护方针、政策教育、安全与生产辩证关系教育、三热爱教育、职业道德教育
安全知识教育		施工生产一般流程、环境、区域概括介绍、安全生产一般注意事项、企业内外典型事故案例简介与分析、工种、岗位安全生产知识
安全技术教育	安全生产的重要内容	安全生产技术、安全技术操作规程
安全法制教育	安全生产的必备知识	安全生产法规和责任制度、法律有关条文、安全生产规章制度
安全纪律教育		厂规厂纪、职工守则、劳动纪律、安全生产奖惩条例

（2）实行施工设施安全验收制度

施工现场需要对劳动者进行保护，因此需要基本的安全设施，这也是劳动法中最基本的安全措施设备。对于安全设施的使用和质量，都需要满足劳动合同法中的相关规定，施工单位应该组织成立安全管理验收小组，对塔吊、升降架等安装和使用，都要经过严格的验收和审核，办理全面的验收手续之后才能正常运行，有些设备需要办理合格证，才能进入施工现场使用。

（3）实行完善的安全检查制度

施工单位要成立安全质量监督和管理部门，对施工现场进行时间、质量和成本等检测。项目部组织的检查小组要每天深入现场，根据调查的情况对规定的检修项目进行评比和打分。检查中出现了事故隐患现象，就要立即责令其施工队伍进行整改，填写隐患问题状况通知单，这样就能够定时、定量、定性地对具体隐患进行解决。事故解决之后才能通知其继续施工。

① 定期的检查：对施工现场进行每周一次的小检查、每月一次的中检查、每季度一次的大检查和每年的年度检查。这种检查任务主要是由安全生产检查部门执行，对施工的整个过程中的安全教育、安全培训、安全施工技术等方面检查。把安全责任划归到每一个劳动者的身上，领导级别越高，责任就越大，这样能够在整个施工单位中形成强烈的安全意识。

② 不定期的检查：这里主要是由施工监理部门、施工单位和业主组成的检查突击小组共同组成的。主要目的是根据工程的进展情况，由安全质量控制部门对现场的施工过程、工人的操作等方面检查。

6.4　项目竣工验收

6.4.1　竣工验收内容

（1）竣工验收的概念

工程项目竣工，是指工程项目承建单位按照设计施工图纸和工程承包合同所规定的内容，完成了工程项目建设的全部施工活动，并且达到建设单位的使用要求。它标志着工程建设任务的全面完成。

项目竣工验收，是指施工单位将竣工的工程项目及与该项目有关的资料移交给建设单位，并接受由建设单位负责组织，由勘察单位、设计单位、施工单位、监理单位共同参与，以项目批准的设计任务书和设计文件（施工图纸设计变更）以及国家（或主管部门）颁发的施工验收规范和质量验收统一标准为依据，按照一定的程序和手续而进行的一系列检验和接收工作的总称。

（2）竣工验收的依据

竣工验收依据一般包括以下几项，如图 6.8 所示。

（3）竣工验收的内容

竣工验收内容，一般是指固定资产投资活动的结果。具体地看，就是建设项目扩初设计（或初步设计）或实施方案中所规定的各个单项工程的建设成果，以及这些工程在建设过程所应当产生的文件、资料。

工程项目竣工质量验收的内容随工程项目的不同而不同，一般包括工程项目技术资料验收、工程项目综合资料验收、工程项目财务资料验收、工程项目建筑工程验收、工程项目安装工程验收。工程资料验收的内容见表 6.3。

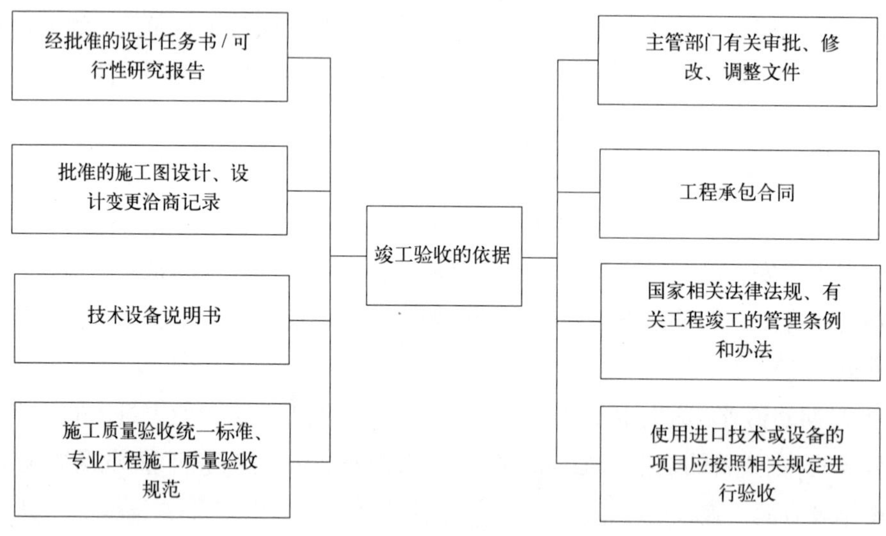

图 6.8　竣工验收依据

工程资料验收内容　　表 6.3

序号	内容	
1	工程技术资料	勘查设计报告
2		周边建筑物、构筑物等测量定位、观测记录
3		技术设计资料（专利文件等）
4		关键技术资料
5		总体规划设计
6		设计变更洽商单
7		隐蔽工程施工验收记录
8		沉降、位移、变形监测记录
9		分项、分部、单位工程质量检查记录
10		焊接试验记录、报告，施工检验、探伤记录等
11		焊接工程验收报告
12		工艺说明、试验、总结
13		设备测绘、安装调试、测定数据、性能鉴定
14	工程综合资料	项目建议书及批件
15		可行性研究报告
16		项目评估报告

续表

序号	内容	
17	工程综合资料	环境影响报告
18		土地征用申报与批准文件、拆迁补偿协议书
19		施工执照
20		承包发包合同等资料
21		项目工程质量评审材料
22		工程现场图像材料
23	工程财务资料	建设成本资料
24		交付使用财产资料
25		设计概算、预算文件
26		概算执行情况
27		竣工决算资料
28	工程项目建筑工程	建筑物的位置、标高、轴线是否符合要求
29		基础工程中的土石方工程、垫层工程、砌筑工程等资料审查
30		结构工程、屋面工程、门窗工程、装修工程的审查验收
31	工程项目安装工程	建筑设备安装工程（设备规格、型号、数量、质量；试压、闭水试验、照明检查）的验收
32		工艺设备安装工程的验收
33		动力设备安装工程的验收

6.4.2　竣工验收标准

根据再生利用项目的特点，其验收标准也与一般的建设项目有一定的差别。其内容包括建筑工程验收标准、安装工程验收标准、环境保护验收标准、档案验收标准等。

（1）建筑工程验收标准

1）凡是生产性工程、公用辅助设施和生活福利设施，均已按批准的设计文件和规定的内容及施工图纸全部施工完毕。

2）所有建筑物（构筑物），明沟、勒脚、踏步、斜道全部做完、内外粉刷完毕，两米以内场地平整，无障碍物，道路畅通。

3）建筑设备（室内上下水、采暖、通风、电气照明等管道、线路安装敷设工程）经过试验、检测，达到设计和使用要求。

（2）安装工程验收标准

1）需要安装的工艺设备，动力设备及仪表等均已按设计规定的内容和技术说明书要求全部安装完毕。

2）工艺、物料、热力等各种管道已做好清洗、试压、吹扫、油漆、保温等工作，室外管线的安装位置、标高、走向、坡度、规格、尺寸、送电方向等经检测符合设计和使用要求。

3）各种需要安装设备和不需要安装设备，均已经过单机无负荷、单机有负荷、联动无负荷、联动有负荷试车，符合安装技术质量要求，能够生产出设计文件中规定的合格产品。具备形成设计规定的生产能力。建筑工程验收标准和安装工程验收标准，是竣工验收标准中最为重要的内容，因为改造项目，其工程内容都是由建筑工程和安装工程构成的，因此，如何做好建筑工程和安装工程的竣工验收，是整个竣工验收工作的核心。但是，应当特别指出的是，单靠一次竣工验收是无法做好建筑工程和安装工程的竣工验收工作的。

以建筑工程的内容看，它包括基础工程、结构工程、屋面工程和装修工程等。其明显的特点是影响深远，且不易发现和不易修复，如基础工程、屋面工程中的隐蔽工程等。同时，建筑工程的建设有着严格的顺序性，先进行哪个分部工程，后进行哪一个分部工程，都是预先定好的，而我们进行竣工验收时，所看到的只是已经建好的建筑物，最多只能是检查外观质量的好坏，而对内在质量是无法进行检测的，安装工程也有与其近似的道理。

（3）环境保护工程验收标准

自然环境是人类赖以生存的客观条件。随着社会不断的进步及人们文明程度的提高，保护环境，越来越受到人们的重视，不仅要求从资金上、技术上、管理上保证那些对自然环境有较大影响建设项目中的环境保护设施的设计和实施。而且也需注意环保工程的质量监督和效果的发挥。因此，对于环保工程应有相应的竣工验收标准。

1）建设项目严格执行《建设项目环境保护管理办法》规定，技术资料、审批手续齐全，环保设施要批准内容全部建完。

2）所有污染治理设施运转正常，符合设计要求，主要污染物的排放符合国家或地方规定的标准。

3）环保设施运转期间，污染物监测资料齐全。

4）有合理的原材料、燃料消耗定额，"三废"回收利用方案或其他处理措施合理可行。

5）环保机构设置及人员配备能满足生产要求，环保设施和污染物处理有合理的技术规范、工艺指标和操作规程。

（4）档案验收标准

1）《基本建设项目档案资料管理暂行规定》，对基建中产生的文件资料，应归档文件，资料完整、无遗漏。

2）所有档案资料都应准确可靠。

3）归档文件、资料，字迹清楚，图面整洁，不用易褪色的书写材料书写、绘制。

4）归档文件、资料，已经整理加工，分类立卷，装订成册。

档案资料在工程建设、生产使用管理、工程维护和改建、扩建方面都有重要作用。因此所有再生利用项目都应做好这项工作，以达到档案验收标准。

6.4.3　竣工验收程序

项目竣工验收，可分为验收准备、竣工验收和正式验收三个环节。整个验收工程涉及建设单位、设计单位、监理单位及施工总分包各方的工作，必须按照工程项目质量控制系统的职能分工，以监理工程师为核心进行竣工验收的组织协调。

（1）竣工验收准备

施工单位按照合同规定的施工范围和质量标准完成施工任务后，应自行组织有关人员进行质量检查评定。自检合格后，向现场监理机构（或建设单位）提交工程竣工预验收申请报告，要求组织工程竣工预验收。施工单位的竣工验收准备，包括工程实体的验收准备和相关工程档案资料的验收准备，使之达到竣工验收的要求，其中设备及管道安装工程等，应具有经过试压、试车和系统联动试运行的检查记录。

（2）竣工预验收

监理机构收到施工单位的工程竣工预验收申请报告后，应就验收的准备情况和验收条件进行检查，对工程质量进行竣工预验收。对工程实体质量及档案资料存在的缺陷，及时提出整改意见，并与施工单位协商整改方案，确定整改要求和完成时间。具备下列条件时，由施工单位向建设单位提交工程竣工申请报告，申请工程竣工验收。

1）完成工程设计和合同约定的各项内容；

2）有完整的技术档案和施工管理资料；

3）有工程使用的主要建筑材料、建筑构配件和设备的进场试验报告；

4）有工程勘察、设计、施工、监理等单位分别签署的质量合格文件；

5）有施工单位签署的工程质量保修书。

（3）正式竣工验收

竣工预验收检查结果符合竣工验收要求时，监理工程师应将施工单位的竣工申请报告报送建设单位。建设单位收到工程竣工申请报告后，应组织勘察、设计、施工（含分包单位）、监理等单位（项目）负责人和其他方面的专家组成竣工验收小组，负责检查验收的具体工作，并制定验收方案。建设单位应在工程竣工验收前 7 个工作日将验收时间、地点、验收组名单书面通知该工程的工程质量监督机构。建设单位组织竣工验收会议。

正式验收过程的主要工作包括：

1）建设、勘察、设计、施工、监理单位分别汇报工程合同履约情况及工程施工各环节施工满足设计要求，质量符合法律、法规和强制性标准的情况；

2）检查审核设计、勘察、施工、监理单位的工程档案资料及质量验收资料；

3）实地检查工程外观质量，对工程的使用功能进行抽查；

4）对工程施工质量管理各环节工作、对工程实体质量及质保资料情况进行全面评价，形成由验收组人员共同确认签署的工程竣工验收意见；

5）竣工验收合格，建设单位应及时提出工程竣工验收报告。验收报告还应附有工程施工许可证、设计文件审查意见、质量检测功能性试验资料、工程质量保修书等法规所规定的其他文件；

6）工程质量监督机构应对工程竣工验收工作进行监督。建设单位应当自正式竣工验收合格之日起 15 日内，将建设工程竣工验收报告和规划、公安消防、环保等部门出具的认可文件或准许使用文件，报建设行政主管部门或者其他部门备案。

6.5 工程案例分析

6.5.1 项目概况

陕西钢铁厂建造于 1958 年，1965 年全面投产，位于幸福南路和建工路交会北 200m 处，二环与三环之间，紧邻南二环东段，集中西安市众多企业，人口密集、交通便利。陕西钢铁厂曾是全国十大特钢企业之一，年产特钢 21 万 t，为我国钢铁事业在西北地区的发展培养和输送了大量的人才和技术，为我国的国防事业做出过巨大贡献。进入改革开放后，陕西钢厂抓住机遇，高速发展，在 20 世纪 80 年代，规模不断扩大，同时职工人数也不断增长，高峰期职工人数达 15000 人之多。

进入 20 世纪 90 年代后，随着产业结构的调整，陕西钢厂日渐衰败，陕西钢铁厂在经历各种改革尝试后，终于未能抵抗市场的洪流，于 1999 年元月全面停产。停产前，尚有在册职工 7000 余名，仅一年的工资等费用就达 3000 多万元，进行破产拍卖就成了陕钢厂唯一的出路。从停产到拍卖经历了近 4 年的时间，厂区景象日益破落，杂草丛生，萧瑟不堪，如图 6.9 所示。

陕钢厂宣布破产后，由西安建筑科技大学控股成立的西安建大科教产业有限公司（西安华清科教产业园）通过拍卖形式取得，计划分阶段建成西安建筑科技大学科教产业园。结合其区位优势和集团使用需求，将原钢厂置换为三大平台：教育平台——西安建大华清学院，产业平台——老钢厂创意产业园，地产开发平台——“华清学府城”项目。

图 6.9　厂区改造前状况

西安建筑科技大学华清学院是在旧工业园区百废待兴的基础上建设而成的，本文以部分建筑的再生利用为例进行阐述。

6.5.2　组织形式

为完成建设任务，制定严格的项目管理体系，下设建设办公室具体负责建设工程项目管理工作。

项目组织管理采用直线型组织形式。这种组织形式为加快工程进度，减少工程造价，项目实施中，将基础托换、地基处理，上部承重结构的加固，在原有结构上增加结构而进行的植筋，屋面防水、立面玻璃幕墙等工程通过招标后指定分包，既接受业主方的领导，同时在生产进度安排上接受总包单位的领导。项目组织结构图如图 6.10 所示。

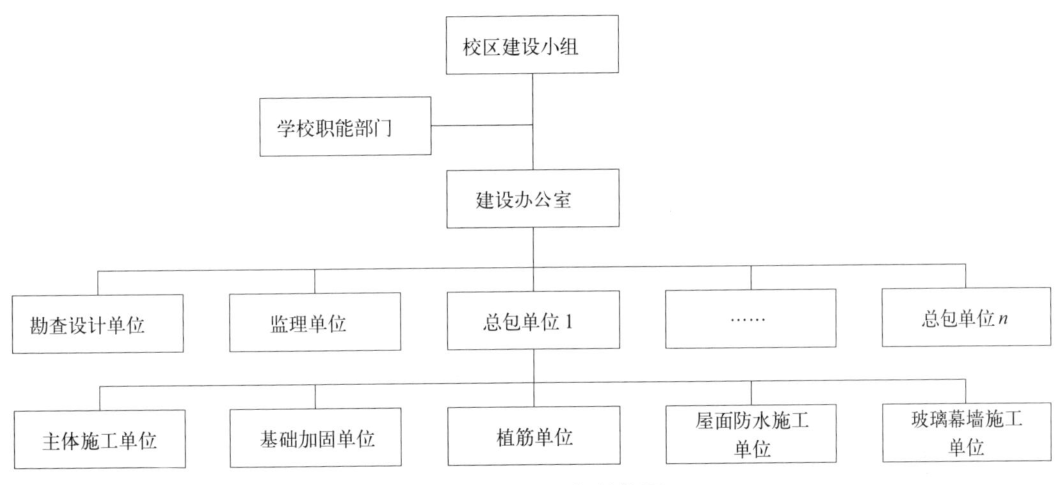

图 6.10　项目组织结构图

6.5.3　现场管理

（1）质量管理

1）地基与基础处理

在华清学院的校园建设过程中，对原车间建筑进行了地基加固。原来的建筑是工业用途，现在改为教学用途，在地基加固中选择余地较大。但该厂区位于湿陷性黄土地基之上，地基的加固主要用于消除湿陷性黄土地基的影响。改造中，主要运用人工挖孔灌注桩、灰土挤密，桩、灰土井和静压桩顶升加固或者纠偏。在湿陷性黄土中采用静压桩时，就得考虑其再次浸水后的负摩擦阻力的影响，最后采取了杜绝漏水的措施。具体是在建筑物的外侧改造水网，统一设置防水地沟，在顶升措施之后，在厂房的散水部分填 3∶7 的灰土 2m 厚。现在学院的部分建筑就是采用的静压桩措施，经过 10 年的使用和监察，效果良好。

2）构件加固改造工程

华清学院在各再生利用项目的构件与加固中应用了多种改造加固技术。具体讲有如下几种主要方式：

① 外包钢筋混凝土技术

在学生餐厅和服务综合楼改造中，对部分原框架柱采用外包钢筋混凝土方案，扩大柱截面、梁截面。钢筋连接方式使用德国进口加固专用结构胶在相邻连接构件中植入钢筋后，按钢筋连接要求连接扩大部分的钢筋。在一、二号教学楼人工挖孔灌注桩因为大型设备基础不能开挖时，在设备基础上植入框架柱的钢筋。

② 外包钢技术

学生餐厅和服务综合楼的部分构件由于其原构件混凝土质量严重缺陷，采用全钢板包闭加固方案，大幅加强混凝土的横向约束强度。

③ 碳纤维加固技术

对厂房屋架，由于其高度高，不宜施工，截面尺寸小以及其受力特点不宜采用包钢技术增加自重，碳纤维加固是最佳选择。一、二号教学楼等建筑物屋架的局部加固就是采用的碳纤维加固。

④ 增设构件技术

在部分项目中，如摄影实验室、综合服务楼中由于其部分楼板从中部断裂，采用了在断裂部位增设框架梁柱的方案。如图书馆外墙则是以新增型钢框架作为悬空墙面的支撑体系。

（2）成本管理

华清学院改造再生项目的成功除了体现在再生项目的文化价值，快速建设投运的社会稳定意义，还有一个最重要的因素也是旧工业建筑再生利用的优越性即节约性。华清学院在项目管理中，采取了多项措施，有效的控制了造价。具体措施如下：

1）合理确定建造装修标准

对设计文件反复研究，组织方案设计和施工图设计人员认真沟通，在材料的档次规格和施工工艺的选用上做到既尊重设计意图以达到设计效果，同时又能寻找到优质价廉的材料工艺来加以实现。例如，用明框幕墙代替隐框幕墙，用聚苯板代替挤塑板，用泰柏板代替石材墙面等一系列降低造价的工艺材料选型。

2）完善招标文件

工程招标前，组织多次研究专项会议，对招标文件进行逐字修改，对可能存在的索赔风险进行研究，进而完善招标文件尤其是文件中的主要合同条款和计价方式，减少了合同履行中由于计价规则的不同理解而引起的经济纠纷。

3）认真研究计价规则，灵活使用定额结算

由于存在设计图纸进度不能满足施工进度要求的情况，而 2003 年时工程量清单计价规则尚未全面使用。在工程招标中明确指定采用概预算定额为《陕西省建筑工程综合定额》(1999)，按相应取费标准执行。而再生利用项目在很多子目上无法完全套用或者定额中并无相应子目。经过对定额条件下取费标准的研究，将计价方式写入了招标文件并得到了投标单位的响应，最后签入合同得到了执行。主要有以下方面：

① 定额中无相应子目套用的分部分项工程经协商确认综合单价后进入差价结算。

② 关于工程类别，对于单层旧工业厂房、场地平整等进行的施工确定按四类工程取费。

③ 缓拆部分原陕钢厂待拆旧建筑，提供给施工单位作为施工临时设施，但工程决算中不再计取现场临时设施费。这一措施也起到了减少施工准备时间的作用。

④ 市场差价大以及大宗材料的供应采用甲供材的形式，通过市场调研后确定供应范围后在招标文件中明确。为统一计价基础，招标文件中仍然给定暂定价以公平投标单位的报价，最后在合同中明确。

⑤ 由于工程工期短，业主方提供临时设施、部分材料由业主方供应，所以在无预付款的情况下，不支付贷款利息的条件也得到了投标单位的响应。

4）合理组织工程分包和材料供应

对专业性强的分部分项工程采用业主方自行组织招标后指定分包的方式，如幕墙工程、防水工程、部分精装修工程等，既有利于适时组织加快进度，又能大幅降低造价。对大宗材料，直接联系厂家从厂家订货，减少了中间供应环节，降低了采购成本。

5）严格现场签证管理

再生利用工程的现场签证比较容易发生。在签证的管理中，要求现场管理人员必须两人以上方可核定工程量。在核定工程量和工作内容的基础上，结合定额条件，正式办理工程签证单，保证签证内容有定额依据可行，即可按定额计价。

（3）进度管理

出于对旧工业建筑再生利用的复杂性的充分认识，建设办公室通过一系列措施解决了设计图纸滞后、“非典”期间施工单位中劳动力不足、施工条件复杂等因素的影响。

1）建立设计单位派驻现场代表制度，随时解决由于施工中的特殊情况不能正常组织施工等问题，同时根据条件变化随时完善图纸。这一制度在设计—施工总承包管理制度中已经十分健全，尤其适用于大型复杂项目。而在民用建筑项目管理中，使用较少。这一制度的引入，有效的解决了设计与施工衔接。

2）在招标文件中对专业性较强的分部分项工程明确保留指定分包的权利，为施工中根据总体进度安排，适时加快进度，组织施工创造了条件。其中如屋面防水，玻璃幕墙、局部加固等均采用了这种模式。

3）组织小型施工队伍，由建设办公室随时调遣，根据需要对施工过程中临时发生的工程任务进行突击，对总包企业不能按进度控制目标完成的部分分部分项工程提供劳动力支援。实践中，华清学院是组织了原陕西钢厂维修工人成立了内部的工程公司，添置了小型设备完成了大量的临时性工程任务，同时也解决了下岗职工的工作岗位。目前，该工程公司已经成功转型为门窗公司，于2008年正式独立运营，当年即实现注册资本金盈利水平65%的良好经济效益。

（4）新材料的应用

正值全国上下构建和谐、节约型社会之际，国家大力倡导在建设项目中使用新技术和新材料，节约能源，保护环境。华清学院的建设工程项目中，通过合理论证，精心设计和施工，率先使用了许多新技术及新材料，取得了良好的社会效益和经济效益。

① 轻质墙材

近年来，建筑物内隔墙采用轻质墙材已经成为一种趋势。据统计，目前在西安市场上采用的轻质隔墙已经有近百种之多。华清学院根据旧工业建筑改造再生利用功能要求的特点，按照轻质、节能、隔热、隔音、高强度、无辐射、不老化高强度的要求，选择使用了桔梗板、GRC板用作教室、办公室、宿舍的内隔墙。

图书馆外墙方案，根据方案设计的需求。学院组织专业力量，按照方案制作建筑模型。在钢框架上联接横向角钢作为轻质墙板的安装龙骨。在墙面材料的选择上，基于外墙防水和轻质的要求，选用泰柏板。安装固定后，板面抹灰，形成带筋抹灰层，具有较高的强度。由于其采用水泥砂浆抹灰罩面可以防水，并且其钢筋网片的易固定安装的特点，是其他轻质墙材不具备的优点，用于外墙具有不可替代的优势。如图6.11所示。

图6.11 图书馆和大学生活动中心外墙采用泰柏板

② 节能型太阳能设备

学生餐厅屋顶采用真空管—热管式太阳能热水器集热，40t储水罐交换储水的方式，解决了学生的洗浴用水问题。真空管—热管式太阳能热水器的热效率明显高于普通真空管式热水器。在夏季阳光充足时，320m^{2}热管可独立满足学生洗浴。在冬雨天气，储水器与锅炉连接，辅助加热，即可满足使用要求。该设备投运以来，大大减轻了学院锅炉房的压力，大幅度减少了能源损耗。如图6.12所示。

对小体量、有洗浴热水需求的专家公寓，在屋顶加装了四组大容量热水器，冬雨季

节采用辅助电加热，可满足楼内近百人洗浴用水。如图 6.13 所示。

图 6.12　真空管—热管式太阳能热水器

图 6.13　太阳能热水器

③ 环保节能的水煤浆锅炉和型煤锅炉

为解决实习工厂的生产需求，学院采用了水煤浆锅炉生产蒸汽满足生产加工需要。水煤浆锅炉以自制水煤浆作为燃料，燃烧效率达到 98.5%以上，锅炉受热面积大，换热充分，运行费用低，如图 6.14 所示。随着学生规模扩大，学院增设了型煤锅炉，解决了学生饮水需求。型煤锅炉具有独特的封火，排渣设计，高效节煤的特点。如图 6.15 所示。

图 6.14　水煤浆锅炉

图 6.15　型煤锅炉

第 7 章　再生利用项目运营与维护

旧工业建筑再生利用的兴起得到了人们的广泛关注，在再生利用之后显现出来的运营与维护问题也越来越引起人们的重视。在运营维护过程中存在管理效率较低，信息化水平较低，重复性工作造成人力、物力和财力大量浪费等弊端。项目有期，运维无界。因此，旧工业建筑再生利用后期的运营维护是保证项目良好收益的关键。

7.1　基础知识

7.1.1　运营与维护主要内涵

（1）相关概念

运营与维护是指对建筑及配套的设施设备和相关场地的环境卫生、安全保卫、公共绿化、道路交通等进行维修、养护、管理，以发挥出项目最大的社会效益、环境效益和经济效益。

旧工业建筑再生利用项目的运营与维护是通过健全的管理制度、先进的管理技术等手段，对投入使用的项目进行有效地管理，以能够最大限度地减少资源、能源的消耗，维持健康舒适的环境并保证项目的良好效益和长期健康可持续发展的态势。

（2）主要内容

旧工业建筑再生利用项目运营与维护的内容较多，主要包括以下几个部分：

1）建筑养护管理

建筑养护管理是对建筑实体进行系列的保养、保护及维修处理等，以及相对应的管理工作，确保建筑实体完好无损和正常使用，主要包括建筑定期养护和建筑维修处理。由于受各种自然或人为因素的影响，建筑在使用过程中会发生一定程度的损伤和破坏，比如装饰老化脱落、屋面开裂、渗漏等其使用功能就受到影响，因此必须进行正确的养护管理。

2）设备设施管理

设备设施管理是项目运维管理的工作内容之一，其目的是满足使用者的需要，通过管理手段提高设备设施的运行工作效率，主要包括给水排水系统、供电系统、空调系统、供暖系统、电梯系统及公共设施的运行检查及维护保养。

3）环境卫生管理

环境卫生管理是指针对再生利用项目中人类活动范围内的全部环境，通过科学管理的方法控制一切妨碍或影响健康的因素，使环境能适于人类生活，主要包括：环境污染防治、环境保洁服务、环境绿化美化。

4）其他管理

① 治安管理：主要有门卫服务；巡逻服务；守护服务；安保常见问题的处置，包括遗失物品的招领，可疑人员的处置，协助搞好防治环境污染的配套设备以及设施的建设，客户斗殴的处置，对不执行规定、不听劝阻人员的处置，发现有人触电的处置等。

② 消防管理：主要包括严格执行消防检查制度，加大应对火灾的准备工作力度，完善消防应急救灾程序等。

③ 车辆道路管理：主要包括巡查外来车辆，以防外来车辆随意进出，扰乱园区秩序；维持进入园区车辆的停放秩序；警示进入园区车辆不得随意鸣笛；防止他人损坏、盗窃停放车辆等。

（3）基本原则

旧工业建筑再生利用项目的运营与维护需要遵循一定的原则：

1）针对性原则

旧工业建筑再生利用模式的差异很大，不同的再生利用模式其使用功能不尽相同，而不同使用功能的旧工业建筑后期运营维护的侧重点亦不相同。因此需要针对不同的再生模式及使用功能，并结合现场的实际情况，制定相应的运营与维护方案。

2）全面性原则

旧工业建筑再生利用项目的运营与维护是一个综合的概念，涉及多个方面的内容，如环境、生态、能源、资源、经济、设备、安全、通信等。因此需要借助各类办公软件高效且全面的进行项目的运营与维护工作。

3）可持续性原则

旧工业建筑再生利用的初衷就是进行旧工业建筑的可持续发展，因此针对再生利用项目的运营维护也必须贯彻这一宗旨，将其体现在运维管理的方方面面，以保证项目的良好收益和可持续发展。

7.1.2　运营与维护工作流程

旧工业建筑再生利用运营与维护的一般工作流程如图 7.1 所示。

（1）成立运维机构

在旧工业建筑再生利用项目投产运营之前，应成立专项运维机构，对再生利用项目本体、附属设施、其他项目的运行状况进行风险评估、安全评估、效益评估等，合理划分机构部门，与使用单位或个体取得相应配合，共同确保项目的正常运营。

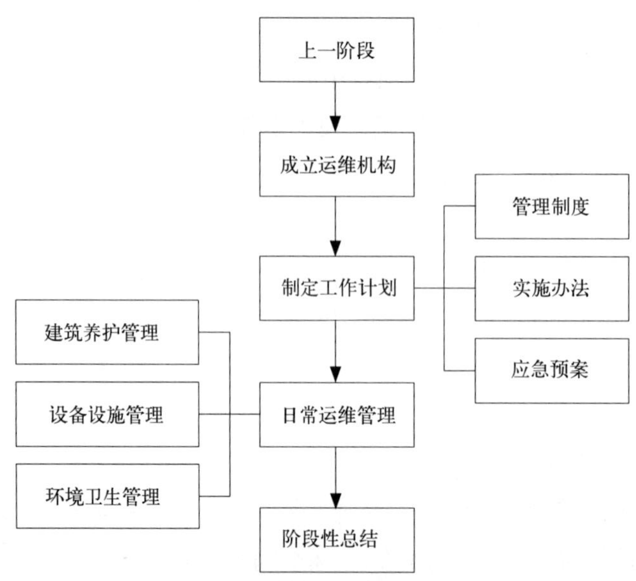

图 7.1 运营与维护工作流程

(2) 制定工作计划

再生利用项目运维机构需制定在一定时期内的工作安排，一个合理可行的工作计划是建立在正确的自我认知之上的，通过进一步的修订、补充与完善，工作计划才能够正式实施，主要内容包括：日常管理制度、运维实施细则及应急预案等。

(3) 日常运维管理

在制定工作计划之后，按照相关管理制度和实施办法进行严格的日常运维管理，并做好管理记录，其中日常运维管理包括建筑养护管理、设备设施管理、环境卫生管理等。

(4) 开展阶段性总结

阶段性总结是对过去一定时期的运维工作及开展情况进行回顾、分析，并作出客观性的评价。通过对已完成工作的客观分析，找到工作中的闪光点和不足之处，吸取经验教训，以便在今后的工作中能够扬长补短，做得更好，以发挥项目更大的价值。

7.1.3 运营与维护成果表达

为了保证再生利用后项目的顺利开展和良好效益，运营与维护过程中会形成一系列的管理成果及文本，按运维阶段可分为三类：

(1) 工作计划

在项目投入使用初期，需要制定严格的工作计划，主要包括管理制度、实施办法、应急预案等。

管理制度大体上可以分为规章制度和责任制度。规章制度侧重于工作内容、范围和工作程序、方式，如管理细则、行政管理制度、运营管理制度。责任制度侧重于规范责任、职权和利益的界限及其关系。

实施办法作为运营与维护阶段的落脚点，集中体现在建筑、设施设备、环境卫生、绿化、治安、消防、车辆道路等详细应对措施上，是项目运营与维护成果表达不可缺少的基石，也在项目运营与维护成果表达中所占比重最大。

应急预案是通过成立应急预案小组，对项目运营过程中的风险源进行识别，在风险分析和应急能力评估的基础上，针对可能发生的风险事件的类型和影响范围编制而成的，要求充分利用应急资源，预先做出具体安排。

（2）日常记录

在运维过程中，包括检查、维修、养护等形成的数据记录与日常文件。数据记录与日常文件要求具有真实性、可靠性及时效性，并形成档案统一管理。

（3）阶段性总结报告

在阶段性运维结束后，通过对阶段数据和文件的系统整理和分析，形成阶段性总结的书面报告，比如月、半年、年工作总结报告等。

7.2　建筑养护管理

7.2.1　建筑定期养护

建筑定期养护是所进行的经常性的日常修理、季节性预防保养以及建筑的正确使用维护管理等工作。

（1）按照养护的时间和频率可分为建筑的日常养护和建筑的季节性预防养护两个方面。

1）建筑的日常养护

建筑的日常养护主要有两个方面：一是对临时发生报修的零星养护工程，二是从建筑管理角度提出来的计划养护工程。

① 零星养护

零星养护是指结合实际情况进行的保养维护或因突然损坏引起的小修。日常零星养护项目主要通过维修管理人员的走访和个体运营商或使用者的随时报修两种渠道来收集。零星养护的特点是修理范围广泛，项目零星分散，时间紧，要求及时，具有经常性的服务性质。

零星养护应力争做到“水电急修不过夜，小修项目不过三，一般项目不过五”。零星养护项目内容见表 7.1。

零星养护项目具体内容　　表 7.1

日常养护分类	具体内容
零星养护	房屋的（补漏）、修补屋面、修补泛水、屋脊等
	钢、木门窗整修，拆换五金，配玻璃，换窗纱、油漆涂料、壁纸等
	修补楼地面面层，抽换个别楼木等
	修补内外墙、抹灰、窗台、腰线等
	拆砌挖补局部墙体、个别拱圈，拆换个别过梁等
	抽换个别檩条，接换个别木梁、屋架、木柱、修补木楼等
	水卫、电气、暖气等设备的故障排除及零部件的修换等
	下水管道的疏通，修补明沟、散水、落水管等
	房屋检查发现的危险构件的临时加固、维修等

② 计划养护

计划养护是指依据建筑的各种构件、部件合理的使用年限，为保证建筑正常使用而进行的科学性的修缮保护工作。建筑的各种构、部件均有其合理的使用年限，超过这一年限通常就会不断出现问题，因此应该制定科学的“大修、中修、小修”三级修缮制度，以保证建筑的正常使用，延长其整体的使用寿命。例如：纱窗每 3 年左右就应该刷一遍铅油保养；门窗、壁橱、墙壁上的油漆、油饰层一般 5 年左右应重新油漆一遍；外墙每 10 年应彻底进行 1 次检修加固；照明电路明线、暗线每年检查线路老化和负荷的情况，必要时可局部或全部更换等。这种定期保养、修缮制度是保证建筑使用安全、完好的非常重要的制度。

2）建筑的季节性预防养护

建筑的季节性预防养护是指由于季节性气候原因而对建筑进行的预防保养工作，主要内容有：防台防汛、防梅雨和防冻防寒。季节性预防养护关系着建筑设备完好程度以及使用者的使用安全。

（2）按照养护的部位不同可分为地基基础的养护，楼地面工程的养护，墙台面及吊顶工程的养护，门窗工程的养护，屋面工程的养护。

1）地基基础的养护

① 坚决杜绝不合理荷载的产生

地基基础上部结构使用荷载分布不合理或超过设计荷载时会危及整个建筑的安全，而在基础附近的地面堆放大量材料或设备，也会形成较大的堆积荷载，使地基由于附加压力增加而产生附加沉降，所以应从内、外两方面加强对日常使用情况的技术监督，防止出现不合理荷载状况。

② 防止地基浸水

地基浸水会使地基基础产生不利的工作条件，因此，对于地基基础附近的用水设施，如上下水管、暖气管道等，要注意检查其工作情况，防止漏水。同时，要加强对房屋内部及四周排水设施如排水沟、散水等的管理与维修。

③ 保证勒脚完好无损

勒脚位于基础顶面，将上部荷载进一步扩散并均匀传递给基础，同时起到基础防水的作用。勒脚破损或严重腐蚀剥落，会使基础受到传力不合理的间接影响而处于异常的受力状态，也会因防水失效而产生基础浸水的直接后果。所以，勒脚的养护不仅仅是美观的要求，更是地基基础养护的重要部分。

④ 防止地基冻害

在季节性冻土地区，要注意基础的保温工作。如在使用中有闲置的不采暖房间，尤其是与地基基础较近的地下室，应在寒冷季节将门窗封闭严密，防止冷空气大量侵入，如还不能满足要求，则应增加其他保温措施。

2）楼地面工程的养护

楼地面工程常见的材料有水泥砂浆、大理石、水磨石、地砖、塑料、木材、马赛克等。水泥砂浆及常用的预制块地面的受损情况包括空鼓、起壳、裂缝等；而木地板更容易被腐蚀或蛀蚀；在一些高档装修中采用的纯毛地毯，则在耐菌性、耐虫性及耐湿性等方面性能较差。所以，应针对楼地面不同材料的具体特性，做好相应的养护工作。

① 保证经常用水房间的有效防水

对经常用水的房间，一方面要注意保护楼地面的防水性能，另一方面更需加强对上下水设施的检查与保养，防止管道漏水、堵塞，造成室内长时间积水而渗入楼板，导致侵蚀损害。一旦发现问题应暂停使用并及时处理，以免形成隐患。

② 避免室内受潮与虫害

室内潮湿不仅影响使用者的身体健康，也会促使大部分材料在潮湿环境中更易发生不利的化学反应而使其变性失效，如腐蚀、膨胀、强度减弱等，造成重大的经济损失。所以，必须针对材料的各项性能指标，做好防潮工作，如保持室内良好的通风效果等。

建筑虫害包括直接蛀蚀与分泌物腐蚀两种，由于通常出现在较难发现的隐蔽性部位，所以更需做好预防工作。常见的建筑白蚁病，因其分泌物的腐蚀作用，就会造成建筑结构的根本性破坏，导致无法弥补的损伤，使得许多高楼大厦无法使用而被迫重建。总而言之，无论是再生利用项目中的既有建筑还是新建建筑，都必须对虫害预防工作予以足够的重视。

③ 控制与消除装饰材料产生的副作用

装饰材料的副作用主要是针对有机物而言的，如塑料、化纤织物、油漆涂料、化学黏合剂等，常在适宜的条件下产生大量有害物质，危害人的身心健康，以及正常工作与消防安全。所以，在选用有机装饰材料时，必须对它所能产生的副作用采取相应的控制与消除措施，如化纤制品除静电、地毯防止螨虫繁殖等。

3）墙台面及吊顶工程的养护

墙台面及吊顶工程是建筑装修工作的主要部分，它通常包括多种类型，施工复杂，维修工序繁琐。所以，做好对它的养护工作，延长其综合使用寿命，直接关系到业主与管理机构的经济利益。

墙台面及吊顶工程一般由下列装饰工程中的几种或全部组成：抹灰工程，油漆工程，刷（喷）浆工程，裱糊工程，块材饰面工程，罩面板及龙骨安装工程等，无论对哪一种工程进行养护，都满足以下几个共性的要求：

① 定期检查，及时处理。定期检查一般不少于每年 1 次。

② 加强保护与其他工程衔接处。墙台面及吊顶工程在自不同工种或其他工程相接处，要注意相互影响，采取保护手段与科学的施工措施。

③ 保持清洁。使用常用的清洁方法进行清洁。

④ 注意日常工作中的防护。各种操作要注意，防止擦、划刮伤墙台面，防止撞击。遇有可能损伤台面材料的情况，要采取预防措施。

⑤注意材料所处的工作环境。遇有潮湿、油烟、高温、低湿等非正常工作要求时，要注意墙台面及吊顶材料的性能，防止处于不利环境而受损。

⑥定期更换部件，以保证其整体协调性。

4）门窗工程的养护

门窗是保证建筑使用正常、通风良好的重要途径，应在管理使用中根据不同类型门窗的特点进行养护，使之处于良好的工作状态。如木门窗易出现的问题有：门窗扇下垂、弯曲、翘曲、腐朽、缝隙过大等；钢门窗则有翘曲变形、锈蚀、配件残缺、露缝透风、断裂损坏等常见病；而铝合金门窗易受到酸雨及建材中氢氧化钙的侵蚀。在门窗工程养护中，应重点注意以下几个方面：

① 严格遵守使用常识与操作规程。

② 经常清洁检查，发现问题及时处理。

③ 定期更换易损部件，保持整体状况良好。

④ 北方地区外门窗应注意冬季的使用管理。

⑤加强窗台与暖气的使用管理。

5）屋面工程的养护

屋面工程在建筑中的作用主要是维护、防水、保温、隔热等，由于建筑工艺水平的提高，现在又增加了许多新的功能，如采光、绿化、各种活动，以及太阳能采集利用等。屋面工程施工工艺复杂，而最容易受到破坏的是防水层，它直接影响着建筑的正常使用，并对其他结构及构造层起着保护作用。所以，防水层的养护是屋面工程养护中的核心内容。在屋面工程养护中，应重点注意以下几个方面：

① 定期清扫，保证各种设施处于有效状态。

② 定期检查、记录，并对发现的问题及时处理。

③ 建立“大修、中修、小修”制度。

④ 加强屋面使用的管理。

⑤建立专业维修保养队伍。

7.2.2　建筑维修处理

（1）楼地面工程的维修

1）地面起砂的维修

① 地面起砂的原因：水泥砂浆掺和物砂浆级配不当，水灰比过大，养护不适当；水泥地面在未达到足够的强度时就上人走动或进行下道工序，冬季低温施工时，门窗未封闭或无供暖设备造成大面积冰冻；原建材不符合要求等。

② 地面起砂的维修方法修理时可用钢丝刷将起砂部位的面层清刷干净，用水充分湿润后抹107胶水泥砂浆，107胶：水泥：中沙的配比可选用1:5:2.5，厚度以3～4mm为宜。抹好待砂浆凝聚以后，覆盖锯末洒水养护7d。

2）地面空鼓的维修

地面空鼓多发生于面层和垫层之间，或垫层与基层之间。空鼓处受力容易开裂，严重时大片剥落，破坏地面使用功能。

① 地面空鼓的原因：做楼地面的面层之前，基层表面清理不干净有浮灰，结合层黏结不牢；原材料质量低劣，配合比不正确，达不到规定的强度；楼地面的楼板表面或地面垫层平整度较差且未处理好；违反施工操作规定，未按要求做好结合层；养护不善，受到振动等。

② 地面空鼓的维修方法：清理地面的混凝土垫层或留斑表面，并用水冲刷干净；按施工质量要求，严格选用原材料；当楼地面的基层平整度较差时，先做一层找平层，再做面层，使面层厚薄一致；严格遵守施工操作规定；养护期间，禁止人在上面操作和走动，应适时浇水养护；对空鼓的面层，先将空鼓部分铲除，清理干净并用水润湿，再做结合层，最后用原材料嵌补，挤压密实、压光。

3）水泥楼地面裂缝的维修

① 水泥楼地面裂缝的原因：地基基础不均匀沉降、楼板支座产生负弯矩，使楼面产生裂缝；楼板的板缝处理粗糙，降低了楼板的整体性，使楼板产生裂缝；大面积的水泥砂浆抹面，没有设计分格缝，使楼地面产生收缩裂缝；原材料质量低劣，如水泥标号低或失效等；现浇钢筋混凝土楼面温差变形裂缝；使用维护不当等。

② 水泥楼地面裂缝的维修方法：由于地基基础不均匀沉降引起的裂缝，先整治地基基础，再修补裂缝；提高楼地面面层的整体性，可在楼板上做一层钢筋网片，以抵抗楼

地面端部的负弯矩；处理楼板的板缝，其施工顺序为：清洗板缝，水泥砂浆灌缝，捣实压平，养护；大面积的楼地面面层，应做分格；对一般的裂缝，可将裂缝凿成“V”形，用水清扫干净后，用1∶1～1∶2的水泥砂浆嵌缝抹平压光后即可；对于大面积裂缝，且影响使用的面层，应铲除重做。

（2）木地板的维修

木地板主要存在的问题是地板起鼓、地板缝不平、表面不平整及踩时有响声等现象。

地板起鼓主要因局部板面受潮所致，或未铺防潮层，或地板未开通气孔。防治措施：应注意木板的干燥及施工环境的干燥；遇到起鼓时应将起鼓的木地板面层拆开，在毛地板上钻通风孔若干，晾几天时间，待干燥后重新封板。

地板缝不平，常常是因为板条规格不准或受潮所致。修补缝隙一般可用相同的材料刨成刀背形薄片，蘸胶嵌入缝内刨平。地板表面不平整，一般为木地板质量原因所致，可以拆掉重换。地板踩踏时有响声往往是由于木隔栅未被固定住，产生移动而发生响声。木隔栅含水率大或施工环境湿度大造成木隔栅部分松动，也会导致上述结果。防治措施：在木隔栅或毛地板钉后分别检查2次，发现声响及时处理，或加绑铅丝或补钉垫木。现在一般可用膨胀螺栓固定。

7.3 设备设施管理

7.3.1 给水排水系统管理

（1）给水排水系统的使用管理

1）给水排水设施设备系统

园区内给水排水系统是指园区内的各种冷水、热水、开水供应和污水排放的工程设施的总称，具体组成见表7.2。

园区给水排水系统组成及具体内容 表7.2

系统组成	具体内容
供水设备系统	主要划分为园区物业管理职责内的园区绿化给水及建（构）筑物内部给水两大部分，其中涉及的设备主要有供水箱、供水泵、水表、供水管网等。供水系统按照用途分类，基本上可以分为生活用水、生产用水、消防用水三大类，但这三类用水并不一定单独设置给水系统
排水设备系统	主要涉及室内排水管道、通气管、清通设备、抽升设备、室外园区检查井和排水管道等。排水系统按照所接收的污废水的性质不同，分为生活污水、工业废水、雨水管道三大类
用水设备系统	主要指建（构）筑物内各类卫生器具和生活用水设备。这部分主要包括洗脸盆、洗浴盆、便器、喷泉喷头及各种绿化洒水设备等
热水供应设备系统	主要包括淋浴器、供热水管道、热循环管、热水表、加热器、温度调节器、减压阀等
消防设备	主要包括消防箱，供水箱、各式消防喷头、灭火机、消防栓、消防泵等

2）给水排水设施设备的管理内容

给水排水系统设施设备管理主要针对给水排水系统中所涉及的各种设备及管道等的日常操作运行、维护等的管理活动。包括园区物业对所管辖区内给水排水系统的计划性养护、零星返修和改善添装。如检查井、化粪池的定期清淘，消防水箱定期调水放水，以防出现阻塞、水质腐臭等现象，消防泵定期试泵等都属于给水排水设备设施管理范畴。

（2）给水排水系统的日常养护管理

1）水池、水箱的维修养护

水池、水箱的维修养护每半年进行一次，若遇特殊情况可增加清洗次数，清洗时的程序如下：

① 首先关闭进水总阀，关闭水箱之间的连通阀门，开启泄水阀，抽空水池、水箱中的水。

② 泄水阀处于开启位置，用鼓风机向水池、水箱吹 2 小时以上，排除水池、水箱中的有毒气体，吹进新鲜空气。

③ 用燃着的蜡烛放入池底不会熄灭，以确定空气是否充足。

④ 打开水池、水箱内照明设施或设临时照明。

⑤清洗人员进入水池、水箱后，对池壁、池底洗刷不少于 3 遍，并对管道、阀门、浮球等按上述维修养护要求进行检修保养。

⑥清洗完毕后，排除污水，将消毒药物喷在池壁周围，停留 30 分到 1 小时，然后用清水冲洗干净。

⑦关闭泄水阀，注入清水。

⑧对清洗后的池水采样，并送检。

⑨填写清洗记录，归档管理。

2）室外给水排水设施设备的维修养护

① 室外给水排水管道每半年全部检查一次，水管阀门完好，无渗漏，水管通畅无阻塞，若有阻塞，应清除杂物，若管道坡度不正确，应重新铺设，明暗沟每半年全面检查一次，沟体应完好，盖板齐全。

② 排水、雨水井、化粪池每季度全面检查一次，每半年对易锈蚀的雨污水井盖、化粪池盖刷一次黑漆防锈，保持雨污水井盖标志清楚，路面井盖要做防振垫圈。

③ 室外喷水池每月检查保养一次，要求喷水设施完好，喷水管道无锈蚀。

④ 室外消防栓每季度全面试放水检查，每半年养护一次，主要检查消防栓玻璃、门锁、栓头、水带、连接器阀门、“消防栓”等标志是否齐全，对水带的破损、发黑、发霉与插接头的松动现象进行修补、固定，更换变形的密封胶圈，将水带展开换边折叠卷好，将阀门杆上油防锈，抽取总数的 5% 进行试水，清扫箱内外灰尘，将消防栓玻璃门擦净，最后贴上检查标志，标志内容应有检查日期、检查人、检查结果。

⑤上下雨污水管每月检查一次，每次雨季前检查一次，每 4 年水管油漆一次，要求水管无堵塞、漏水成渗水，流水通畅，管道接口完好，无裂缝。

3）室内给水排水设施设备的维修养护

① 消防设备的维修养护

室内普通消防栓的维修养护内容及程序同室外消防栓的养护内容及程序。对于自动喷洒消防灭火系统的维修养护，其维修养护内容如下：

a. 每天巡视系统的供水总控制阀，报警控制阀及其附属配件，外观检查，确保处于无故障状态。

b. 每天检查一次警铃，启动是否灵活，打开试警铃阀，水力警铃应发出报警信号，如果警铃不动作，应检查整个警铃管道。

c. 每月对喷头进行一次外观检查，不正常的喷头及时更换。

d. 每月检查系统控制阀门是否处于开启状态，保证阀门不会误关闭。

e. 每两个月对系统进行一次综合试验，按分区逐一打开末端试验装置放水阀，试验系统灵敏性。

当系统因试验或因火灾启动后，应在事后尽快使系统重新恢复到正常状态。

② 室内给水排水管道及附件的维修及养护

用户在使用过程中，由于使用不当或前期隐患，会出现各种各样的问题，需要进行及时维修和正常养护，所涉及的维修养护内容如下：

a. 个别房间停水。要先关掉总阀，打开支管阀门，检查堵塞原因。及时更换或清洗。告知用户如有楼层停水应及时通知管理处，以便派专业人员前来检查维修。

b. 维修墙内水管。关闭室内所有用水阀门，查看水表，如转动说明墙内水管破损漏水，然后关闭水表前阀门，打通漏水处墙面，取出破损水管，装入新水管，再打开总阀看是否漏水，如无漏水，补好水泥，恢复装修饰面。告知用户不得擅自改动墙内水管。

c. 阀门接头漏水。关闭自来水总阀，查找原因，若是阀门、接头未扭紧的缘故而漏水，应拆下阀门接头，在外丝处旋上几道水胶带，再把阀门接头装上扭紧，如因破损配件而漏水应及时更换阀门或接头。然后告知用户，应爱护使用，旋扭阀门不要用力过度。

d. 水龙头漏水。若是水龙头未上紧而漏水，应先拆下水龙头，在外丝上旋上几道水胶带，再把水龙头装上扭紧，如是内芯断裂应更换内芯，如是水龙头自身有沙泥而漏水，应更换水龙头，检修完毕后，打开总阀门，反复开关水龙头，开关自如不漏水即可，然后告知用户，旋扭开关不要用力过度，不要用硬物碰撞水龙头。如漏水，应打破饰面，取下排水管重新安装，完毕后，往浴缸内蓄水，到一定水量存放 5 分钟，查看相关部位有无漏水。如没有则修整饰面，然后告知用户，使用时注意清洁。

e. 疏通地漏。先用抽子试通，不能查明原因则打开检查口检查，不通时再使用疏通机直至通畅为止，然后用胶管试水检验，并告知用户，使用时不要向管道乱丢杂物。

f. 洗漱池下漏水。如是存水管处漏水，先拆下存水弯管，检查两接口处是否有破损情况，情况严重更换弯管，不严重可用生胶带密封接口处，达到不漏水为止。告知用户，不要随意乱动盆下弯管和接口处，防止漏水，不要随意移动或用力撞击洗漱池。

（3）给水排水系统的常见故障处理

给水排水设备设施在运行过程中会出现一些突发的异常情况，必须有相应的紧急处理措施进行处理。

1）主供水管爆裂

若发生主供水管爆裂，首先应立即关闭相连的主供水管上的闸阀，若仍控制不住大量泄水，应关停相应的水泵房，通知工程部管理组及总值班室。由总值班室负责联系相应责任部门及时通知用户关于停水情况。工程部负责安排维修组进行抢修，维修完毕后由水泵房管理员开水试压，看有无漏水和松动现象，如果试压正常，回填土方，恢复原貌。

2）水泵房发生火灾

若发生火灾，应立即就近取用灭火器灭火，并呼叫邻近人员和消防管理中心相关人员前来扑救，并切断一切电源。消防管理中心根据预先制定的灭火方案组织灭火并对现场进行控制，向“119”台报警。通知工程部断开相关电源，开启自动灭火系统、排烟系统、消防水泵保证消防供水。火扑灭后，工程部对消防设备设施进行一次检查和清点，对已损坏的设备设施进行修复或提出补充申请，并填写有关记录、报告单。

3）水泵房发生浸水

少量漏水，水泵房管理员采取堵漏措施，若浸水严重，应关掉机房内运行的设备并拉下电源开关，通知工程部管理组，同时尽力阻滞进水，协助维修人员堵住漏水源，然后立即排水，排干水后，对浸水设备进行除湿处理，如用干布擦拭、热风吹干、自然通风、更换相关管线等，确定湿水已消除后，试开机运行，如无异常情况即可投入运行。

7.3.2　供电系统管理

（1）供电系统的使用管理

供电设备是指输送、变换、分配电能的设备。供电设备使用管理是为保证园区内用电能正常供应所采取的一系列管理活动，主要包括运行中的巡视管理、异常情况处置、变配电室管理和档案管理等内容。

（2）供电系统的日常养护管理

1）低压配电柜的养护

低压配电柜的养护，每半年一次。养护的顺序是：先做好养护前的准备，然后分段进行配电柜的保养。

① 养护前的准备。低压配电柜养护前一天，应通知用户拟停电的起止时间。将养护所需使用工具和安全工具准备好。由电工组的组长负责指挥，要求全体人员分工合作，高效率完成养护工作。

② 配电柜的分段养护。当配电柜较多时，一般采用双列方式排列。两列之间由柜顶的母线隔离开关相连。为缩减停电范围，对配电柜进行分段养护。先停掉一段母线上的全部负荷，打开母线隔离开关。检查确认无电后，挂上接地线和标示牌即可开始养护。

a. 检查母线接头有无变形，有无放电的痕迹，紧固连接螺栓确保连接紧密。母线接头处有异物时应清除，螺母有锈蚀现象应更换。

b. 检查配电柜中各种开关，取下灭弧罩，看触头是否有损坏。紧固进出线的螺栓，清洁柜内尘土，试验操动机构的分合闸情况。

c. 检查电流互感器和各种仪表的接线，并逐个接好。

d. 检查熔断器的熔体和插座是否接触良好，有无烧损。

在检查中发现的问题，视其情况进行处理。该段母线上的配电柜检查完毕后，用同样的办法检查另一段。全部养护工作完成后恢复供电，并填写配电柜保养记录。

2）变压器的养护

变压器的养护每半年一次，由值班电工进行外部清洁保养。在停电状态下，清扫变压器的外壳，检查变压器的油封垫圈是否完好。拧紧变压器的外引线接头，若有破损应修复后再接好。检查变压器绝缘子是否完好；接地线是否完好，若损伤则予以更换。测定变压器的绝缘电阻，当发现绝缘电阻低于上次的 30% ~ 50% 时，应安排修理。

（3）供电系统的常见故障处理

1）触电急救

在园区内，发现有人触电时，当班电工应立即组织抢救。抢救的方法是：

① 脱离电源。人体触电较重时会失去知觉，往往不能自行脱离电源。救护人员应根据触电场合和触电电压的不同，采取适当的方法使触电者脱离电源。

低压触电时，应首先拉开电源开关，离开关太远时用绝缘的杆棒把电线挑开。脱离电源要快，必须争分夺秒。若离配电室较远，可采用抛掷金属物使高压短路，迫使高压短路器的自动保护装置跳闸自动切断电源。但抛掷金属物时，救护人员应注意自身的安全。

② 现场抢救。触电人员脱离电源后，应根据伤势情况做如下处理：

a. 触电者尚未失去知觉时，应使其保持安静，并立即请医生进行救护，密切观察症状变化。

b. 触电者失去知觉，但有呼吸心跳。应使其安静地仰卧，将衣服放松使其呼吸顺畅。若出现呼吸困难并有抽筋现象，应进行人工呼吸和及时送医院诊治。

c. 触电者呼吸和心跳都停止时，注意不能视为死亡，应立即对其进行人工呼吸，直到触电者呼吸正常或者医生赶到为止。

2）变配电室发生火灾时的处置

当变配电室发生火灾时，当班人员应立即切断电源，使用干粉灭火器和二氧化碳灭火器灭火，并立即打火警电话 119 报警，注意讲清地点，失火对象，争取在最短的时间内得到有效的扑救。

3）变配电室被水浸时的处理

变配电室遭水浸时，应根据进水的多少进行处理。一般应先拉开电源开关，同时尽力阻止进水。当漏水堵住后，立即排水并进行电器设备除湿处理。当确认湿气已除，绝缘电阻达到规定值时，可开机试运行。判断无异常情况后才能投入正常运行。

4）停电的处理

① 接到停电通知时，应提前写出通知告知全体用户。

② 在未预知的情况下突然停电，应尽快采取措施恢复供电。

③ 准备充足的照明工具，逐层检查备用照明的配备情况，保证停电后，照明系统正常使用。

④ 使用紧急照明，保证各主要公共地方及通道的照明。

⑤工程部门负责后备电源启动的具体操作工作。

⑥如有人被困于电梯内，立即联系有关部门做好解救工作。

⑦保安人员加紧巡逻，严防有人制造混乱，防止盗窃、火灾等事件发生。

7.3.3　空调系统管理

（1）空调系统的使用管理

1）空调系统的基本组成

空调系统主要由空调机、转笼滤尘器、旋流喷嘴、换热器、新风机组、铝合金风口和风机盘管等设备构成。根据空调系统工作原理，其构成部分见表 7.3。

空调系统构成部分及具体内容　　表 7.3

构成部分	具体内容
使用区	空气调节系统所控制范围的使用区域，应保持所要求的室内空气参数
空气的输送和分配部分	输送和分配空气的送、回风机，送风管，送、回风口等设备组成
空气的处理部分	按照对空气各种参数的要求，对空气进行过滤净化、加热冷却、加湿、减湿等处理的设备
空气处理所需的辅助设备	为空调系统提供冷量和热量的设备，如锅炉房、冷冻站等

2）空调系统的分类

空调系统的分类及具体内容见表 7.4。

空调系统的分类及具体内容　　表 7.4

分类	具体内容
集中式空调系统	即把所有的空气处理设备都设置在一个集中的空调机房里，空气经过集中处理后，再送往各个空调房间
半集中式空调系统	除了设有集中空调机房外，还设有分放在各个空调房间里的二次空气处理设备，常见的有风机盘管新风系统，这是最常见的空调系统形式
分散式系统	把冷、热源和空气处理、输送设备集中在一个箱体内，就是通常所说的窗式、柜式空调器

（2）空调系统的日常养护管理

1）空调设施设备维修养护计划的制订

空调设备设施的维修养护，技术性较强，因此每年的年底就要制订下一年的维修养护计划。维修养护计划的内容主要包括：维修养护项目的内容、具体实施维修养护的时间、预计的费用以及所需备品、备件计划等。

2）空调设施设备的维修养护

空调设备设施的维修养护主要是对冷水机组、冷却风机盘管、水泵机组、冷冻水、冷却水及凝结水路及风道、阀类、控制柜等的维修养护，其具体的维修养护内容如下：

① 冷水机组

冷水机组是把整个制冷系统中的压缩机、冷凝器、蒸发器、节流阀等设备以及电气控制设备组装在一起，提供冷冻水的设备。对于设有冷却塔的水冷式制冷机中的冷凝器、蒸发器，每半年由制冷空调的维修组进行一次清洁养护。压缩机由制冷空调维修组每年进行一次检测保养。

② 冷却塔的维修养护

制冷空调维修组每半年对冷却塔进行一次清洁保养，先检查冷却塔电机，其绝缘电阻应不低于 0.5MΩ，否则应干燥处理电机线圈，干燥后仍达不到应拆修电机线圈；检查电机风扇转动是否灵活，风叶螺栓是否紧固，转动是否有振动；制塔壁有无阻滞现象，若有则应加注润滑油或更换同型号规格轴承；检查皮带是否开裂或磨损严重，视情况进行更换，检查皮带转动时松紧状况（每半月检查一次）并进行调整；检查布水器布水是否均匀，否则应清洁管道及喷嘴，清洗冷却塔（包括填料、集水槽）并清洁风扇、风叶；检查补水浮球阀动作是否可靠，否则应修复；然后紧固所有紧固件，清洁整个冷却塔外表，检查冷却塔架，金属塔架每两年涂漆一次。

③ 风机盘管的维修养护

制冷空调维修组每半年对风机盘管进行一次清洁养护，每周清洗一次空气过滤网，排除盘管内的空气，检查风机转动是否灵活，如果转动中有阻滞现象，则应加注润滑油，如有异常的摩擦响声应更换风机的轴承。对于带动风机的电机，用 500V 摇表检测线圈绝缘电阻，应不低于 0.5MΩ，否则应做干燥处理或整修更换，检查电容是否变形，如是则应更换同规格电容，检查各接线是否牢固，清洁风机风叶、盘管、积水盘上的污物，同时用盐酸溶液清洗盘管内壁的污垢，然后拧紧所有的紧固件，清洁风机盘管的外壳。

④ 水管道的维修保养

制冷空调维修组每半年对冷冻水管路、冷却水管路、冷凝给水管路进行一次保养，检查冷冻水、凝结水管路是否有大量凝结水，保温层是否已有破损，如是则应重新做保温层，尤其是检查管路中阀件部位，保温层做不到位或破坏，应重点检查，及时整修。

⑤阀类、仪表、检测器件的维修养护

维修工每半年对中央空调系统所有阀类进行一次养护。对于管路中节流阀及调节阀，应检查是否泄漏，如是则应加压填料，检查阀门的开闭是否灵活，若开闭困难则应加注润滑油，若阀门破裂，则应更换同规格阀门，应检查法兰连接处是否渗漏，如是则应更换密封胶垫；对于电磁调节阀，压差调节阀，其中干燥过滤器要检查是否堵塞或吸潮，如是则应更换同规格的干燥过滤器，通过通断电试验检查电磁调节阀、压差调节阀动作是否可靠，如有问题应更换同规格电磁调节阀、压差调节阀，对阀杆部位加注润滑油，压填料处泄漏则应加压填料。

对于常用的温度计、压力表、传感器，若有仪表读数模糊不清应拆换，更换合格的温度计和压力表，检测传感器的参数是否正常并做模拟实验，对于不合格的传感器应拆换。

⑥送回风系统及组合式空调机养护

现代中央空调空气处理常用模块或组合空调机，是把空气处理设备、风机、消声装置、能量回收装置等分别做成箱式的单元，按空气处理过程的需要进行选择组成的空调器，其标准分段分别为回风机段、混合段、预热段、过滤段、表冷段、喷水段、蒸汽加湿段、再热段、送风机段、能量回收段、消声器段和中间段等。

对送风系统每年初次运行时，应先将通风干管和组合式空调机内的积尘清扫干净，设备进行清洗加油，检查风量调节阀、防火阀、送风口、回风口的阀板，叶片的开启角度和工作状态，若不正常，进行调整，若开闭不灵活应更换。检查水管系统空调箱连接的软接头是否完好，空调箱是否有漏风、漏水、凝结水管的堵塞现象，若有要及时整修。送风管道连接处漏风是否超规范，送风噪声是否超过标准。若有则应寻找原因加以处理。

对于喷淋段应定期清洗喷水室的喷嘴、喷水管以防产生水垢，喷水室的前池半年左右清洗和刷底漆一次，以减少锈蚀。定期检查底池中的自动补水装置，如阀针是否灵活、浮球是否好用等。清洗回水过滤网和进水过滤器，在喷水室的回水管上装设水封以防由于风机吸风产生的负压，使回水受阻。

(3) 空调系统的常见故障处理

1）空调发生制冷机泄漏

若空调发生制冷机泄漏时，值班人员应立即关停空调主机，并关闭相关的阀门，打开机房的门窗或通风设施加强现场通风，立即告知值班主管，请求支援，救护人员进入现场应身穿防毒衣，头戴防毒面具。对不同程度的中毒者采取不同的处理方法：对于中毒较轻者，如出现头痛、呕吐、脉搏加快者应立即转移到通风良好的地方；对于中毒严重者，应进行人工呼吸或送医院。寻找泄漏部位，排除泄漏源，启动中央空调试运行，确认不再泄漏后机组方可运行。

2）空调机房内发生水浸时的处理

当空调机房内发生水浸时，值班员应按程序首先关掉空调机组，拉下总电源开关，然后查找漏水源并堵住漏水源。如果漏水比较严重，在尽力阻滞漏水时，应立即通知工程部主管和管理组，请求支援。漏水源堵住后应立即排水。当水排除完毕后，应对所有湿水设备进行除湿处理，可以采用干布擦拭、热风吹干、自然通风或更换相关的管线等办法。然后确定湿水已消除，绝缘电阻符合要求后，开机试运行，没有异常情况可以投入正常运行。

3）发生火灾

发生火灾时，应同水泵房的处理一样，按火警、火灾应急处理标准作业规程操作。

7.3.4 供暖系统管理

（1）供暖系统的使用管理

1）供暖系统及设施设备

① 供暖系统设施设备的构成

供暖系统所涉及的设施设备很多，其中主要包括：锅炉房、室外供热网、室内供暖系统等。

② 供暖系统的分类

供暖系统有很多种不同的分类方法，按照热媒的不同可以分为热水供暖系统、蒸汽供暖系统、热风采暖系统；按照热源的不同又分为热电厂供暖、区域锅炉房供暖、集中供暖三大类。

2）供暖设备设施的使用管理

当供暖系统开始运行后，当值值班员每隔 2 小时巡视一次，巡视部位包括锅炉房及室外管网。锅炉房内要对锅炉本体、燃烧机、水泵机组、电气控制系统及各种附属装置（如闸阀、油箱、热水箱）进行巡视，巡视内容主要有：各连接处是否有漏油、漏水现象；是否有异常的声响和振动；是否有异常气味；观察排烟的颜色是否正常，燃烧火焰是否稳定；观察锅炉的水温是否变化正常，查看锅炉水位、油箱油位、水质机组的电机温度是否太高；风叶是否碰壳，水泵是否漏水成线，有无松弛的螺栓、螺母；控制箱内各指示灯是否正常，各元器件是否动作可靠，有无烧伤、过热、打火现象。室外巡视主要是查看供暖沟有无大量渗漏水现象。在巡视过程中，出现不正常的情况值班员应及时处理，处理不了的问题，详细汇报给组长和管理组，请求维修组支援。并且值班员应根据用户或用热部门的要求，适当调整锅炉热水温度。

（2）供暖系统的日常养护管理

1）锅炉本体的维修养护

锅炉本体的维修养护每半年进行一次，常用的保养方法有湿法保养和干法保养，一般在锅炉停运时进行保养。

① 湿法保养

首先将热水锅炉内的水放净，清除锅内的水垢污物，关闭锅炉的所有阀门、孔门，将软化水注入锅炉，并将配制好的氢氧化钠或磷酸三钠溶解注入锅炉；然后在微火下把锅炉水加热到 100℃，让水中气体排出炉外，当锅炉水从空气阀冒出时，关闭空气阀、给水阀、炉门及挡板，将锅炉密封好。碱性溶液配制的一般方法为每吨水加入氢氧化钠 5 ~ 8kg 或磷酸三钠 10 ~ 12kg。锅炉水应每周定期取样化验一次，以保证水中有过剩的碱度。若碱度降低时，应适当补充碱液。严寒地区不适于采用湿法保养。

② 干法保养

热水锅炉停炉时间较长时，宜采用干法保养。

首先将锅炉内的水放净，清除锅内的水垢污物后，将软化水注入锅炉，并将锅炉用微火升压至 0.1MPa 后停止燃烧；当炉膛温度及压力降低后，再打开排污阀将锅炉水放净、利用锅炉的余热将锅炉烘干；然后在锅筒集箱式炉膛内放置干燥剂，关闭所有阀门、孔门，并将锅炉密封好。干燥剂一般用生石灰或硅胶，生石灰用量为 2 ~ 3kg/m^3，硅胶 1 ~ 3kg/m^3。干燥剂应盛在敞口容器内，放置要均匀；以后每隔 1 ~ 2 个月检查一次，硅胶失效后可重新烘干再用。

2）锅炉附属装置维修保养

锅炉附属装置的维修保养一般每季度进行一次。

① 水泵机组

维修养护时应对水泵轴承加注润滑油，磨损比较严重的应更换。检查水泵压盘根处是否漏水成线，如是则应重新加压盘根。检查联轴器是否牢固可靠，旋转水系轴，若有卡住、碰撞现象则需更换叶轮。

② 电气控制系统

消除水位控制电极、热电阻上污垢，并模拟超低水位、超温试验，检查动作是否灵敏，检查电控箱里的各元件是否动作可靠，接线头有无松动，号码管是否清晰脱落。检查附属闸阀、储油箱、热水箱是否漏水，开关是否灵活，清除储油箱里的污物和积水，清除热水箱里的污物。

（3）供暖系统的常见故障处理

1）锅炉房发生水浸时的处置

当锅炉房发生水浸时，视进水情况关掉运行中锅炉，拉下总电源开关，堵住漏水源，若漏水严重，尽力阻滞进水，并立即通知值班组长和管理处。漏水源堵住后，应立即对漏水设备进行除湿处理，确认水已消除，各绝缘电阻符合要求后，开机试运行，如无异常即可投入运行。

2）供热管网突然损坏

当供热管网大量漏水，应通过室外管沟的检查口进行检查寻找损坏部位，然后关闭供水管上的分段阀门进行整修或更换，在整修时由于水管上余压比较大，水温较高，应注意工作的安全性。一般在采暖期到来之前，应对外网进行严格的维修保养，以使运行中避免异常情况的出现。

3）散热设备漏水

若散热设备漏水，应查找原因，确定是因为散热片本身质量问题，还是安装时不严密。找到原因后关闭暖气进水阀，拆下散热设备进行整修，整修完毕，重新装上。

7.4 环境卫生管理

7.4.1 环境污染防治

（1）空气污染的防治方法

造成空气污染的因素有：直接燃煤，排放过多的二氧化硫气体；机动车排放尾气；由强紫外线照射形成的光化学烟雾污染；基建扬尘形成尘烟污染等。防治措施有：加强园区绿化；教育用户和生产单位改变能源结构，减少污染气体的排放；完善各种规章制度，加强对园区的综合治理，减少污染源。

（2）水污染的防治方法

1）加强对园区内水体的管理

通过在园区内的沟渠、池塘里饲养水草，种植荷花等，既能增强水体自我净化能力，又能美化环境。

2）重视对生活饮用水二次供水的卫生管理

生活饮用水二次供水，是指通过储水设备和加压、净化设备，将自来水转供业主和使用人生活饮用的供水形式。对生活饮用水二次供水及其卫生管理主要有以下内容：

① 指定专人负责二次供水设备、设施的具体管理。

② 每年度至少清洗水箱 2 次，并建立档案。

③ 二次供水设备、设施要及时维修和替换，并保证使用的净水，除菌、消毒材料符合《生活饮用水卫生标准》GB 5749—2006。

④ 建立二次供水管理巡查制度。每日对水池、水箱进行巡查并记录，保证来水池水

箱结构完整，加盖、加锁、出水口干净；水池水箱的入口和溢流口的防蚊虫、弃物进入池内的装置要完备；定期检查水池、水箱的状况，防止溢漏、渗漏现象；检查水池、水箱周围有无沙子、碎石及垃圾、污物等。

(3) 固体废弃物污染防治的主要方法

园区内的固体废弃物可分为四类：资源型固体废弃物、可燃型固体废弃物、不可燃固体废弃物、大件固体废弃物、有毒固体废弃物。防止固体废弃物污染一是要明确要求，要求日常垃圾专人负责、日产日清，定点倾倒、分类倾倒，定时收集、定时清运；二是要规定标准，加强监督；三是要定期检查、定期考核。

固体废弃物处理措施主要有：

1) 加强固体废弃物的分类指导

加强宣传，引导用户对固体废弃物分类，应分别装入相应袋内，投入不同垃圾箱或指定地点。存放各种生活垃圾的袋子应完整无破损，袋口扎紧无泄漏。

2) 依据固体废弃物类型分类处理，具体措施见表 7.5。

固体废弃物处理具体措施　　表 7.5

固体废弃物类型	具体措施
资源型固体废弃物	洗净装入专用的“资源回收袋”；对于报纸、宣传纸、纸箱、旧衣物等，则需捆扎好，这些垃圾可通过处理后转化为可利用的资源
可燃型固体废弃物	如菜根、烂叶可滤净水分，木块要求处理成小块，通过燃烧焚化，可减少垃圾的体积，在焚烧中要防止污染空气
不可燃固体废弃物	回收后要用透明塑料袋装，便于收集人员检查。对于喷发胶、打火机充气剂、消毒杀虫剂等空罐要求打孔，以免爆炸
超重或超大的大型固体废弃物	可请园区管理处协助处理，不得随意投放
有毒型固体废弃物	不得随意丢弃，如日光灯管要求装入盒内，医疗垃圾则要做专门处理

(4) 噪声污染防治的主要方法

控制园区的噪声污染可采取以下措施：

1) 禁止在园区内设立产生噪声污染的生产经营项目。

2) 控制园区内的建筑工地以及物业装修白天和夜晚施工的时间。

3) 对园区内的打桩、冲击、汽车鸣笛等均应严格控制。

4) 保持行车路面平整和限制汽车夜间行驶速度，可降低车辆过分颠簸振动产生的噪声。

5) 园区内如有开展娱乐活动时，应注意控制音响，不得影响他人的正常生活和工作。

6）制定管理办法向用户进行宣传和教育，使大家认识到噪声的危害，减少生活噪声。

7.4.2 环境保洁服务

（1）日常卫生保洁的实施要求

1）加强园区的清扫与保洁

在清扫与保洁中，要达到"六不""六净"和"五无"标准。即"不见积水、不见积土、不见杂物、不漏收堆、不乱倒垃圾、不见人畜粪"；"路面净、路沿净、人行道净、雨水口净、树坑墙根儿净、果皮箱净"和"无裸露垃圾、无垃圾死角、无明显积尘积垢、无蚊蝇虫滋生地、无脏乱差顽疾"。及时清除生活废弃物并迅速送到适当地点（垃圾转运站、垃圾堆放场），以便于进行无害化处理。

2）配备完善的卫生设施及清洁工具

应设立专项基金用于卫生设施的购置与更新，保证卫生设施及清洁工具的完备。如各类清洗剂、洁厕水、地板蜡等清洁药剂以及清扫车、垃圾运输车、洒水车、吸尘器等。

（2）保洁服务应急处理措施

在保洁工作中，需要对意外情况制定应急处理措施，可避免其对园区环境卫生的影响，为业主和用户提供始终如一的保洁服务。意外情况一般是指：污雨水井、管道、化粪池严重堵塞，暴风雨，梅雨天，水管爆裂，户外施工，装修等现象。

1）污雨水井、管道、化粪池堵塞，污水外溢的应急处理措施

① 维修工要迅速赶到现场，进行疏通，防止污水外溢。

② 保洁工将捞起的污垢、杂物直接装上垃圾车，避免造成二次污染。

③ 疏通完毕后，保洁工要迅速打扫地面被污染处，清洗地面，直到目视无污物为止。

2）暴风雨影响环境卫生的应急处理措施

① 保洁工查看各责任区内污、雨排水是否畅通，如发生外溢，及时上报。

② 安排检查污雨水井，增加清理次数，确保畅通无阻。

③ 天台、裙楼平台的明暗沟、地漏要派专人检查，特别是在风雨来临前要加强巡查，如有堵塞，及时疏通。

④ 各岗位保洁工要配合保安员关好门窗、防止风雨刮进室内，淋湿墙面、地面及打碎玻璃。

⑤仓库内备好雨衣、雨靴、铁钩、竹片、手电筒，做到有备无患。

⑥暴风雨后，保洁工要及时清扫各责任区内地面上的垃圾袋、纸屑、树叶、泥、石子及其他杂物。

⑦如发生塌陷或大量泥沙溃至路面、绿地，保洁工要协助检修，及时清运、打扫。

3）多雨季节应急处理措施

① 多雨季节，大理石、瓷砖地面和墙面容易出现返潮现象，会造成地面积水、墙皮剥落、电器感应开关自动导通等现象。

② 在人员出入频繁的地方放置指示牌，提醒人们“小心滑倒”。

③ 保洁主管加强现场检查指导，合理调配人员，加快工作速度，及时清理地面墙面水迹。

④ 如返潮现象比较严重，应在室内地面铺设防滑地毯，并用大块海绵吸干地面、墙面、电梯门上的水。

⑤仓库里应配好干拖把、海绵、地毯、毛巾和指示牌。

4）发生水管爆裂事故的应急处理措施

① 迅速关闭水管阀门，并通知保安和维修人员前来救助。

② 迅速扫走流进电梯或供配电设备间附近的水。

③ 在电工关掉电源开关后，抢救室内的物品，如资料、电脑等。

④ 用垃圾斗将水盛到水桶内倒掉，再将余水扫进地漏，接好电源后，再用吸水器吸干地面水分。

⑤打开门窗用风扇吹干地面。

5）新入住装修期应急处理措施

各责任区保洁工加强保洁，对装修垃圾清运后的场地及时清扫，将装修垃圾及时清运上车。

（3）保洁服务操作规范

1）严禁把拖把、扫帚等工具扛在肩上走路或乘坐电梯，工作完毕后及时对工具进行清洁、保养，各种工具和垃圾应放在墙角或不挡眼的角落里。

2）清扫和清洗地面时，要防止尘土飞扬和脏水溢洒。

3）厕所清扫时应挂上“清扫中”及“对不起，给您带来不便”牌子。

4）清扫现场地板太滑时，应竖立“小心地滑”的牌子。

5）工作完毕后应检查一遍工作现场，发现问题及时处理。

7.4.3　环境绿化美化

（1）环境绿化美化的养护管理

1）绿化养护管理要求标准

① 新种树苗，本地苗成活率大于 95%，外地苗成活率大 90%。

② 新种树木，栽种一年以上的树木存活率大于 98%。

③ 病虫害的树木不超过树木总数的 2%。

④ 围栏设施无缺损，绿化建筑小品无损坏。

⑤草坪无高大杂草，绿化无家生或野生的攀缘植物。

⑥绿地整洁无砖块、垃圾。

⑦绿化档案齐全、完整，有动态记录。

2）绿化工人具体工作要求

① 在园区相关负责人的直接领导下，负责园区绿化管理和养护工作。

② 熟悉所管片区的绿化面积和布局、花草树木、盆栽的品种和数量。

③ 熟悉花草树木的名称，习性和培植办法，了解其生长特征和养护办法。

④ 保持绿化地清洁，不留杂物，花坛土壤疏松无垃圾，草坪平整清洁无杂草。做到不缺水、不死苗、花木生长茂盛、草坪边缘线应保持整齐划一。

⑤对植物的浇水应根据季节、天气、植物品种而定，晴天多浇，阴天少浇，雨天不浇，干燥天气多浇，抗旱性强的少浇，喜湿性品种多浇。

⑥对花草树木定期进行松土、施肥、除草和病虫害防治并修剪残枝败叶，使树木生长茂盛无枯枝，树形美观完整无倾斜，无折枝、破裂，无病虫害。

⑦绿篱带保持整齐、有型，无枯枝、强生枝、杂草等，对已死植物及时挖除、补种。

⑧每日检查、记录、报告绿地、树木情况，及时劝阻和处理违反有关损害绿化的行为。

⑨维护好所有的绿化工具、器材。

3）绿化养护实施方法

绿化养护管理工作内容，一般包括浇水、施肥、整形、修剪、除草、松土、防治病虫害等。不同类型的绿化养护有不同的要求，需根据绿化的类型选择科学有效的养护办法。

4）日常绿化养护注意事项

① 风暴预防措施

密切注意天气预报，及时掌握天气变化动态，以便提前做好预防；对新种时间不长的中小乔木，应在种植完成后用打桩、拉绳、支架等方式支撑加固；修剪过密枝叶，减少植物受风面积；及时巡查植物情况，对受影响植物随时进行处理。

② 防寒、防旱措施

加强栽培管理，增加植物抗寒力，寒冷季节到来前做好护土护根、树主干包扎、树干除白等预防工作。旱季加强人工淋水，有选择地对不耐旱或新种植物淋灌，日常巡视时加强对喷淋设备的养护，保证旱季供水正常，做好应急措施。

③ 防止人为破坏的维护措施

加强宣传教育和派人巡视，防止人为毁坏。采取保护措施，在绿地周围种植防护灌木、设置小型栅栏、竖立“爱护小草”或“请勿践踏草坪”等警示牌。

(2) 建筑小品的养护管理

为美化环境，突出再生利用项目特色，需要养护的小品不仅包括水池、喷泉、亭廊等常规建筑小品，还应包括部分再生利用保留的设施设备等特色小品。

对于常规建筑小品，如水池、喷泉、亭廊、雕塑等需进行定期清洁，定期维修和更换，保持美观。对于再生利用特色小品，应做好严格保护，以免人为破坏，保证安全完整，具有工业纪念价值。

（3）绿化养护档案管理

1）做好园区内植物的数量、名称及绿化面积统计，对引进的新植物品种应详细记录其生态习性、栽培办法等。

2）填写好绿化养护记录，提供绿化管理的依据和参考，以便能及时、准确、全面反映绿化管理的现状，处理随时发生的问题。

3）对园区内建筑小品的类型、数量进行统计，定期养护管理的办法及日常记录应完整保存，其中常规建筑小品和再生利用特色小品应分别记录归档。

7.5　工程案例分析

7.5.1　项目概况

南京十朝文化主题公园坐落于钟山风景区四方城 1 号，原址为南京钟山手表厂厂区，占地面积近 100 亩，建筑面积约 21000m^2。自然环境优美、建筑独具特色、交通条件优越。园区风景图如图 7.2 所示。

图 7.2　南京十朝文化主题公园园区风景图

十朝历史文化园由展馆区、文化经营区、商务办公区、户外景观区和演艺区 5 个区域组成。

（1）展馆区

包括主题馆 2 个：南京十朝历史文化展览馆、明孝陵博物馆；专题馆五个：金陵佛都馆、十朝珍宝馆、金文云锦艺术馆、观朴明式家具艺术馆、金陵石道馆等。总面积 9200m^2。

（2）文化经营区

主要分布在各楼栋的一层，总面积约 5500m^2。经营项目主要有：文化交流中心、工艺品销售与拍卖、素业茶院、设计策划、书吧、茶社等。

（3）商务办公区、

总面积约 4500m²，为公司总部、研发机构提供环境绝佳的商务办公领地。

（4）户外景观区

分布在园区入口处、中心广场、大草坪边缘及明孝陵神道周边等区域。由十朝鼎立、朱元璋雕像广场、佛光塔影、成语长廊、文苑英华 5 个部分组成。

（5）演艺区

室内演艺区设在十朝珍宝馆内；户外演艺区设在园区西侧绿地广场南部。

7.5.2 园区特色

（1）园区主题突出，特色鲜明

园区以“南京十朝历史文化展览馆”和 5 个户外景观区为核心项目，依托钟山风景区得天独厚的资源优势，整合南京历史文化资源，集中展示南京“十朝都会”历史精华，彰显南京历史文化在中国历史的中心地位，丰富和完善钟山风景区文化旅游功能，集展览展示、文化经营、旅游休闲、学术交流、无碳办公、互动体验于一体，是具有鲜明历史文化旅游特色的文化产业园区、综合展示城市历史文化的主题园区。其中极具特色的南京十朝历史文化展览馆如图 7.3 所示。

图 7.3　南京十朝历史文化展览馆

（2）园区兼具公益性和经营性

园区在积极探索政府指导、公司运作模式，促进公益和产业互补结合、社会效益和经济效益同步发展方面做出了有益尝试，取得了初步成效。园区现有的主题馆包括“南京十朝历史文化展览馆”和“明孝陵博物馆”在内的 8 个文化场馆以及展示南京历史文化的 5 个户外景观区，全部免费向市民、游客开放。部分场馆结合免费开放展示，开展

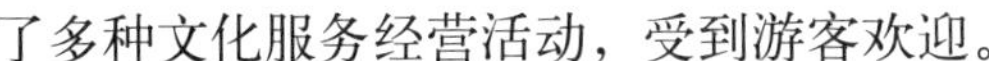

了多种文化服务经营活动，受到游客欢迎。

（3）园区知名度和美誉度不断提升

园区以独特的城市历史文化主题、创意的展示服务理念和优美的自然人文环境，受到观众和游客的普遍好评。开园以来，到园区参观游览的中外游客总计达 280 余万人，日均 2 千余人。南京十朝历史文化展览馆接待前来考察的省、市、区及外省、市各级领导 300 多批，日均接待观众达 500 余人。许多观众和游客对展馆和园区寄予厚望，提出了建议和意见。目前，园区参观游览人数呈不断上升趋势，基本实现了预期目标。

（4）园区项目初步实现了六个方面的功能和效益

爱国主义和社会人文教育的基地；展示南京历史文化的窗口；传承历史文化遗产的园地；特色鲜明的文化旅游休闲景区；兼具公益和经营的文化产业园区；南京城市文化的新地标。

7.5.3　运营管理情况

（1）园区运营概况

开园至今，南京十朝历史文化园区运营良好，配备专业的物业管理团队协助公司对园区进行全方位管理，随处可见人性化的标识与说明，如图 7.4 所示。园区对外交通便捷，利于人流集中和疏散；内部交通十分方便，车辆进出、停放畅通无阻，交通组织安排合理，机动车和非机动车以及行人的道路分隔有序。供电、通信、供水、排水、消防、防汛、燃气等市政配套设施完善。园区为各家商户同时提供工商注册和法律援助平台。2016 年度园区内各家企业总经营收入 546310 万元，纳税额 9621 万元，就业总人数 960 人；其中文化企业经营收入 19114 万元，纳税额 702.29 万元，文化就业人数 510 人。

图 7.4　园区内人性化的标识与说明

园区内举办各类文化公共活动 46 场，包括书香南京 • 十朝大讲堂承办的“传世名著一月一讲”12 场大型线上、线下讲座以及汉服交流会、行走六朝、跟着游戏看十朝、茶文化白茶品鉴会等 34 场活动，都取得了广大市民的好评。

（2）公共服务平台的投入建设情况

园区现有公共服务平台有南京十朝历史文化展览馆、明孝陵博物馆。其中南京十朝历史文化展览馆投入 2000 万元，良好的促进了南京十朝历史文化的传播与发展。明孝陵博物馆投入 3000 万元，与明孝陵景区相呼应地传承南京明代历史文化，宣扬南京文化遗产。太湖论坛开办至今已举办数十场文化名人讲座，对中华文化艺术交流起到了积极促进作用。园区推出的南京十朝历史文化园区微信公共平台已运营两年多，收获粉丝 1200 人，推送知识普及、活动预告等微信 200 余条。同时园区内其余各家企业亦在积极筹备搭建自身产业公共平台。园区公共平台每年接待中外游客达 25.4 万余人次。

（3）园区产业规划及发展的优势

1）园区发展有利于加强南京历史文化知识教育和爱国主义教育。

南京十朝历史文化园展馆区以十朝历史为主线，通过图片、多媒体以及体验性的配套设施，全面展现出南京十朝历史的政治、文化、经济、军事、科技和制度建设等，彰显古都南京历史文化的独特魅力，使广大市民和游客全面了解和感受南京十朝历史文化，接受南京历史文化知识教育和爱国主义教育。

2）园区的提档升级有利于推动文化产业的发展

南京是我国著名的“十朝都会”，不仅具有丰富的文物古迹、鲜明的城市空间格局和建筑风貌，而且具有深厚的文化内涵和传统。十朝历史文化园的文化产业是由多种元素集聚而成的，内涵非常丰富，涉及文化交流、文化服务、旅游文化等多重领域，十朝历史文化园的文化产业集聚发展将促进文化产业集群发展，进一步放大集聚效应，拓展文化产业发展平台，提升园区文化产业发展的整体水平。

十朝历史文化园的成功运作，其经济、社会效益都能得到体现。两者的结合不仅提升区域文化产业集聚效能，而且丰富和完善了钟山风景区文化旅游功能，为推进“文化南京”战略做出积极贡献。本项目的建设和运作，对推动南京文化产业的发展具有十分重要的意义。

3）园区建设促进城市文化旅游事业的发展，增加就业

通过进一步完善南京历史文化园的各项功能，增加南京文化旅游的魅力及吸引力。大量的中外游客慕名而来，有效地促进了南京本地文化与外来文化的交流和融合，也有利于提高南京的国际知名度，改善南京的投资环境，推动整个文化旅游产业的发展。

旅游业是一个劳动密集型产业，能够提供大量直接和间接的就业机会，根据世界旅游组织测算，旅游部门每增加 1 个直接就业人员，社会就能增加 5 个就业岗位。因此，园区的提档升级将在促进南京文化旅游业发展的同时，给南京市的就业市场提供更多的就业机会。

4）项目建设可促进对工业遗产类历史建筑的保护与利用

南京公布的首批工业遗产建筑保护名录当中，位于现南京十朝历史文化园区的老南京手表厂有 4 栋厂房入选，南京十朝历史文化展览馆、明孝陵博物馆即为原老厂房。南京市政府要求，规划、文物、房产、国土等部门根据各自职责制定保护与利用的鼓励、激励措施，调动工业遗产所有人、使用人、管理人保护与利用的积极性和主动性。各区政府及工业遗产所有人、使用人、管理人应当加强对工业遗产的保护和利用。手表厂的厂房正好处于明孝陵景区的大金门入口南侧，坐落于此的南京十朝历史文化展览馆、明孝陵博物馆综合展示了钟山风景区深厚的内涵，为整个景区起导览作用。

（4）园区未来计划

1）为保护、展示南京宝贵的历史文化遗产，提升南京文化内涵，坚持可持续性发展的方向。园区将更加注重利用与保护大自然环境的营造。同时注重生物多样性和生态环境的营造，加大对中山陵地区树木、植被、水资源保护，提高自然景观质量。通过植被种类多样化改造，提高植被产氧率，形成天然氧吧，并恢复动物自然栖息条件，在人与动物之间创造亲和氛围。同时注重适度开发，减少对环境的影响。

2）本园区作为重要的纪念性公共建筑，必须在南京市城市总体规划的指导和控制下进行开发与利用。园区一直在继续扩大公众服务平台的建设与发展，对园区网站进行了优化更新；将园区各个公众服务平台提档升级，打造出南京旅游文化的标志性园区。

3）园区以文化为核，以文化主题民俗、艺术文化营地、创意文化商业、特色文化活动为翼，集合商业、休闲、住宿、茶歇、展览展示、文化活动等业态形式，培养项目商业氛围、文化气息。传统市集、艺术办公、创意零售结合项目商业氛围，形成良好的运营助力，推动商业井然有序的运转，将园区打造成为独一无二的特色产业。

南京十朝历史文化园将是华东地区第一个以文化遗产为主题的园区，是南京十朝文化集中展示的舞台；十朝历史文化园将丰富钟山风景区的历史文化内涵，引进更多的文化艺术企业，对于提升南京城市文化具有十分重要的意义。

4）打造南京旅游业特色品牌，提供文化休闲娱乐于一体的综合性服务。

① 现已开拓文创体验区，通过集中展示、销售有代表性的文创设计产品，为参与者提供直观的文创设计感官体验，打造有特色、适生活、平价格的文创产品展销平台。既传播文化，又应用文化。

② 文化体验区，通过提炼文化体验主题，营造体验氛围，设计体验项目，通过寓教于乐、教学结合的方式，实现教育、审美、游乐、休闲、娱乐、商业等一体化多功能服务的互动文化体验馆。

③ 文创艺术沙龙，以沙龙讲座的形式，邀请各界文创艺术家，为文创的从业者、爱好者搭建相互交流、相互学习的平台。同时顺应艺术消费大众化的趋势，凭借新颖的展出形式、丰富的活动内容，可将艺术沙龙与艺术家现场表演、游园和休闲活动相互结合，力图打造成艺术的嘉年华。

参考文献

[1] 西安建筑科技大学 . 旧工业建筑再生利用技术标准 T/CMCA 4001—2017[S]. 北京：冶金工业出版社，2017.

[2] 李慧民 . 旧工业建筑的保护与利用 [M]. 北京：中国建筑工业出版社，2015.

[3] 李慧民，陈旭 . 旧工业建筑再生利用管理与实务 [M]. 北京：中国建筑工业出版社，2015.

[4] 李慧民，田卫，张扬，陈旭 . 旧工业建筑再生利用评价基础 [M]. 北京：中国建筑工业出版社，2016.

[5] 李慧民，张扬，田卫，陈旭 . 旧工业建筑绿色再生概论 [M]. 北京：中国建筑工业出版社，2017.

[6] 李慧民，裴兴旺，孟海，陈旭 . 旧工业建筑再生利用结构安全检测与评定 [M]. 北京：中国建筑工业出版社，2018.

[7] 李慧民，裴兴旺，孟海，陈旭 . 旧工业建筑再生利用施工技术 [M]. 北京：中国建筑工业出版社，2018.

[8] 李慧民 . 土木工程安全检测与鉴定 [M]. 北京：冶金工业出版社，2014.

[9] 孟海，李慧民 . 土木工程安全检测、鉴定、加固修复案例分析 [M]. 北京：冶金工业出版社，2016.

[10] 朱玲 . 旧住区人居环境有机更新延续性改造研究 [D]. 天津：天津大学，2007.

[11] 苏萤雪 . 生态旅游本土化发展方向及基于环境伦理的实证分析 [D]. 杭州：浙江大学，2014.

[12] 高明，成斌等 . 旧工业建筑生态改造策略研究——以上海申都大厦为例 [J]. 安徽建筑，2018，(1)：25-27+65.

[13] 张倩 . 历史文化遗产资源周边建筑环境的保护与规划设计研究 [D]. 西安：西安建筑科技大学，2011.

[14] 张扬，李慧民 . 基于 SEM 的旧工业建筑绿色改造影响因素分析——以开发阶段为例 [J]. 西安建筑科技大学学报，2015，(5)：689-693.

[15] 张玉，薄俊杰主编，古建筑测绘 [M]. 北京：中国建材工业出版社，2016.

[16] 王其亨主编 . 古建筑测绘 [M]. 北京：中国建筑工业出版社，2006.

[17] 王崇恩，朱向东 . 近代建筑测绘实例 [M]. 北京：中国建筑工业出版社，2015.

[18] 杨秉德，于莉，杨晓龙 . 数字化建筑测绘方法 [M]. 北京：中国建筑工业出版社，2010.

[19] 拓万兵，周海波 . 实用工程测量 [M]. 北京：清华大学出版社，2015.

[20] 王颖，周启朋 . 工程测量学 [M]. 北京：机械工业出版社，2014.

[21] 杜欣 . 基于 BIM 的工业建筑遗产测绘 [D]. 天津大学，2013.

[22] 北京市测绘设计研究院 . 城市地下管线探测技术规程 CJJ 61—2017[S]. 北京：中国建筑工业出版社，2017.

[23] 中冶建筑研究总院有限公司 . 工业建筑可靠性鉴定标准 GB 50144—2008[S]. 北京：中国建筑工业出版社，2008.

[24] 袁厚明 . 地下管线检测技术（第三版）[M]. 北京：中国石化出版社，2016.

[25] 广州市政集团有限公司 . 城镇排水管道检测与评估技术规程 CJJ 181—2012[S]. 北京：中国建筑工业出版社，2012.

[26] 偶萍萍 . 工业设备造型美的运用设计与研究 [D]. 天津：天津工业大学，2017.

[27] 吴小虎，李祥平 . 城乡市政基础设施规划 [M]. 北京：中国建筑工业出版社，2016.

[28] 汤铭潭 . 小城镇市政工程规划 [M]. 北京：机械工业出版社，2010.

[29] 王向荣，任京燕 . 从工业废弃地到绿色公园——景观设计与工业废弃地的更新 [J]. 中国园林，2003，19（3）：11-18.

[30] 谢立辉，江文辉 . 面向改、扩建的工厂总平面布置的改造与再生 [J]. 工业建筑，2005，35（8）：48-49.

[31] 苏妮 . 深圳市功能置换型旧工业区的更新改造策略研究 [D]. 哈尔滨:哈尔滨工业大学，2010.

[32] 闫立惠 . 杭州市中心城区历史建筑功能置换研究 [D]. 杭州：浙江大学，2011.

[33] 薛康 . 历史街区保护中适应性交通规划策略研究——以青岛历史街区规划为例 [D]. 青岛：青岛理工大学，2012.

[34] 杨润 . 基于城市街道特色塑造的环境小品设计研究——以深圳市深南中路街道环境为例 [D]. 武汉：华中科技大学，2012.

[35] 卢英杰 . 旧厂区改造为文化产业园的景观设计研究 [D]. 西安：西安建筑科技大学，2013.

[36] 中国建筑标准设计研究院 . 建筑制图标准 GB/T 50104—2010[S]. 北京：中国建筑工业出版社，2010.

[37] 中国建筑标准设计研究院 . 建筑结构制图标准 GB/T 50105—2010[S]. 北京：中国建筑工业出版社，2010.

[38] 中国建筑标准设计研究院 . 暖通空调制图标准 GB/T 50114—2010[S]. 北京：中国建筑工业出版社，2010.

[39] 罗敏雪 . 建筑制图 [M]. 北京：中国科学技术大学出版社，2008.

[40] 王永智，齐明超，李学京 . 建筑制图手册 [M]. 北京：机械工业出版社，2006.

[41] 姜明 . 建筑施工图设计与制图 [J]. 中华建设，2009（06）：74-75.

[42] 郭汉丁 . 业主建设工程项目管理指南 [M]. 北京：机械工业出版社，2005.

[43] 陈旭 . 旧工业建筑（群）再生利用理论与实证研究 [D]. 西安：西安建筑科技大学，2010.
[44] 李清霞 . 建筑工程施工阶段成本控制研究 [D]. 邯郸：河北工程大学，2014.
[45] 李季 . 建设工程施工进度控制研究 [D]. 青岛：中国海洋大学，2008.
[46] 杨超 . 建筑质量管理与控制 [D]. 淮南：安徽理工大学，2017.
[47] 左林涛 . 建筑工程施工安全管理研究 [D]. 武汉：武汉理工大学，2014.
[48] 李晓峰 . 学物业管理：物业管理实训教程 [M]. 郑州：中原农民出版社，2008.
[49] 国务院编 . 物业管理条例 [M]. 北京：法律出版社，2007.
[50] 李笑主编 . 物业管理实用手册 [M]. 北京：经济管理出版社，2012.
[51] 雷华主编 . 高级物业管理员培训教程与应试指导 [M]. 广州：暨南大学出版社，2008.
[52] 王青兰，齐坚，顾志敏 . 物业管理理论与实务 [M]. 北京：高等教育出版社，2006.
[53] 苏宝炜 . 物业服务岗位管理实务 [M]. 北京：电子工业出版社，2010.
[54] 刘秋雁 . 物业管理理论与实务 [M]. 沈阳：东北财经大学出版社，2010.
[55] 王秀云 . 物业管理 [M]. 北京：机械工业出版社，2000.
[56] 滕宝红，邵小云 . 物业管理制度与表单范本 [M]. 北京：中国时代经济出版社，2010.
[57] 宋建阳 . 物业管理 [M]. 广州：华南理工大学出版社，2011.